应用型普通高等院校艺术及艺术设计类教材

项目施工图深化设计与施工工艺

杜宇　韩甜　著

U0309122

北京理工大学出版社
BEIJING INSTITUTE OF TECHNOLOGY PRESS

内 容 简 介

本书由四章组成：第一章为项目施工图深化设计的相关知识；第二章为深化设计公司制图标准及施工图设计规范；第三章为建筑装饰综合材料；第四章为装饰项目工程及细部工艺详解。本书表达形式直观、系统，便于学习者理解深化设计在工作中的各个环节要求与方法，降低工作成本，提高工作效率。

本书可作为高等院校计算机软件技术课程的教材，也可作为项目施工图深化设计的技术参考书。

图书在版编目（CIP）数据

项目施工图深化设计与施工工艺/杜宇，韩甜著 .—北京：北京理工大学出版社，2018.2（2024.7重印）

ISBN 978－7－5682－5324－6

Ⅰ.①项… Ⅱ.①杜… ②韩… Ⅲ.①建筑装饰－建筑设计－高等学校－教材②建筑装饰－建筑施工－高等学校－教材 Ⅳ.①TU238 ②TU767

中国版本图书馆 CIP 数据核字（2018）第 029036 号

出版发行 / 北京理工大学出版社有限责任公司

社　　址 / 北京市海淀区中关村南大街 5 号

邮　　编 / 100081

电　　话 / （010）68914775（总编室）

　　　　　（010）82562903（教材售后服务热线）

　　　　　（010）68944723（其他图书服务热线）

网　　址 / http：//www.bitpress.com.cn

经　　销 / 全国各地新华书店

印　　刷 / 北京紫瑞利印刷有限公司

开　　本 / 787 毫米×1092 毫米　1/16

印　　张 / 19.5　　　　　　　　　　　　　　　责任编辑 / 陆世立

字　　数 / 530 千字　　　　　　　　　　　　　文案编辑 / 赵　轩

版　　次 / 2018 年 2 月第 1 版　2024 年 7 月第 4 次印刷　　责任校对 / 周瑞红

定　　价 / 55.00 元　　　　　　　　　　　　　责任印制 / 施胜娟

前　言

　　本书围绕项目施工图深化设计师在深化设计中的实际情况并结合在工作中可能会遇到的问题，着重介绍了项目施工图深化设计师应有的岗位职责和任职要求。本书综合了施工图设计规范，室内各种装饰材料的性能、特点、规格、应用以及材料在施工工艺中的综合运用、装饰项目工程及细部工艺、装饰常用节点，最后配合深化设计专业就业指导实践知识增加了深化流程中各个方面设计的相关实例图片，非常适合年轻设计师快速掌握装修施工图的绘制技巧。本书也是施工技术人员快速提升专业制图能力、深化能力和运用能力的一本行业综合参考书。

　　本书由四章组成：第一章为项目施工图深化设计的相关知识；第二章为深化设计公司制图标准及施工图设计规范；第三章为建筑装饰综合材料；第四章为装饰项目工程及细部工艺详解。其中，杜宇编写第一章、第二章、第四章，韩甜编写第三章。本书表达形式直观、系统，便于学习者理解深化设计在工作中的各个环节要求与方法，降低工作中的成本，提高工作效率。

　　本书介绍的施工图深化内容，适合对装饰深化有热情的或从事深化设计专业的设计人员学习。通过本书的学习，学习者能更直观、更详细地了解、认识、掌握并实践深化设计，在此基础上掌握装饰设计工程施工的操作要点，更好地将各种方便、快捷的方法、技巧应用到深化设计中，从而胜任高强度深化设计工作。

　　对本书出版过程中给予帮助的朋友们，在此一并致谢。

　　由于编者水平有限，书中存在的不足和错误之处，恳望读者指正，以便再版时改进。

编　者

目　录

第一章

项目施工图深化设计的相关知识

深化设计是指在主案设计提供的条件图或原理图的基础上，配合主案设计完成整套施工图方案并结合施工现场实际情况，对图纸进行细化、补充和完善。深化设计后的图纸满足主案设计的技术要求，符合相关地域的设计规范和施工规范，并通过审查，图形合一，能直接指导现场施工。

项目施工图深化设计是指完成一个项目的方案深化、施工图深化、现场深化、竣工图绘制的工作内容。项目施工图深化设计师通常作为主案设计师的助理参与工作，把原方案设计理念通过施工图绘制成具有实施性的图纸，以满足施工条件。

项目施工图深化设计的工作主要是把方案不完整、不满意的细节进行修改调整，在绘制施工图时需要参考建筑施工图规范绘制，考虑各收口处理、材料搭配、造型比例关系等，同时要把所有方案内容表达清楚、准确进而使之成为设计师与施工人员交流的语言。

第一节　项目施工图深化设计的内容和要求

一、项目施工图深化设计的内容

方案设计和深化设计一般是由两个单位完成的，建设单位先找设计单位做概念方案设计，为了有效控制工程成本，再找深化设计单位进行细化设计。

（1）深化设计是概念方案的延续补充和细化，通过深化设计完成方案设计的可行性设计，结合投资、现场、当地文化、目前市场材料与结构，完成方案设计的全套系统化的施工图。

（2）通过对施工招标图的继续深化，深化设计师对具体的构造方式、工艺做法和工序安排进行优化调整，使深化设计后的施工图完全具备可实施性，满足工程精确按图施工的严格要求。

（3）通过深化设计对施工招标图中未能表达详细的工艺性节点、剖面进行优化补充，对工程量清单中未包括的施工内容进行补漏拾遗，准确调整施工预算。

（4）通过深化设计对施工图纸的补充、完善及优化，进一步明确装饰与土建、幕墙等其他专业的施工界面，明确彼此可能交叉施工的内容，为各专业顺利配合施工创造有利条件。

二、项目施工图深化设计的要求

项目施工图深化设计作为设计与施工之间的介质，立足于协调配合其他专业，保证本专业施工的可实施，同时保障设计创意的最终实现。项目施工图深化设计工作强调发现问题，反映问题，并提出有建设性的解决方法。项目施工图深化设计，协助主体设计单位发现方案中存在的问题，发现各专业间可能存在的交叉；协助施工单位理解设计意图，把可实施性的问题及相关专业交叉施工的问题及时向主体设计单位反映；在发现问题及反映问题的过程中，深化设计提出合理的建议，提交主体设计单位参考，协助主体设计单位迅速有效地解决问题，推进项目的进度。

项目施工图深化设计是室内设计过程中一个非常关键且重要的阶段，需要具有专业的施工、材料搭配、细节收口处理经验，充分掌握设计意图进行深化设计的专业机构完成。

第二节　项目施工图深化设计的意义

一、对房地产、项目投资商、业主方的意义

项目施工图深化设计可以有效控制工程成本、施工周期、设计可实施性。将方案深化成详细专业的施工图可以避免在施工过程中因为材料、结构等因素的方案修改，施工图深化顾问出席现场交底审图内容，与方案设计单位、施工单位、土建单位等相关单位协调工作，有效控制在施工过程中的加项、调方案等无必要的因素，代表业主负责现场维护和相关单位协调事宜。

二、对设计院和设计公司的意义

在实际的工作中，设计院和设计公司每做一个项目都需要太多时间去绘制施工图，如果碰到的绘图员或助理不专业、没默契、没有专业的深化理解能力，就没有太多的精力去考虑结构材料收口等工作，直接影响设计效果的细节运用，更没有时间去现场一次次和施工单位交底，现场维护。这些都增加了项目成本和不必要的劳动。

项目施工图深化设计师在工作中可以做设计院和设计公司的专业助理，对设计图进行深层次的深化和专业的维护。深化后的设计图纸更专业，可直接提升设计院和设计公司的作品质量。图纸代表着一个设计单位的信誉。设计水平专业度高的标准是创作出最标准、最详细、最具有图面美感的图纸。

三、对装修施工单位和装修公司的意义

很多施工单位在全国各地都有项目，但不会在每个地方都组建设计队伍或从总公司安排设计队伍蹲现场。施工过程中有快有慢，如果没有专业的深化设计师，项目都快竣工了，团队还在配合磨合期；项目经理在和设计师沟通中有太多的差异或没有更直接的交流方式，势必影响工程进度与效果。

项目施工图深化设计师可以与设计单位交底，再根据现场深化图纸，配合施工员进行有序的施工，通过专业的施工图深化能力完成项目竣工图及竣工结算，对装修施工单位和装修公司有很大帮助。

第三节　项目施工图深化设计的传统做法和团队选择要求

一、项目施工图深化设计的传统做法

1. 将方案设计与项目施工图深化设计合在一起委托设计

（1）优点：彼此熟悉、信任，协调工作量少；

（2）缺点：很难达成工程成本控制目标。

2. 将方案设计进行招标，项目施工图深化设计直接委托设计

（1）优点：可获得相对好的方案设计；

（2）缺点：很难达成工程成本控制目标。

3. 将项目施工图深化设计单独邀请招标

（1）优点：如采取工程限量设计，则可较好地控制成本；

（2）缺点：容易由于竞争原因，设计费单价太低，图纸不够精细。

4. 直接委托工程成本控制优异的项目施工图深化设计团队设计

（1）优点：可达成工程成本控制目标；

（2）缺点：沟通协调力度需加强。

二、项目施工图深化设计的团队选择要求

（1）获得优异的建筑装修工程成本控制，实现投资公司节流目标；

（2）达到精细化设计，减少投资公司设计管理部门因协调各种设计相关事宜而产生的时间成本和人力成本；

（3）减少工程设计变更，从而减少因工程变更而增加的造价，以及减少投资公司、方案设计方、监理方、施工方的多边关系协调成本，加快工程项目的施工进度。

第四节　项目施工图深化设计的系统及设计流程

一、项目施工图深化设计的系统

项目施工图深化设计的系统是包括施工图设计、水电设计、消防设计、现场维护、竣工图的一套完整体系。

1. 施工图设计

秉承为设计服务的理念，设计单位完成项目前期勘测、方案设计、效果图设计后，将中后期的项目施工图深化设计交给专业的单位完成，然后参加图纸会审，现场交底。

2. 水电设计、消防设计

设计方案确定后，项目施工图深化设计完成后进入水电设计阶段，为了有效控制设计周期

及项目设计统一性，减少误差，水电设计及消防设计同步进行。

3. 现场维护

施工单位进场后，深化设计师代表设计方进行技术交底，解决技术性问题，与施工配合完成工程。

4. 竣工图

工程竣工后，根据工程现场情况进行竣工图绘制。竣工图用于存档及竣工结算。

二、项目施工图深化设计的设计流程

项目施工图深化设计的设计流程：方案设计→效果图设计→平面、顶棚确定→施工图平面设计→水电、消防设计→施工图立面设计→施工图详图设计→施工图后期设计→排图、目录、说明→装修施工图成品→水电施工图成品→消防施工图成品→施工图资料归档→图纸会审→施工图现场交底。

项目施工图深化设计的设计流程如图 1-4-1 所示。

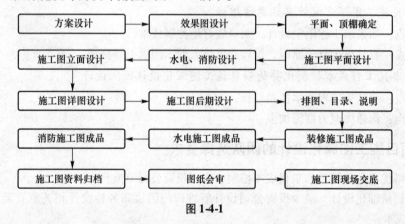

图 1-4-1

第五节　施工图深化设计师应具备的条件及经验积累

一、施工图深化设计师应具备的条件

1. 施工图深化设计师的工作职能

（1）完成主案设计师设计意图并能依据方案与施工现场的具体情况结合经验提出建设性意见。

（2）揣摩了解主案设计师的设计手法与设计意图。

（3）很熟练地为主案设计师处理细节收口方案。

2. 施工图深化设计师的专业技能

（1）协助配合主案设计师做好深化设计工作，对各种细部处理、节点、收口做法熟练，能独立完成全套施工图的绘制。

（2）为项目深化图纸，协调各单位图纸，通过自己的方式解读图纸，并把理解的信息根据现场给出适合的施工图。

（3）控制材料损耗排版下单，在方案设计允许的情况下通过自己的经验，使项目盈利。

（4）依据现行规范及标准按照设计方案完成各阶段施工图设计。

（5）每个项目施工图绘制的进展需向施工图主管汇报，配合主管工作的安排。

（6）按图进行图纸自审，图纸调整和修改。

（7）协助完成项目组的各种临时工作任务。

（8）负责工程项目的施工现场变更及竣工图制作。

（9）配合好机电工程师的各项工作并完成施工项目。

二、施工图深化设计师的经验积累

（1）施工图深化设计师需要在项目设计过程中积累经验，慢慢充实自己的深化水平与实力，多去施工现场学习提高自己，切忌埋头于电脑前，因为施工图深化设计师不是绘图员。

（2）施工图深化设计师需要打通项目中重要环节。如与主案设计师擦出设计的火花，将方案完整地融入现场施工；在现场解决施工难点；掌握水电管线综合现场的实际应用；项目需要驻场设计时快速转变职务角色。

本章小结 \\\

通过本章的学习，了解项目施工图深化设计的内容和要求，项目施工图深化设计的意义、项目施工图深化设计的设计流程，以及施工图深化设计师应具备的条件及经验积累，从而明白项目项目施工图深化设计只是装饰项目中的重要环节之一。在学习深化设计的同时一定要了解深化设计与项目中其他重要环节之间的关系和相关知识，成为一专多能或多专多能的复合型人才。

第二章

深化设计公司制图标准
及施工图设计规范

每个公司的制图规范都有其鲜明特点和独到之处，本章从实际工作应用角度出发，详细介绍了公司制图的准备工作及制图规范。

第一节　操作软件的说明、安装、设置及文件的存取方法

一、操作软件的说明、安装

（1）软件说明。公司施工图的绘制均需在 AutoCAD 中完成，考虑到软件的稳定及兼容性，以及公司内部与外部工作的协调配合，不允许使用其他版本的 CAD 软件及国内衍生软件（如中望 CAD、圆方 CAD 等）。

（2）软件保存单位及格式。

①绘图单位：在使用 CAD 进行绘图时，绘图单位设置为"毫米"。

②文件保存格式为：＊＊＊.dwg（AutoCAD 2014），"＊＊＊"表示项目文件名称。

（3）公司软件的安装要求。

①首先将 32 位或 64 位的 AutoCAD 2014 安装包下载到电脑，双击打开，然后选择解压的位置，解压位置最好默认，必须为英文路径，如图 2-1-1 所示。

图 2-1-1

②解压完成后出现安装界面，单击"安装"按钮，如图 2-1-2 所示，接着在许可协议界面选择"我接受"单选项，然后单击"下一步"按钮，如图 2-1-3 所示。

图 2-1-2

图 2-1-3

③在产品信息中输入序列号，输入产品密钥，然后单击"下一步"按钮，如图 2-1-4 所示，接着选择软件安装的位置，然后单击"安装"按钮，如图 2-1-5 所示。

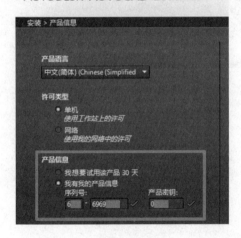

图 2-1-4

图 2-1-5

④安装的过程如图 2-1-6 所示，安装完成后的界面如图 2-1-7 所示。

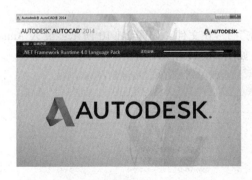

图 2-1-6

图 2-1-7

（4）安装公司制作施工图相关文件。

①公司打印样式的安装文件：打开"公司打印样式"文件夹，将 A0、A1、A2、A3、A4 打印样式按照安装路径放置好，如图 2-1-8 所示。

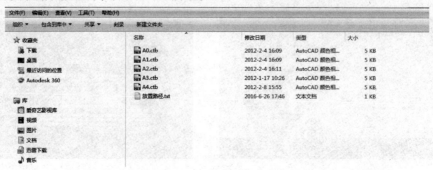

图 2-1-8

②公司打印样式的安装路径（"C：\ Users \ lenovo \ AppData \ Roaming \ Autodesk \ Auto-CAD2014 \ R19. 1 \ chs \ Plotters \ Plot Styles"），如图 2-1-9 所示。

图 2-1-9

二、操作软件的设置

（1）公司 CAD 模板填充设置：选择"公司填充"1~6 文件，如图 2-1-10 所示；放入 Auto-CAD 2014 安装根目录中"support"文件夹中即可，如图 2-1-11 所示。

图 2-1-10

图 2-1-11

（2）系统字体设置：将系统字体复制到"控制面板"—"字体"文件中，如图 2-1-12 所示。

图 2-1-12

（3）公司 CAD 字体填充设置：将公司字体文件放入 AutoCAD 2014 安装根目录中"Fonts"文件夹中，如图 2-1-13、图 2-1-14 所示。

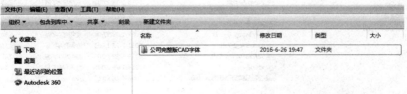

图 2-1-13

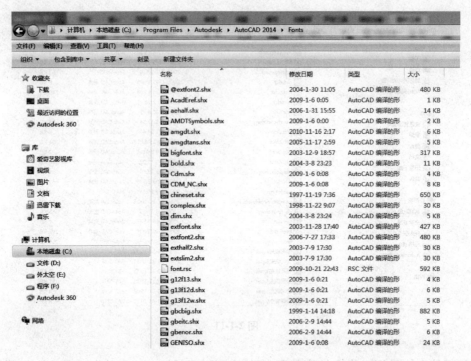

图 2-1-14

（注：放置路径为"C：\ Program Files \ Autodesk \ AutoCAD 2014 \ Fonts"）

（4）公司图层显示插件设置：将公司图层显示插件 layer. lsp 文件复制到 AutoCAD 2014 安装根目录中，如图 2-1-15 所示。

图 2-1-15

（注：放置路径为"C：\ Program Files \ Autodesk \ AutoCAD 2014"，最好在根目录下）

（5）公司快捷键的设置：在 AutoCAD 2014 软件文件菜单中执行"工具"—"自定义"—"编辑程序参数"命令，更改快捷键或者在 AutoCAD 2014 软件根目录中找 acad. pgp 文件，如图 2-1-16 所示，用记事本方式打开更改快捷键，如图 2-1-17 所示。

图 2-1-16

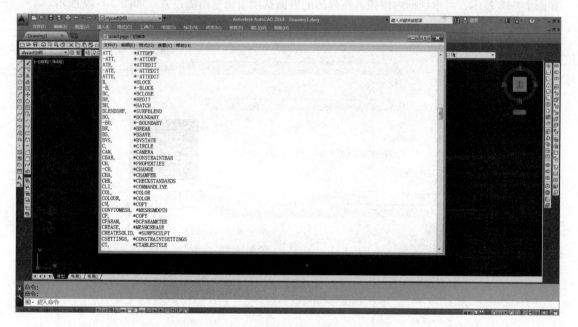

图 2-1-17

（6）公司修改快捷键的内容，如表 2-1-1 所示。

表 **2-1-1**

部分修改主要快捷键			
EL 椭圆改为 CC	EX 延伸改为 ER	CO 复制改为 CV	SC 比例缩放改为 SD
MI 镜像改为 MM	RO 旋转改为 RT	PL 多段线改为 K	MA 格式刷改为 MM
DLI 直线标注改为 DD	DAL 对齐标注改为 DW	DCO 连续标注改为 DF	
部分常用快捷键			
DI 距离测量	C 圆	A 圆弧	MT 多行文本
I 插入块	W 写块	DIV 等分	PE 多段线编辑
B 定义块	D 标注样式	LE 快速引出	LY 图层
ST 文字样式	AL 对齐	AR 阵列	O 偏移
X 分解	TR 修剪	LT 线性管理器	PU 清除多余图层
OP 自定义	RE 重生成	G 打组	H 填充

注：①设置的快捷键都以键盘上相邻最近的字母为依据；
②在修改快捷键时只修改需要变更的英文字母并且要大写；
③修改快捷键时记事本里的空格、标点不能更改，否则快捷键将不能使用；
④修改完记事本后执行"文件"→"保存"命令，必须重启 AutoCAD 2014 软件，只有这样设置的快捷键方能使用。

（7）打印时如果在打印面板中找不到打印样式表、着色视口选项、打印选项和图形方向，如图 2-1-18 所示，可单红框内按钮，在弹出的侧面选项中调整所需设置。如图 2-1-19 所示。

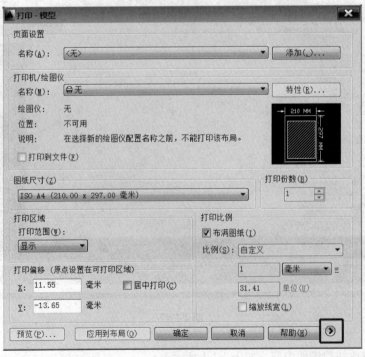

图 **2-1-18**

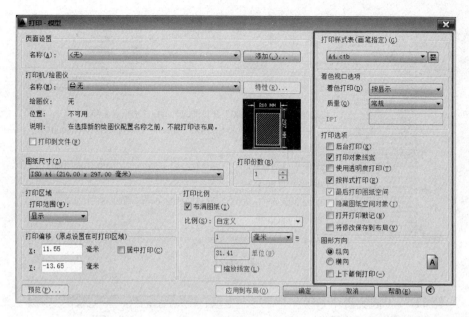

图 2-1-19

（8）AutoCAD 软件卸载不干净、安装不上的解决办法：首先打开 Windows 7 系统中的注册表 regedit. exe 文件（注：路径为 C：\ WINDOWS \ regedit. exe），如图 2-1-20 所示；接着在打开的注册表里"HKEY_ CLASSES_ ROOT \ Installer \ Products \ "路径下删除"7D2F3875100D"为开头的 CAD 2014 的注册信息，如图 2-1-21 所示；然后在打开的注册表里"HKEY_ CURRENT_ USER \ Software \ Autodesk \ AutoCAD \ R19. 1"路径下删除"R19. 1"CAD 2014 的注册信息，如图 2-1-22 所示；最后在打开的注册表里"HKEY_ LOCAL_ MACHINE \ SOFTWARE \ Autodesk \ AutoCAD \ R19. 1"路径下删除"R19. 1"CAD 2014 的注册信息，如图 2-1-23 所示。

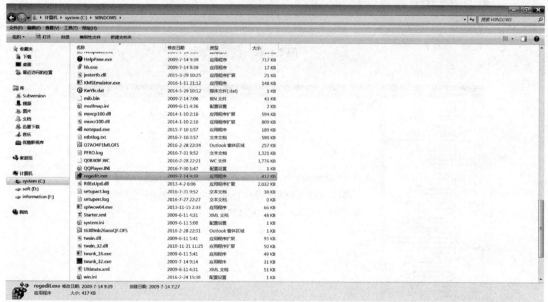

图 2-1-20

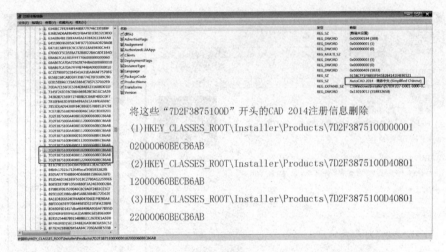

将这些 "7D2F3875100D" 开头的CAD 2014注册信息删除

(1) HKEY_CLASSES_ROOT\Installer\Products\7D2F3875100D00001 02000060BECB6AB

(2) HKEY_CLASSES_ROOT\Installer\Products\7D2F3875100D40801 12000060BECB6AB

(3) HKEY_CLASSES_ROOT\Installer\Products\7D2F3875100D40801 22000060BECB6AB

图 2-1-21

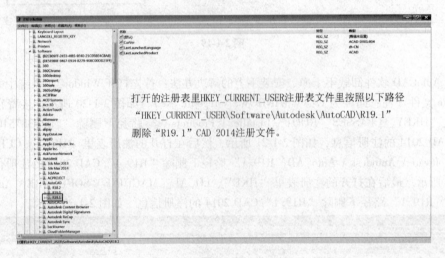

打开的注册表里HKEY_CURRENT_USER注册表文件里按照以下路径 "HKEY_CURRENT_USER\Software\Autodesk\AutoCAD\R19.1" 删除 "R19.1" CAD 2014注册文件。

图 2-1-22

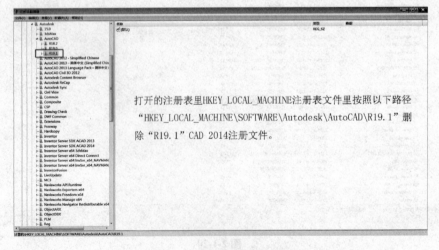

打开的注册表里HKEY_LOCAL_MACHINE注册表文件里按照以下路径 "HKEY_LOCAL_MACHINE\SOFTWARE\Autodesk\AutoCAD\R19.1" 删除 "R19.1" CAD 2014注册文件。

图 2-1-23

删除注册表的注意事项：

①必须看清楚路径再删除，否则会导致操作系统问题；

②这里删除的"R19.1"表示 CAD 2014 注册文件；其中"R18.2"表示 CAD 2012 注册文件；"R19.0"表示 CAD 2013 注册文件，如果 CAD 2014 安装不上，删"R19.1"注册文件，如果 CAD 2012 安装不上，删"R18.2"注册文件，如果 CAD 2013 安装不上，删"R19.0"注册文件，这里需要使用者举一反三；

③CAD 软件应在控制面板卸载程序中卸载，最好不要使用 QQ 管家或者 360 卫士进行卸载，因为卸载不当就会发生上述软件安装不上的问题，请使用者使用正确方法。

（9）公司制图模板的使用及意义如图 2-1-24 所示。

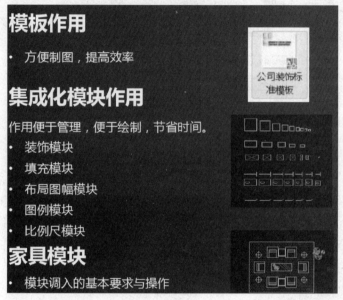

图 2-1-24

三、文件的存取方法

（1）存储备份：设计师每天必须在下班前对本日的绘图工作在指定的位置存储备份；

（2）文件名命名方式：日期 + 空格 + 项目文件名。

第二节　装饰项目文件夹的总构架及相关内容

一、装饰项目文件夹总构架

项目文件夹总构架如图 2-2-1 所示。

二、项目文件具体内容

（1）一级文件夹如图 2-2-2 所示。

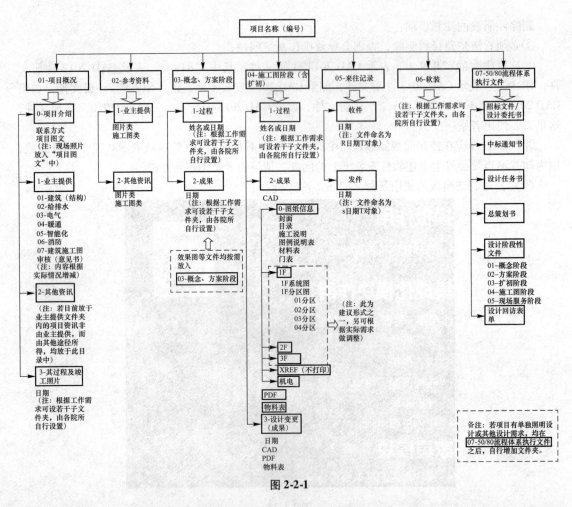

图 2-2-1

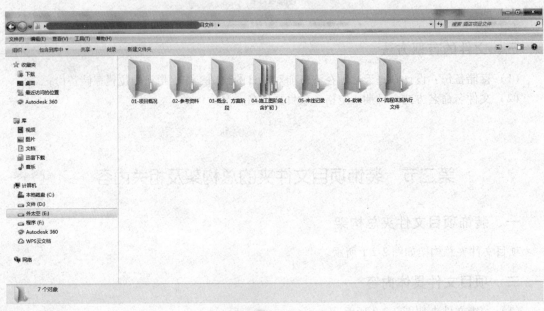

图 2-2-2

（2）二级文件夹（施工图阶段文件包）如图 2-2-3 所示。

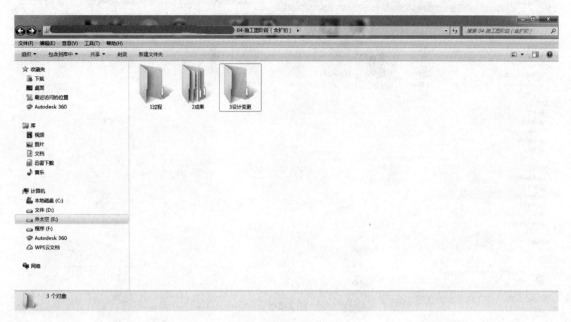

图 2-2-3

（3）三级文件夹（施工图阶段文件包）放置 CAD 成果文件、PDF 成果文件、物料表，如图 2-2-4 所示。

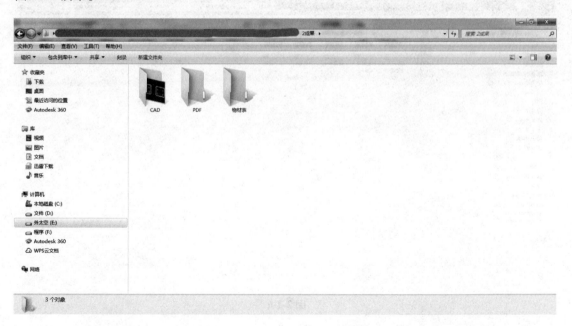

图 2-2-4

（4）四级文件夹（施工图阶段文件包）放置图纸信息、各层施工图、机电图及外部参照文件，如图 2-2-5 所示。

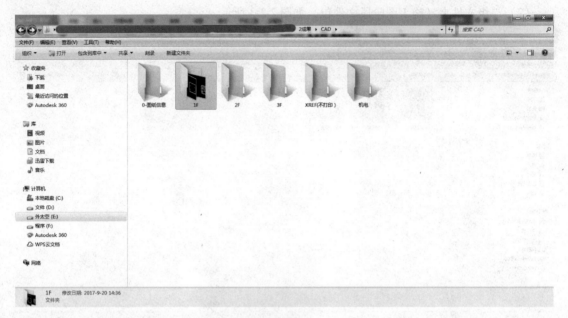

图 2-2-5

（5）五级文件夹（图纸信息说明文件包）放置图纸信息说明文件，如封面、目录、设计说明、编码代号及图例说明、材料表、门表，如图 2-2-6 所示。

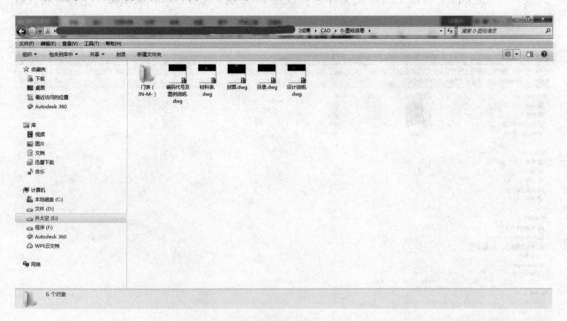

图 2-2-6

（6）五级文件夹放置各层分区图、系统图。如一楼图纸文件包中有 1F 分区图和 1F 系统图，1F 系统图包括平面布置图、墙体定位图（隔墙尺寸图）、区域详图、地面铺装图（地坪布置图）、顶面布置图、灯具定位图、总索引图等相关图纸，如图 2-2-7 所示。

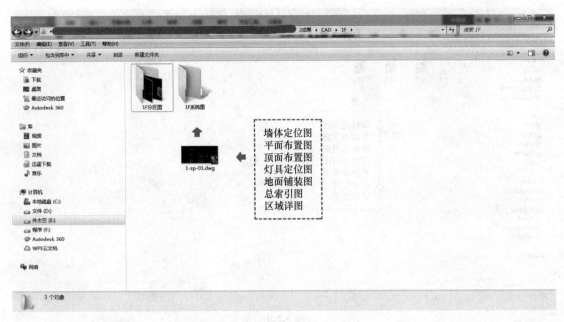

墙体定位图
平面布置图
顶面布置图
灯具定位图
地面铺装图
总索引图
区域详图

图 2-2-7

（7）六级文件夹放置各层分区图纸文件包，如 1F 分区图纸文件包中放置 01 分区、02 分区、03 分区、04 分区等分区，如图 2-2-8 所示。

图 2-2-8

（8）七级文件夹放置各层平面系统图、立面图与大样图，如 1F 分区图纸文件包的平面系统图包括平面布置图、墙体定位图（隔墙尺寸图）、地面铺装图（地坪布置图）、顶面布置图、灯具定位图、总索引图、区域详图等，如图 2-2-9 所示。

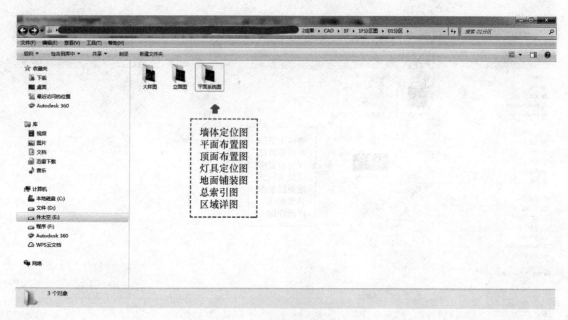

图 2-2-9

第三节　CAD 图层管理和模板绘图

一、CAD 图层管理

1. CAD 图层、颜色、线型的设定及用途

（1）"W"所有类型的图纸及"A"建筑结构图纸中的图层、颜色、线型的设定及用途，如表 2-3-1 所示。

①图层是指在绘图中，可以将不同种类和用途的图形分别放在不同图片层，并像一张透明的纸，可在它上面绘制图形。在一幅图中设置多个图层，各层之间完全对齐，各种图形要素放在某一图层上，这些图层再叠放在一起，就构成一幅完整图形。

②颜色表示每个图层都设有颜色，以区别不同的实体对象。颜色用自然数为代号，1~7 号为标准颜色；绘图区底色为白色时，默认 7 号为黑色，绘图区底色为黑色时，默认 7 号为白色。

③线型表示在每个图层上根据实体图形的要求设置一种线的类型，系统默认设置为"continue"。

在 CAD 的绘图应用中，有图层的绘制，那就必须要有图层的管理，这样才能更好地帮助使用者提升工作效率。

建筑结构图是指从宏观上通过软件反映层次结构的图形，结构图分建筑图和组织结构图。

隔墙尺寸图就是把图纸中所有的尺寸标注出来，包括门洞、窗户等位置，主要给施工人员看，在进场时帮助他们确定房屋最终的结构尺寸，也可以按照这张图的尺寸来拆墙和砌墙。

（2）"P"平面图纸及"C"顶面图纸中的图层、颜色、线型的设定及用途，如表 2-3-2 所示。

（3）"F"地坪图纸、"M"符号点位连线图纸、"E"立面图纸、"D"节点图纸及线型设置中的图层、颜色、线型的设定及用途，如表 2-3-3 所示。

表 2-3-1

AUTOCAD图层管理

图纸类型	图层名称	图层颜色	其他颜色	线型	用途
W 所有类型的图纸	DEFPOINTS	250		CON	图纸空间的视图框及不需打印的线
	W-图框	251		CON	与图框有关的内容
	W-文字	35		CON	文字标注、说明、主材索引、物料索引、标高等
	W-区域文字	35		CON	总区及功能文字标注
	W-基础引线	35		CON	所有基础引线
	W-索引符号	2	4、1	CON	立面、剖面、大样、门、区域索引符号，剖断线、墙体转折符号等
	W-修改云线	真彩色：203，16，16		DAS	修改云线、版本索引符号等
	W-尺寸	5（尺寸线）	35（文字）	CON	通常仅仅放于布局空间的尺寸标注，或模型空间中不需根据图纸类型分类显示的尺寸标注
A 建筑结构图纸	A-轴线	8		CEN	仅用于轴线
	A-轴号	4		CON	仅用于轴号
	A-土建柱	6		CON	仅用于建筑柱体
	A-土建柱填充	251		CON	仅用于建筑柱体填充
	A-土建墙（含管井、立管）	6	251	CON	原始结构墙体（含管井、立管），粗线用6，细线用251
	A-土建柱填充	251		CON	仅用原始结构墙体填充
	A-新隔墙	4			新建各类型的墙体
	A-新隔墙填充	177		CON	新建各类型的墙体填充
	A-新隔墙尺寸	5（尺寸线）	35（文字）	CON	新建墙体的尺寸标注
	A-窗	2	251	CON	窗，开启线用215（虚线）
	A-电梯	44		CON	仅用于电梯
	A-消火栓（原建筑）	8		CON	仅用于原建筑上的消火栓
	A-消火栓	1		CON	仅用于消火栓（包若与原建筑相比无任何更改，可不设此图层，并将原建建消火栓图层颜色改为1号色）
	AP-原建筑参照	251			仅用于原建筑参照
	AC-顶面原建筑结构（包括梁本）	1		CON	仅用于顶面原建筑结构（包括梁体）（若梁体及吊顶隐藏，应根据需求另设图层及颜色）
	AC-顶面原建筑结构	251		CON	仅用于顶面原建筑参照
	AC-顶面原建筑电气			CON	仅用于顶面原建筑电源供应装置
	AC-顶面原建筑空调及新风管线	251		CON	仅用于顶面原建筑空调及新风管线（根据原建筑图纸内容，可分设风口终端与管线两个图层）
	AC-顶面原建筑喷淋及管线	251		CON	仅用于顶面原建筑喷淋及管线（根据原建筑图纸内容，可分设终端点位与管线两个图层）

表 2-3-2

AUTOCAD图层管理

图纸类型	图层名称	图层颜色	其他颜色	线型	用途
P 平面图纸	P-完成面	3	35、251、250	CON	墙及柱的装饰完成面、落地、到顶的屏风及隔断 3为中线，35为细线，251为极细线，250为填充
	P-门	2	251	CON	门扇用2，开启方向用251（虚线）
	P-门套	3	35、251、250	CON	仅用于门套，3为中线，35为细线，251为极细线，250为填充
	P-活动家具	146	2、251、250	CON	仅用于活动家具，2为中细线（可选用为活动家具的外轮廓），146为细线，251为极细线，250为填充
	P-固定家具（落地、到顶）	142	3、35、251、250	CON	落地、到顶的固定家具，3为中线（作为固定家具的外轮廓），142为中细线，35为细线，251为极细线，250为填充
	P-固定家具（落地、不到顶）	142	35、251、250	CON	落地、不到顶的固定家具、隔断，142为中细线，35为细线，251为极细线，250为填充
	P-固定家具（不落地、到顶）	142	35、251、250	CON	不落地、到顶的固定家具及悬吊隔断，142为中细线，35为细线，251为极细线，250为填充
	P-固定家具（悬空）	142	35、251、250	CON	悬空的固定家具或装饰，142为中细线，35为细线，251为极细线，250为填充
	P-洁具及配件（地坪图显示）	146	2、251、250	CON	地坪图上显示的洁具及配件（包括地漏、排水沟等），2为中细线（可选作为洁具的外轮廓），146为细线，251为极细线，250为填充
	P-洁具及配件（地坪图不显示）	146	2、251、250	CON	地坪图上不显示的洁具及配件（比如悬挂的马漏、小便斗、毛巾挂杆、淋浴器等），2为中细线（可选作为洁具的外轮廓），146为细线，251为极细线，250为填充
	P-楼梯（包括扶手）	44	2、251	CON	楼梯踏步、扶手、散水用44，踏步细节表现用251，楼梯上下指示线用251，楼梯上文字35
	P-平面高差	44	251	CON	仅用于现平面高差，44为中细线，251为极细线
	P-窗帘	146		CON	仅用于窗帘
	P-平面用电设备	22	251	CON	不用在顶面图中显示的用电设备，如电视、台灯等，146为细线，251为极细线
	P-平面设备（顶面显示）	22	251	CON	需在平、顶面图中都显示的用电设备，如壁灯，146为细线，251为极细线
	P-电气	7	251	CON	各类电箱、插座箱等电源供应装置
	P-景观、绿植	68		CON	仅用于景观、绿植
	P-完成面尺寸	5（尺寸线）35（文字）		CON	完成面尺寸
	P-家具尺寸	5（尺寸线）35（文字）		CON	平面家具尺寸
G 顶面图纸	G-顶面造型线	40	35、251	CON	顶面造型线，（含雨篷）40为中细线，35为细线，251为极细线
	G-顶面造型（平面显示）	8		DAS	需在平面布置图中也显示的顶面造型或装置
	G-顶面造型填充	250			仅用于顶面造型填充
	G-顶面灯具、灯带	22	251	CON	顶面灯具、灯带，22为细线，251为极细线
	G-顶面设备（风口、换气扇、投影仪）	7	251	CON	风口、换气扇、投影仪等顶面设备，7为细线，251为极细线
	G-顶面设备（喷淋、烟感、报警）	7	251	CON	喷淋、烟感、报警等终端点位，7为细线，251为极细线
	G-顶面应急照明	7	251	CON	顶面应急照明、疏散指示等，7为细线，251为极细线
	G-顶面造型尺寸	5（尺寸线）35（文字）		CON	顶面造型定位尺寸
	G-顶面灯具及其他点位尺寸	5（尺寸线）35（文字）		CON	顶面灯具及其他设备点位的定位尺寸

表 2-3-3

AUTOCAD图层管理					
图纸类型	图层名称	图层颜色	其它颜色	线型	用途
F 地坪图纸	F–地坪造型线	8		CON	地坪拼花造型轮廓线
	F–地坪分割线	251		CON	地坪造型轮廓线内部的材质分割线
	F–地坪填充	250		CON	仅用于地坪填充
	F–家具显示	8		DAS	在地坪图、机电点位图及其他图纸中需要显示的家具虚线
	F–地坪尺寸	5（尺寸线）35（文字）		CON	地坪分割定位尺寸
M 符号、点位、连线图纸	M–机电点位（布局空间）	7	251	CON	开关、插座、弱电等终端点位，7为细线，251为极细线
	M–插座连线	7		DAS	插座连线
	M–照明连线	7		DAS	灯具连线
E 立面图纸	E–楼板、墙体	6		CON	仅用于楼板、墙体外轮廓线
	E–楼板、墙体填充	250		CON	仅用于楼板、墙体填充
	E–顶面轮廓线	4	3、146、251	CON	仅用于顶面造型轮廓线
	E–顶面填充	250		CON	顶面轮廓线与楼板间的填充
	E–立面轮廓线	4	6	CON	仅用于立面外轮廓线，4为中粗线，6为粗线（作为地面完成线）
	E–立面造型线	3	2、4、44 146、251	CON	立面造型线，4为中粗线（作为墙体转折线），3为中线，2为中细线（立面门轮廓线），44为中细线（除立面门轮的造型中细线），146为细线，251为极细线
	E–立面填充	250		CON	仅用于立面材质填充
	E–立面窗、幕墙	146	251	CON	仅用于立面窗、幕墙，146为细线，251为极细线（窗外边框请用"E–立面造型线"）
	E–立面活动家具	22	251、250	DAS	仅用于立面活动家具，22为细线，251为极细线，250为填充
	E–立面洁具及配件	44	146、251	CON	仅用于立面洁具及配件，44为中细线，146为细线，251为极细线
	E–装饰类	249	251、250	DAS	立面装饰，如窗帘、摆设口、装饰画，249为细线，251为极细线，250为填充
	E–立面灯具	22	251	DAS	仅用于立面灯具，22为细线，251为极细线
	E–立面风口	44	146、251	CON	仅用于立面风口（包括正面及侧面），44为中细线，146为细线，251为极细线
	E–开关插座点位	7	251	DAS	开关、插座点位，7为细线，251为极细线
	E–立面尺寸	5（尺寸线）35（文字）		CON	立面尺寸
D 节点图纸	D–造型粗线	4	6	CON	节点造型粗线，4为中粗线（作为完成面轮廓线），6为粗线（作为墙体段）
	D–造型细线	146	3、44、251	CON	节点造型细线，3为中线，44为中细线，148为细线，251为极细线
	D–节点填充	250		CON	仅用于节点填充
	D–节点尺寸	5（尺寸线）35（文字）		CON	节点尺寸

线型的设置			
1. 轴线、立面门洞线、中空示意线、立面门窗开启线等	————·———— CENTER	3. 虚化填充	‥‥‥‥‥ DOT
		4. 日光灯带 ——R——R——	R–LINT
2. 不可见线、虚线、云线、平面门窗开启线等	———— DASHED、DASH、HIDDEN	5. LED灯带 ——LED——LED——	LED–LINT
		6. 塑管灯带 ——S——S——	S–LINT

　　其中，地坪图纸又称地面铺装图。

　　从装修设计上来讲，地面铺装图就是一种装修图纸，是根据地面铺装做的设计，包括材料的形式、尺寸、颜色、规格等信息，以及如何铺设，从哪开始等。

　　另外，地面铺装所使用的一些材料图案，按照地面设计采用的材料进行施工。

2. CAD 线宽及文字设定

（1）线宽及文字的设定中的颜色、线型的设定及用途，如表2-3-4所示。

表 2-3-4

线宽及文字的设定
CAD打印线宽的设置

颜色	A3白图换印线宽	A3、A2、A1、A0 硫酸纸打印线宽	用途
1	0.09	0.1	平面消火栓，需要隐藏的梁体，部分索引符号
2	0.13	0.15	平面门、窗，平面活动家具及洁具外轮廓，立面门轮廓
3	0.15	0.18	平面完成面、门套、固定家具（落地、到顶）外轮廓，立面及节点造型线
4	0.25	0.3	平面新隔墙线，轴号，立面轮廓线，节点造型粗线
5	0.1	0.1	所有尺寸线
6	0.35	0.45	土建墙、柱
7	0.1	0.1	平面电气、机电点位，顶面消防系统、新风系统，立面开关插座点位
8	0.05	0.09	轴线，地面造型线
22	0.1	0.13	平面用电设备，顶面灯具、灯带，立面灯具及活动家具
35	0.1	0.1	文字标注，基础引线，平面完成面、固定家具细线，顶面造型细线
40	0.15	0.15	顶面造型线
44	0.13	0.15	平面电梯、楼梯、高差，立面造型中细线、洁具、风口，节点造型中细线
68	0.05	0.09	平面景观、绿植
142	0.13	0.15	固定家具轮廓线（落地、到顶家具轮廓线建议与周边装饰完成面一致）
146	0.1	0.1	平面活动家具、洁具及配件、窗帘，立面造型细线立面窗、幕墙、洁具、风口，节点造型细线
177	0.05（淡显60%）	0.05（淡显70%）	新建隔墙填充
249	0.05	0.05	立面装饰，如窗帘、摆设品、装饰面
250	0.05（淡显40%）	0.05（淡显60%）	除平面土建墙、土建柱、新隔墙填充外的所有材质填充
251	0.05（淡显70%）	0.05（淡显80%）	平面土建墙、柱填充，各类参照线，图面中其余极细线
真彩色：203，16，16	0.1	0.1	修改云线等
其他	0.05	0.1	

（2）文字标注高度及字型设置，如表2-3-5所示。

表 2-3-5

文字标注高度及字型设置

比例	A3图幅字高	A2、A1、A0图幅字高	文字样式名	字体	字体宽度比例
总区域汉字标注（如大堂、餐厅）	3	3.5	WORD-3	宋体	1
总区域英文标注	3	3.5	WORD-2	黑体	1
功能汉字标注（如服务台、礼宾台）	2.5	3	WORD-3	宋体	0.8
功能英文标注	2.5	3	WORD-2	黑体	0.8
图面中汉字（如材料、物料标注管）	2	2.5	WORD-1	仿宋_GB2312	0.7
图面中数字及英文	2	2.5	WORD-2	黑体	0.7
尺寸标注数字	2	2.5	DIM	宋体	0.7
图面比例的设置					
平面、立面及详图等的比例为图形与实物相对应的尺寸之比；比例的选用除了要考虑图形的复杂程度还应兼顾版面的美观程度					
常用比例	1:1　1:2　1:5　1:10　1:20　1:30　1:50　1:100　1:150　1:200　1:500　1:1 000　1:2 000				
可用比例	1:3　1:4　1:6　1:15　1:25　1:40　1:60　1:80　1:250　1:300　1:400　1:600　1:5 000				
尺寸标注及图面比例的设定					

3. CAD 索引符号的表示说明

（1）索引符号说明 1，包括立面索引、剖面索引、大样索引、门索引，如表 2-3-6 所示。

表 2-3-6

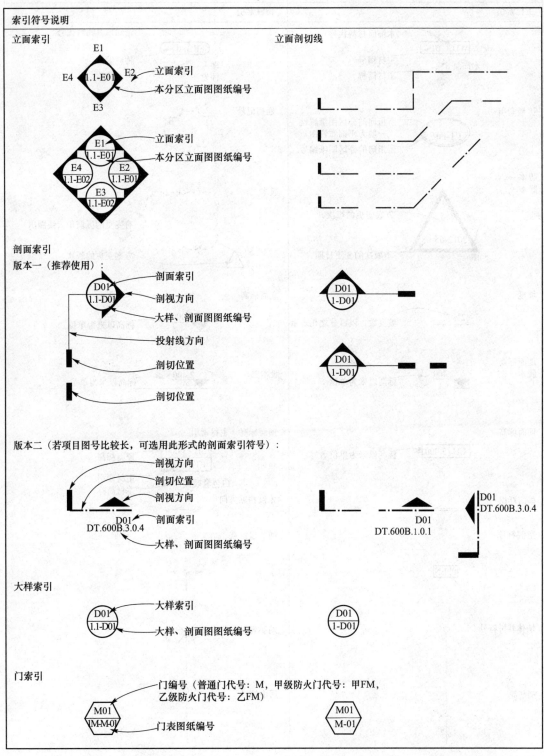

（2）索引符号说明2，包括主材索引、区域索引、物料索引等，如表2-3-7所示。

表 2-3-7

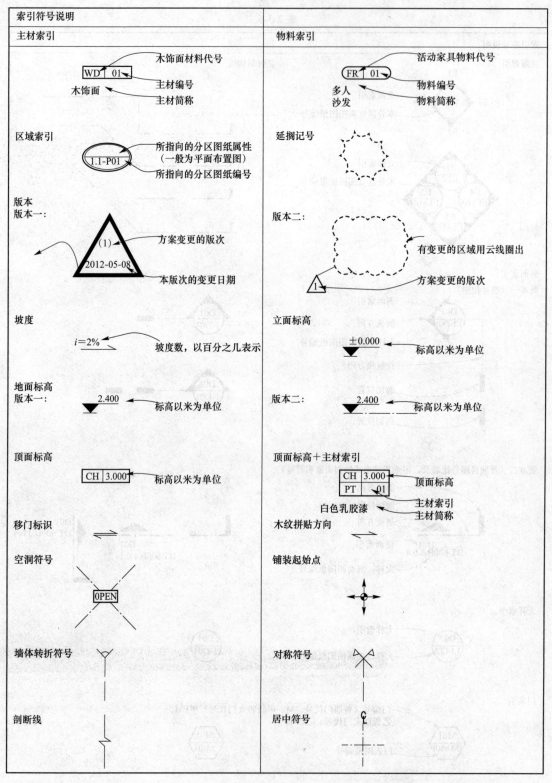

4. CAD 图标符号说明

（1）图标符号说明（版本一）如表 2-3-8 所示。

表 2-3-8

图标符号说明		
版本一：		
平面布置图图号	(FF/—)	1F FIXTURE/FURNISHING PLAN 一层平面布置图　SCALE: 1/100
隔墙尺寸图图号	(WD/—)	1F WALL DIMENSION PLAN 一层隔墙尺寸图　SCALE: 1/100
完成面尺寸图图号	(FD/—)	1F FINISH DIMENSION PLAN 一层完成面尺寸图　SCALE: 1/100
地坪布置图图号	(FC/—)	1F FLOOR COVERING PLAN 一层地坪布置图　SCALE: 1/100
顶面布置图图号	(RC/—)	1F REFLECTED CEILING PLAN 一层顶面布置图　SCALE: 1/100
灯具定位图图号	(RC/—)	1F FIXTURES OF LAMPS AND LANTERNS PLAN 一层灯具定位图　SCALE: 1/100
机电点位图图号	(EM/—)	1F ELECTRICAL MECHANICAL PLAN 一层机电点位图　SCALE: 1/100
分区索引图图号	(RP/—)	1F REGIONAL PLAN 一层分区索引图　SCALE: 1/100
立面索引图图号	(KP/—)	1F KEY PLAN 一层立面索引图　SCALE: 1/100
立面图图号	(E1/1.1-P01)	ELEVATION 立面图　SCALE: 1/30
大样图图号	(D1/1.1-E01)	DETAIL 大样图　SCALE: 1/30
	注：大样、剖面都用本图号。	
剖面图图号	(S1/1.1-E01)	SECTION 剖面图　SCALE: 1/30
	注：剖面图图号基本不用，视情况选择。	

（2）图标符号说明（版本二）如表 2-3-9 所示。

表 2-3-9

图标符号说明				
版本二：				
平面布置图图号	FF	FIXTURE/FURNISHING PLAN	平面布置图	SCALE: 1/100
隔墙尺寸图图号	WD	WALL DIMENSION PLAN	隔墙尺寸图	SCALE: 1/100
完成面尺寸图图号	FD	FINISH DIMENSION PLAN	完成面尺寸图	SCALE: 1/100
地坪布置图图号	FC	FLOOR COVERING PLAN	地坪布置图	SCALE: 1/100
顶面布置图图号	RC	REFLECTED CEILING PLAN	顶面布置图	SCALE: 1/100
灯具定位图图号	RC	FIXTURES OF LAMPS AND LANTERNS PLAN	灯具定位图	SCALE: 1/100
机电点位图图号	EM	ELECTRICAL MECHANICAL PLAN	机电点位图	SCALE: 1/100
分区索引图图号	RP	REGIONAL PLAN	分区索引图	SCALE: 1/100
立面索引图图号	KP	KEY PLAN	立面索引图	SCALE: 1/100
立面图图号	E1	ELEVATION	立面图	SCALE: 1/30
大样图图号	D1	DETAIL	大样图	SCALE: 1/5
注：大样、剖面都用本图号。				
剖面图图号	S1	SECTION	剖面图	SCALE: 1/5
注：剖面图图号基本不用，视情况选择。				

5. CAD 图框内容说明

公司图框说明。标准图框内容包括集团公司 LOGO、本公司地址及联系方式、合作设计单位、建设单位、项目名称、空间名称及图纸名称、图纸版权及施工说明、总图索引图、图号、项目编号，如图 2-3-1 所示。

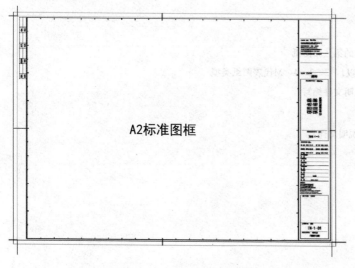

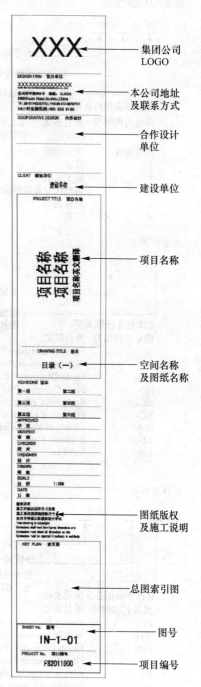

图 2-3-1

6. CAD 图纸编号的命名原则

（1）图纸编号的命名原则1：图纸信息说明文件、总平面图、分区平面图，如图 2-3-2 所示。

图纸编号的命名原则1

图纸信息说明文件

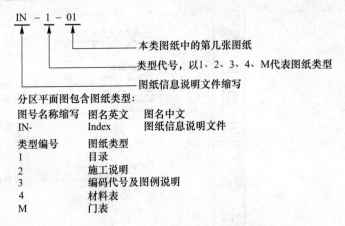

IN － 1 － 01

本类图纸中的第几张图纸
类型代号，以1、2、3、4、M代表图纸类型
图纸信息说明文件缩写

分区平面图包含图纸类型：

图号名称缩写	图名英文	图名中文
IN-	Index	图纸信息说明文件

类型编号	图纸类型
1	目录
2	施工说明
3	编码代号及图例说明
4	材料表
M	门表

总平面图

1 － P 01

本层总平面图图纸中的第几张图纸
指所在楼层为1F，-1F在此表达为"B1"，-2F在此表达为"B2"，-1F夹层在此表达为"B1S"，以此类推

总图包含图纸类型：

图号名称缩写	图名英文	图名中文
FF-	Fixture/Furnishing Plan	平面布置图
WD-	Wall Dimension Plan	隔墙尺寸图
FD-	Finish Dimension Plan	完成面尺寸图
FC-	Floor Covering Plan	地坪布置图
RC-	Reflected Ceiling Plan	顶面布置图
RC-	Fixtures of Lamps and Lanterns Plan	灯具定位图
EM-	Electrical Mechanical Plan	机电点位图
RE-	Regional Plan	分区索引图
KP-	Key Plan	立面索引图

分区平面图

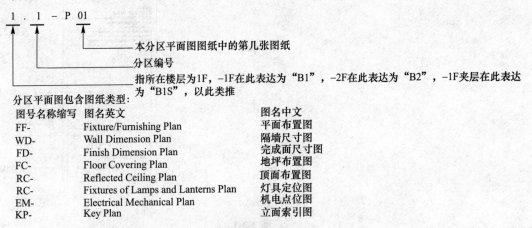

1 . 1 － P 01

本分区平面图图纸中的第几张图纸
分区编号
指所在楼层为1F，-1F在此表达为"B1"，-2F在此表达为"B2"，-1F夹层在此表达为"B1S"，以此类推

分区平面图包含图纸类型：

图号名称缩写	图名英文	图名中文
FF-	Fixture/Furnishing Plan	平面布置图
WD-	Wall Dimension Plan	隔墙尺寸图
FD-	Finish Dimension Plan	完成面尺寸图
FC-	Floor Covering Plan	地坪布置图
RC-	Reflected Ceiling Plan	顶面布置图
RC-	Fixtures of Lamps and Lanterns Plan	灯具定位图
EM-	Electrical Mechanical Plan	机电点位图
KP-	Key Plan	立面索引图

图 2-3-2

（2）图纸编号的命名原则2：立面图、大样图/剖面图版本一和版本二，如图2-3-3所示。

图纸编号的命名原则2

立面图

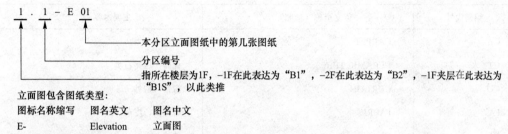

立面图包含图纸类型：

图标名称缩写	图名英文	图名中文
E-	Elevation	立面图

大样、剖面图

现制定两种版本的大样、剖面图图纸编号。版本一是将大样、剖面图排在每个分区图后的命名方式，版本二是将大样、剖面图排在整套图纸后的命名方式。设计可根据项目实际情况进行选择。

注：建议同一套图纸只能使用其中一个版本，如有特别需求，可考虑同时使用。

版本一：

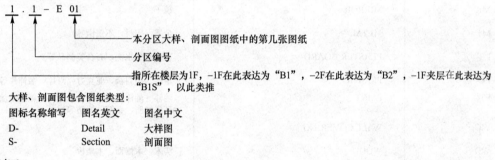

大样、剖面图包含图纸类型：

图标名称缩写	图名英文	图名中文
D-	Detail	大样图
S-	Section	剖面图

版本二：

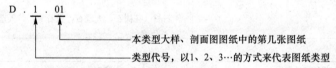

大样、剖面图包含图纸类型：

图标名称缩写	图名英文	图名中文
D-	Detail	大样图
S-	Section	剖面图

类型编号	图纸类型
1	顶面节点
2	墙面节点
3	地面交接节点、楼梯台阶等节点
4	其他节点（如柜体、台盆、线条等），根据项目实际需求，自行设置数字/英文与类别对应

图2-3-3

7. CAD图纸编码代号的表示及说明

（1）编码代号的表示及说明（一），包括材料标注编码代号说明及物料编码代号说明，如表2-3-10所示。

（2）编码代号的表示及说明（二），包括公共空间及餐饮空间名称代号说明，如表2-3-11所示。

表 2-3-10

编码代号的表示及说明（一）

材料标注编码代号说明

编码代号	英文全称（参照）	主要内容
CA	CARPET	地毯
CT	CERAMIC TILE	瓷砖、压铸石类
CU	CURTAIN	窗帘、窗纱
FA	FABRIC	布饰面、皮革
GL	GLASS	玻璃
LP	LAMINATED PLASTIC	防火板
MC	METAL COMPOSITE	金属复合板
MO	MOSAIC TILE	马赛克
MR	MIRROR	镜子
MT	METAL	金属（铝材、不锈钢等）
PB	PLASTER BOARD	石膏板（水泥、石膏类制品等）
PL	PLASTIC	塑料（塑料板、亚克力、灯片、装饰片等）
PT	PAINT	油漆（油漆、涂料、防水涂料、氟碳喷涂、环氧树脂、金箔、银箔等）
WC	WALL COVERING	墙纸
WD	WOOD	实木、木饰面、木地板
WR	WATERPROOF ROLL	防水卷材（PCV、EVA、PE、ECB等）
ST	STONE	石材（花岗石、大理石、玉石等）、人造石

物料编码代号说明

编码代号	英文全称（参照）	主要内容
AR	ARTWORK	艺术品（艺术品、陈列品等）
BDG	BEDDING	床上用品
CA	CARPET	块毯（局部使用的毯子、垫子等）
CU	CURTAIN	窗帘（窗帘织物、帷帐等）
DL	DECORATIVE LIGHTING	灯具
FR	FURNITURE	家具
HW	HARDWARE	五金
KIT	KITCHEN EQUIPMENTS	厨房设备
PLT	PLANTS	植物
SSP	SWITCH & SOCKET PANEL	开关、插座面板
SW	SANITARY WARE	洁具

表 2-3-11

编码代号的表示及说明（二）

空间名称代号说明			
空间类别	编码代号	英文全称（参照）	空间名称
公共空间	ENH	ENTRANCE HALL	门厅
	MEN	MAIN ENTRANCE	大门
	VE	VERANDAH	外廊
	RG	ROOF GARDEN	屋顶花园
	GYM	GYMNASIUM	健身房
		STATION	车站
		CONCIERGE	礼宾
		RECEPTION EXTERIOR	下客区（雨篷）
		ENTRANCE	入口
		LOBBY	大堂
		FOYER	过厅
		ELEVATOR HALL	电梯厅
		REST ROOM	卫生间
		CORRIDOR	走廊
		CLOISTER	回廊
		RECEPTION	服务台
		BILLIARD	台球室
		LOUNGE	休息厅
餐饮空间	PDR	PRIVANT DINNING ROOM	包厢
	VIP	VERY IMPORTANT PERSON	贵宾
	JC	JAPANESE COOKING	日本料理
	KC	KOREAN COOKING	韩国料理
	SCR	SPECIAL CUISINES RESTAURANT	风味餐厅
	IR	INDEPENDENT RESTAURANT	独立餐厅
	FDR	FORMAL DINNING ROOM	主餐厅
	SNB	SNACK BAR	快餐厅
		LOBBY LOUNGE	大堂吧
		RESTAURANT	餐厅
		BAR	酒吧
		COFFEE SHOP	咖啡厅
		BALL HALL	宴会厅
		CHINESE RESTAURANT	中餐厅
		WESTERN RESTAURANT	西餐厅
		TEA HOUSE	茶馆
		ALL DAY DINNING RESTAURANT	全日制餐厅

（3）编码代号的表示及说明（三），包括客房空间、商务办公空间、商业空间、办公空间、后勤空间，如表 2-3-12 所示。

表 2-3-12

编码代号的表示及说明（三）

空间名称代号说明			
空间类别	编码代号	英文全称（参照）	空间名称
		CANTEEN	员工餐厅
		PANTRY	备餐间
客房空间	ST	STANDARD TWIN	标准双人房
	SK	SUPERIOR KING	标准大床房
	SS	SUPERIOR SUITE	标准套房
	HS	HOSPITALITY SUITE	标准无障碍套房
	HK	HOSPITALITY KING	标准无障碍大床房
	DS	DELUXE SUITE	豪华套房
	PS	PRESIDENTIAL SUITE	总统套房
	ES	EXECUTIVE SUITE	行政套房
	EDS	EXECUTIVE DELUXE SUITE	行政豪华套房
	EL	EXECUTIVE LOUNGE	行政酒廊
	CS	CONFERENCE SUITE	会议套房
	JS	JUNIOR SUITE	小套房
	MS	MANAGERS SUITE	经理套房
	VIP	VIP SUITE	贵宾房
	U	UP GRADE	升级
商务办公空间		BUSINESS CENTER	商务中心
		MEETING ROOM	会议室
		MULTI-FUNCTION ROOM	多功能厅
商业空间		TRAVEL AGENCY	旅行社
		BOOK STORE	书店
		BOUTIQUE STORE	精品店（专卖店）
		FLOWER SHOP	花店
		RETAIL	零食店
办公空间		MANAGER ROOM	经理办公室
后勤空间		LAUNDRY ROOM	洗衣间
		CHANGING ROOM	更衣室
		SHOWER ROOM/SHOWER	淋浴间

（4）编码代号的表示及说明（四），包括家具标注编码代号说明，如沙发类、椅子类、柜子类等，如表2-3-13所示。

表 2-3-13

编码代号的表示及说明（四）

家具标注编码代号说明			
家具类别	编码代号	英文全称（参照）	家具名称
沙发类	SF	SOFA	多人沙发
	SE	SETTEE	中小型沙发椅
	LSE	LOVE SEAT	双人沙发
椅子类	AC	ARMS CHAIR	扶手椅
	SC	SIDE CHAIR	单背椅
	DC	DINNING CHAIR	餐椅
	DRC	DRESSING CHAIR	梳妆椅
	LC	LOUNGE CHAIR	躺椅/休闲椅
	BC	BAR CHAIR	吧椅
	DSC	DESK CHAIR	书桌椅
	GC	GUEST CHAIR	贵宾椅
	ACC	ACCENT CHAIR	（正式的）座椅
	CFC	CONFERENCE CHAIR	会议椅
几类	CT	COFFEE TABLE	茶几
	ET	END TABLE	角几
	RET	ROUND END TABLE	圆几
	SBT	SOFA BACK TABLE	背几
	CST	CONSOLE TABLE	条几
柜类	SCA	SIDE CABINET	边柜
	FCA	FILE CABINET	文件柜
	TCA	T.V. CABINET	电视柜
	BCA	BUFFET CABINET	茶水柜/备餐柜
	DCA	DISPLAY CABINET	陈列柜
	BKC	BOOK CASE	书柜
	LCT	LOW CABINET	矮柜
	NS	NIGHT STAND	床头柜
	CU	CUPBOARD	碗柜
	CH	CHEST	衣柜
凳类	BE	BENCH	长条凳
	BB	BENCH BED	床尾凳
	OT	OTTOMAN	沙发凳
床类	B	BED	床
其他	MR	MIRROR	镜子
	SCN	SCREEN	屏风
	FR	FRAME	镜框
	CO	CONSOLE	端景台

8. CAD 图例的表示及说明

（1）图例的表示及说明（一），包括电源类及灯具类图例表示及说明，如表2-3-14所示。

表 2-3-14

图例的表示及说明（一）

电源类			
□	配电箱（明装）	■	配电箱（暗装）
■	落地配电柜（明装）	▽	插座箱（暗装）
UPS	不间断电源箱（明装）	MEB	等电位箱（暗装）
EPS	EPS电源箱（明装）	LEB	局部等电位箱（暗装）

灯具类			
顶面类具、灯带：			
– · – · – · –	日光灯带		三联格栅射灯
– · – · – · –	LED灯带		三联格栅射灯（可调节方向）
– – – – –	塑管灯带		格栅射灯（吊线式）1
①②③	嵌入式筒灯		格栅射灯（吊线式）2
①②③	方形嵌入式筒灯	注：1、2、3代表此类筒灯的分类（如规格、型号、光源类型等），应根据不同项目的使用情况自行调整	格栅射灯（吊线式）3
①②③	下挂式筒灯		洗墙灯
①②③	方形下挂式筒灯		270×1 200灯盘（2根灯管）
ⓘ	金卤灯		180×1 200灯盘（带透光罩，1根灯管）
ⓘ	白炽筒灯		600×1 200灯盘（3根灯管）
⊖	防水筒灯		300×1 200灯盘（带透光罩，2根灯管）
◆	防水防潮防爆灯		
⊕	射灯		400×1 200灯盘（带透光罩，3根灯管）
⊕	防水射灯		
⊕	可调节射灯		300×600灯盘（2根灯管）
◆	可调节防水射灯		600×600灯盘（3根灯管）
▣	方形顶棚可调节射灯		
▦	方形防水顶棚可调节射灯		600×600灯盘
▣	方形顶棚射灯		
▦	方形防水顶棚射灯		空调灯盘
⚲	单联杆式吸顶射灯		
⚲⚲	双联杆式吸顶射灯		置换灯盘（乳白面板）
✦✦✦	导轨射灯1		
✦✦✦✦	导轨射灯2		置换灯盘（透水板）
⊕	吸顶灯1		
⊞	吸顶灯2		置换灯盘（射灯）
▭	工艺吊灯1		
⚙	工艺吊灯2		置换灯盘（送风口）
▨ ▣ □	格栅射灯		
▨ ▣ □	格栅射灯（可调节方向）		置换灯盘（回风口）
▨ ▣ □	双联格栅射灯		
▨ ▣ ▨	双联格栅射灯（可调节方向）		浴霸

（2）图例的表示及说明（二），包括开关面板类、开关类、插座类及顶面灯具和灯带图例表示及说明，如表 2-3-15 所示。

表 2-3-15

图例的表示及说明（二）

开关面板类			
B ⼈	门铃、打扫房间灯、请勿打扰灯		浴霸面板
D	请勿打扰开关	TEL	马桶间电话
	门牌指示		强弱电箱
	插卡取电开关	S	音频信号接口
AC TV	空调控制开关/电视控制面板	VGA	VGA信号接口
CS	电动窗帘开关	VCD	VCD信号接口
●	紧急呼叫按钮	DVD	DVD信号接口
	单联开关	JD	机顶盒信号接口
	双联开关		电话接口
	三联开关		网络接口
J	接线盒	M	微型自动开关（用在衣柜）
	两孔插座	C	扬声器接口
	三孔插座		耳机接口
	五孔插座/五孔插座（带开关）	LEB	局部等电位联结端子板
	防水插座		变阻调节开关（调音、调光）
	电动剃须刀插座		插卡式总开关 打扫房间灯、请勿打扰开关 总开关
	空调面板		开关面板

开关类			
	单联单控开关（明装）		单联单控开关（暗装）
	双联单控开关（明装）		双联单控开关（暗装）
	三联单控开关（明装）		三联单控开关（暗装）
	单极限时开关（明装）		单极限时开关（暗装）
	多位单极开关（明装）		多位单极开关（暗装）
	双控单极开关（明装）		双控单极开关（暗装）
◎	按钮（明装）	IR	红外线感应开关（吸顶）（暗装）
IR	红外线感应开关（吸顶）（明装）		调光开关（暗装）
	调光开关（明装）		调速开关（暗装）
	调速开关（明装）	S	声光控延时开关（吸顶）（暗装）
S	声光控延时开关（吸顶）（明装）		

插座类			
⼈	二极/三极单相插座（明装）		二极/三极带开关插座（暗装）
	二极/三极带开关插座（明装）		刮须插座（暗装）
F	墙面防潮插座（明装）	F	墙面防潮插座（暗装）
K	墙面空调插座（明装）	K	墙面空调插座（暗装）
	地面插座（明装）		地面插座（暗装）
	吊顶插座（明装）		吊顶插座（暗装）
	二极/三极单相插座（暗装）	◎	墙面安装接线盒（平面）（暗装）

灯具类			
顶面灯具、灯带：			
	办公吊灯（吊线式）		
	200×1 600办公吊灯（吊线式）		水晶吊灯2
	200×1 200办公吊灯（吊线式）		
	水晶吊灯1		吊扇

（3）图例的表示及说明（三），包括弱电类、暖通类、消防类、安防类和平面灯具类图例表示及说明，如表 2-3-16 所示。

表 2-3-16

图例的表示及说明（三）

弱电类			
	门铃/免打扰、即清指示		墙面安装电视插座
	呼叫铃		地面安装电视插座
	音量调节开关		墙面安装计算机信息插座
	墙面安装电话插座		地面安装计算机信息插座
	地面安装电话插座		

暖通类			
	条形出风口		侧向出风口
	条形回风口		侧向回风口
	方形出风口、方形回风口		侧排气风口
	圆形出风口、圆形回风口		风向
	换气扇（顶面）		风机盘管调节开关
	检修口		四出风吸顶式空调
	空调		两出风吸顶式空调

消防类			
	消火栓		可燃气体探测器
	顶面安装消防广播		手动报警按钮
	墙面安装消防广播		消火栓按钮
	扬声器		雷达感应器（顶面安装）
	顶部安装喷淋器		疏散指示（单方向）
	墙面安装喷淋器		疏散指示（双方向）
	感烟探测器		安全出口
	感温探测器		防火卷帘

安防类			
	带防护罩黑白摄像机		带云台的彩色摄像机
	半球黑白摄像机		彩色电视摄像机
	门（窗）磁开关		电控锁
	玻璃破碎探测器		被动红外/微波双技术控测器
	墙面安装无线巡更钮		墙面安装紧急按钮
	墙面安装出门按钮		墙面安装读卡器

平面灯具			
	台灯/落地灯1		壁灯1
	台灯/落地灯2		壁灯2
	台灯1		照画壁灯/镜前灯
	台灯2		水底灯
	台灯3		地灯
	台灯4		夜灯
	台灯5		踏步灯

9. CAD 填充符号的表示及说明

填充符号的表示及说明，包括平剖面填充符号、立面填充符号和隔墙类填充符号的表示及说明，如表2-3-17所示。

表 2-3-17

填充符号的表示及说明

填充符号	说明	填充符号	说明
平剖面:			
AN钢筋混凝土SC10	（平、剖）钢筋混凝土墙体结构	水	（平）水波纹（一）
CROSS	（剖）石膏板	AR-RROOF	（平）水波纹（二）
木地板	（平）木地板	FB木纹中SC300	（剖）实木线条、实木收口
DD地毯1SC500	（平）地毯	ANSI33	（剖）石材、GRC挂件
AH毛石砌体SC100	（平）毛石	ANSI31	（剖）瓷砖、马赛克
GRAVEL	（平）鹅卵石	ANSI32	（剖）金属
AA大理石深SC800	（平）石材、云石片（一）	ZIGZAG	（剖）玻璃、水镜、灯片
石材纹理	（平）石材、云石片（一）	ANSI33	（剖）玻镁板、水泥压力板、哈迪板、埃特板
AR-CONC	（平）深色石材 （剖）水泥砂浆、水泥板	CORK	（剖）密度板、复合板、夹板（5、9、12、15、18厘） （剖）刨花板、木丝板、定向OSB板
HONEY		FJ细木工板SC1，PAT	（剖）细木工板
HEX	（剖）软包、防火隔声岩棉、泡沫层	⊠	（剖）木龙骨、实木枋
立面:			
AA大理石深SC800	石材、云石片（一）	DD地毯1SC500	皮革、织物软硬包
石材纹理	石材、云石片（二）	AR-RROOF	普通玻璃、镀膜玻璃 钢化玻璃
AR-CONC	深色石材	AR-SAND AR-RROOF	磨砂玻璃
ARBRSTD	砖砌面	ANSI32	金属
FB木纹中SC300	有花纹木饰面（一）	DOTS	壁纸（一）
FA木纹深SC1000	有花纹木饰面（二）	GRASS	壁纸（二）
		MUDST	壁纸（三）
隔墙类:			
ANSI31	砖墙体结构	HONEY	GRC板隔墙
CROSS	轻钢龙骨隔墙石膏板	SOLID	原有墙体（一）
ANSI32	钢架结构隔墙		原有墙体（二）
ANSI37	泰柏板隔墙		

二、模板绘图

1. 绘图步骤

一般来讲，绘图分为三个步骤，每个步骤又分为若干小步骤；视个人能力的不同，步骤可以做相应的简化。

在画图以前，先确定施工图所依据的设计方案并做各种分析（主要分析设计意图、结构构造、施工工艺及材料等），为即将进行的画图作业打下基础。

2. 绘图流程

（1）打开相应项目的标准图框，在相应的位置起名另存。

（2）在相应的图层绘图，也可以先画图再匹配图层，视个人习惯，但最终图纸的图层不能混乱。

（3）画大的结构框架确定长宽比例，以保证装饰效果达到设计方案的要求，可由相应设计师审核确定。

（4）图纸内部细化。

（5）图案填充，为加快绘图速度一般要求先画图后做填充。

（6）编排页码。

3. 审图及改图

图纸绘完以后要进行图纸的检查与修改，首先进行个人审核检查，一是进行标注对相应的内容审核，必须一个尺寸一个尺寸、一个文字一个文字地检查；二是索引及页码的检查。其次是主管审核，主要是对重要立面、节点以及整套图纸中的空间交接部分的审核。最后是图纸审完之后的改图，一般是个人修改个人的，也有相互之间协同改图的。

4. 绘图时的注意事项

（1）图纸必须以整数为依据（圆类图形除外），禁止出现小数点（标注除外）。同时为保证绘图的准确性，禁止使用"接近点"捕捉，同时灵活使用正交捕捉。

（2）插入的图块不要炸开，如需要调整，则应在调整完毕后，重新定义为图块（也可以进入编辑块中进行修改）。

（3）禁止使用非规范的填充图案，同时填充图案禁止炸开，若对某个区域不能填充时，可以沿填充区域的轮廓重新画一条首尾相连的 PL 线，填充完毕后将 PL 线删除。

（4）平面图、立面图中的索引，基本应以用英文字母按顺时针方向排序；同一张图纸中的索引序号不能重复。节点详图中的索引，用阿拉伯数字按剖切位置先后顺序排序；同时索引为单向索引，索引的页码以图号为准，不以张数为准。

（5）施工图中每一条线均代表不同的含义，按照制图规则或投影原理绘图，对于不同设计深度或不同比例下的图形时可减少投影线，以保证画面清晰美观。

（6）绘图时禁止旋转坐标系统。

5. 绘图时的常见错误

（1）尺寸标志、文字标注在平面、顶面、立面及详图中的同一图样相互矛盾；尺寸、材料对同一内容在不同图面上均需标注，有漏标及少标现象；尺寸线引出方向错误。

（2）剖视方向与剖切方向相互矛盾；索引符号错误，有号无图或有图无号。

（3）图面内容与图框标题不符，图框中各项内容错误。

（4）图层设置错误或绘图所用图层混乱。

（5）图片编排混乱，无秩序感；各类引出线编排无序，干扰读图的逻辑性和条理性。

（6）填充比例、填充图案错误或不当。

（7）数字、文字、符号的比例设置错误，未按规定比例设置。

（8）图纸比例设置不当。

（9）未使用公司的图块也未对所用图库中的图块进行修改导致增加错误图层。

6. 模板图面的原则

所有图纸的绘制，均要求图面构图体现齐一性原则，齐一性原则是指为方便阅读者而使用图面的组织排列在构图上呈统一的视觉编排效果，并且使图面内的排列在上下、左右都能形成相互对位的齐一性，如图2-3-4～图2-3-6所示。

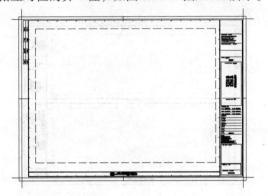
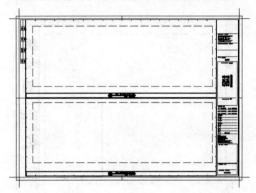

图2-3-4

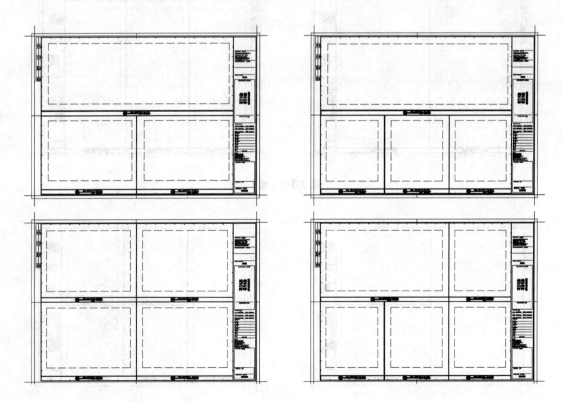

图2-3-5

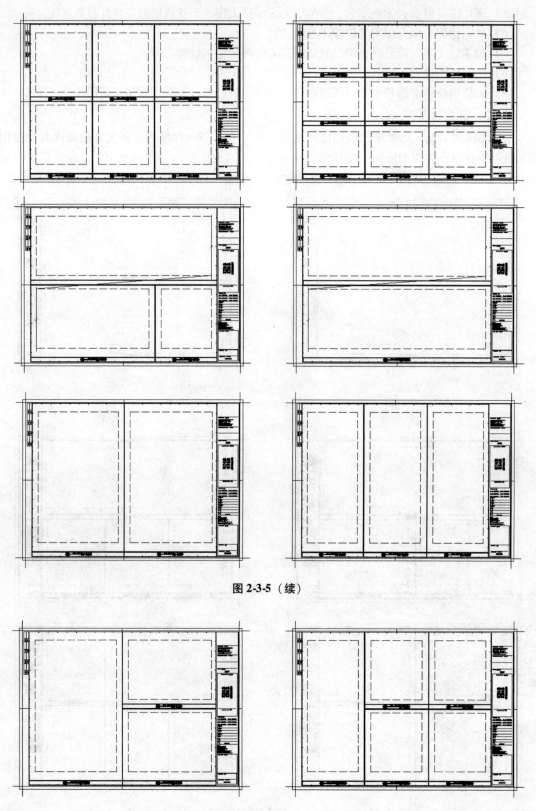

图 2-3-5（续）

图 2-3-6

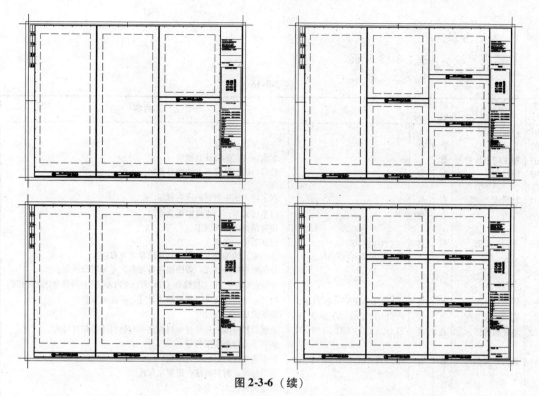

图 2-3-6（续）

7. 引出线的编排要求

在图纸上会有各类引出线，如尺寸线、索引线、材料标注线等，各类引出线及符号需统一组织形成排列的齐一性原则，索引号统一排列，纵向横向呈齐一性构图；索引号同尺寸标注及材料引出线有机结合，避免各类线交错穿插。

（1）立面图横向尺寸标注距离：轴号为8；轴号到总标为7；总标到详标为7；详标到细标为7；细标到结构为12；

（2）立面图竖向尺寸标注距离：总标到详标为7；详标到细标为7；细标到结构为12；

（3）引出说明文字距离为4，如图 2-3-7 所示。

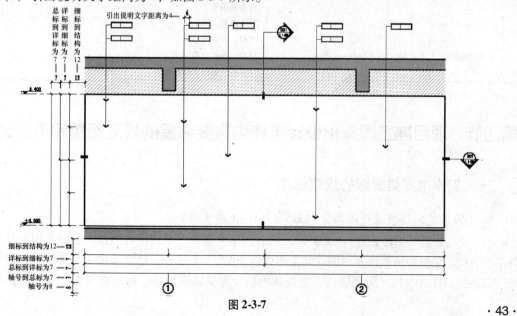

图 2-3-7

8. 图纸内容说明

图纸内容说明如表 2-3-18 所示。

表 2-3-18

序号	图纸名称	图框	图纸编号	图名英文	内容
01	封面				
02	目录	有	有		全套图纸总目录
03	施工图设计说明	有	有		本案施工图的设计总说明
04	编码代号及图例说明	有	有		符号、图例及标示方法的总说明
05	材料表	有	有		本案施工图中用到的所有材料
06	门表	有	有		门系统编号；门正反两面立面图 横竖剖面图、大样图
09	平面布置图	有	有	FIXTURE/ FURNISHING PLAN	空间功能、名称 活动家具的编号（注意与物料清单相互对应） 分区索引编号（注：若图面内容较多，可另增分区索引图） 立面索引编号；门系统编号（注：若图面内容较多，可另增分区索引图）
07	隔墙尺寸图	有	有	WALL DIMENSION PLAN	新建隔墙定位尺寸、拆除墙体尺寸、标注隔墙类型
08	完成面尺寸图	有	有	FINISH DIMENSION PLAN	装饰完成面定位尺寸
10	地坪布置图	有	有	FLOOR COVERING PLAN	主要材料分隔、尺寸及材料标注（与物料清单相互对应） 地面节点详图索引符号
11	顶面布置图	有	有	REFLECTED CEILING PLAN	顶面造型、灯具、综合布点 顶面标高、材料标注、造型定位尺寸 造型剖面及大样索引
12	灯具定位图	有	有	FIXTURES OF LAMPS AND LANTERNS PLAN	顶棚造型、灯具、综合布点 灯具安装及综合布点定位尺寸 （注：若内容较少，可将此图标注内容合并至顶面布置图中）
13	机电点位图	有	有	ELECTRICAL MIECHANICAL PLAN	开关、插座及其安装定位尺寸和文字说明 计算机、电话、网络终端用电位置 水景绿化景观的用电位置
14	分区索引图	有	有	REGIONAL PLAN	分区索引编号
15	立面索引图	有	有	KEY PLAN	立面索引编号：门系统编号
16	立面图	有	有	ELEVATION	建筑框架（轴号、楼板、梁体、墙体） 材料标注 门系统编号 立面造型尺寸 大样、剖切符号
17	大样、剖面图	有	有	DETAIL	结构；剖切材料填充 详细尺寸标注、材料标注

第四节　项目施工图深化设计工作中需要掌握的规范图集和用词说明

一、工作中需要掌握的规范图集

1. 《国家建筑标准设计图集》（13J502—1~3 内装修）

（1）《内装修—墙面装修》（13J502—1）：图集主要编入室内墙面装饰、装修常用的材料及部品的性能、装修构造做法及详图。其主要内容包括 14 个部分：轻型墙体、建筑涂料、壁纸壁布装饰贴膜、装饰石材、陶瓷墙砖、金属装饰板、建筑装饰玻璃、内墙吸声板、木饰面护壁墙裙、活动隔断、成品隔断、卫生间隔断、内墙挂板 GRG（GRC）、陶板陶棍等。

（2）《内装修—室内吊顶装修》（13J502—2）：图集主要编入室内吊顶常用的 5 个系列：用途广泛的石膏板吊顶、矿棉吸声板吊顶、防火性能良好的玻璃纤维吸声板吊顶、个性时尚的金属板（金属网）吊顶、造型丰富的柔性（软膜）吊顶等装饰装修构造做法及详图。为满足量大面广的室内装饰设计、施工的需要，设计采用新颖、美观的式样，在材料的选用上，充分融合多样性，设计有特色，力求反映新技术、新构造。

（3）《内装修—楼（地）面装修》（13J502—3）：图集主要由 15 部分组成，第一部分为总说明，将与楼（地）面设计相关的标准规范、技术参数等进行总结和提炼以表格形式编制，有针对性地提供了设计人员需要参考、核查的资料。第二～七部分以装修材料为线索，编制自流平、石材、地砖、弹性地材、地毯、木地板六种常用地面材料的性能特点、适用范围、施工注意事项及典型案例。第八、九部分以帮助设计师处理地面实际问题为原则，编入主要地面材料的交接及房间过门石的构造做法。第十～十四部分编入了发光地面、网格地板、楼梯踏步、防滑门垫、踢脚五个楼（地）面专项内容的详图。第十五部分以图示方式介绍了地台的构造做法，电梯轿厢的出口地面做法，以及玻璃幕墙与地面交接的构造做法。

2. 《房屋建筑制图统一标准》（GB/T 50001—2010）

《房屋建筑制图统一标准》（GB/T 50001—2010）内容包括总则、术语、图纸幅面规格与图纸编排顺序、图线、字体、比例、符号、定位轴线、常用建筑材料图例、图样画法、尺寸标注、计算机制图文件、计算机制图文件图层、计算机制图规则。

3. 《建筑设计防火规范》（GB/T 50016—2014）

（1）内容变化：内容将多层与高层民用建筑防火设计合二为一。

（2）规范主要有以下变化：①将住宅建筑统一按照建筑高度进行分类；②增加了灭火救援设施和木结构建筑两章，完善了有关灭火救援的要求，系统规定了木结构建筑的防火要求；③补充了建筑保温系统的防火要求；④对消防设施的设置做出明确规定并完善了有关内容，有关消防给水系统、室内外消火栓系统和防烟排烟系统设计的要求分别由相应的国家标准做出规定；⑤适当提高了高层住宅建筑和建筑高度大于 100 m 的高层民用建筑的防火要求；⑥补充了有顶商业步行街两侧的建筑利用该步行街进行安全疏散时的防火要求，调整、补充了建材、家具、灯饰商店营业厅和展览厅的设计疏散人员密度；⑦补充了地下仓库、物流建筑、大型可燃气体储罐（区）、液氨储罐、液化天然气储罐的防火要求，调整了液氧储罐等的防火间距；⑧完善了防止建筑火灾竖向或水平蔓延的相关要求；⑨规定了厂房、仓库、堆场、储罐、民用建筑、城市交通隧道，以及建筑构造、消防救援、消防设施等的防火设计要求，在附录中明确了建筑高度、层数、防火间距的计算方法。

4. 《建筑内部装修设计防火规范》（GB 50222—1995）

《建筑内部装修设计防火规范》（GB 50222—1995）主要内容包括总则、装修材料的分类和分级、民用建筑、工业厂房。

5. 《住宅装饰装修工程施工规范》（GB 50327—2001）

《住宅装饰装修工程施工规范》（GB 50327—2001）结合我国住宅装饰装修的特点，基本涵盖了住宅内部装饰装修工程施工的全过程，同时将房屋结构安全、防火和室内环境污染控制列入施工管理的有关内容。

6. 《建筑地面工程质量验收规范》（GB/T 50209—2010）

（1）主要内容包括总则、术语、基本规定、基层铺设、整体面层铺设、板块面层铺设、木竹面层铺设和分部（子分部）工程验收。

（2）主要规定的内容有分部（子分部）工程和分项工程的划分，列出过程控制条文，突出主控项目和一般项目的施工质量标准的检验内容，强化了分部（子分部）工程验收。

因此，其不仅规范了工程质量验收，也规范了工序过程的验收。

7.《建筑装饰装修工程质量验收规范》（GB 50210—2001）

《建筑装饰装修工程质量验收规范》（GB 50210—2001）总结了多年来建筑装饰装修工程在设计、材料、施工等方面的经验，按照"验评分离、强化验收、完善手段、过程控制"的方针，进行了全面的修改，并以多种方式广泛征求了全国有关单位的意见，对主要问题进行了反复修改，最后经审查定稿。

二、工作中需要掌握的用词说明

（1）表示很严格，非这样做不可的用词。正面词采用"必须"；反面词采用"严禁"。

（2）表示严格，在正常情况下均应这样做的用词。正面词采用"应"；反面词采用"不应"或"不得"。

（3）表示允许稍有选择，在条件许可时首先应这样做的用词。正面词采用"宜"；反面词采用"不宜"。

（4）表示有选择，在一定条件下可以这样做的用词，采用"可"。

（5）标准中指定按其他有关标准执行时，写法为"应符合……的规定"或"应按……执行"。

本章小结 \\\\\

规范的制图可以保证制图的质量，提高制图效率，从而达到图面清晰、简明、准确，符合设计、施工、存档的高要求。通过本章的学习，可以了解并掌握 AutoCAD 软件在实际工作应用中的具体要求、流程及相关的操作。

第三章

建筑装饰综合材料

"综合材料"是指主要应用于外墙的装饰材料，同时这类材料又可以应用于室内的各个部位。

第一节　天然石材

一、天然石材简介

天然石材是指从天然岩体中开采出来，经机械加工成块或板状材料的总称（图3-1-1）。天然石材的蕴藏量丰富，分布广，其形成岩石按地质分类法可分为岩浆岩、沉积岩和变质岩等三种。现代建筑室内外装饰、装修工程中采用的天然饰面石材主要有大理石和花岗岩两大类。

1. 大理石

大理石（图3-1-2）是石灰岩或白云岩经过地壳内高温、高压作用而形成的变质岩，常出现层状结构，主要矿物成分为方解石和白云石。大理石一般常含有氧化铁、二氧化硅、云母、石墨等杂质，使其呈现红、黄、棕、绿、黑等各色斑驳纹理。抛光后的大理石表面色彩美观、花纹多样，有明显的斑纹、条纹状。纯净的大理石为白色，我国称之为汉白玉，分布较少，属高级别的装饰材料。

图 3-1-1

图 3-1-2

天然大理石质地细密、抗压性强、吸水率低、耐磨、不变形，属中硬石材，但抗风化性较差，主要化学成分为碱性物质，当受到酸雨以及空气中酸性氧化物遇水形成的酸类的侵蚀，材料表面会失去光泽，甚至出现孔斑现象，从而降低建筑的装饰效果，因此，表面磨光的大理石一般不宜用于室外装修。

大理石的种类有大花白、杭灰、黑白根、紫罗红、黄洞石、挪威红、浅啡网纹、莎安娜米黄、松香玉（图 3-1-3）等。

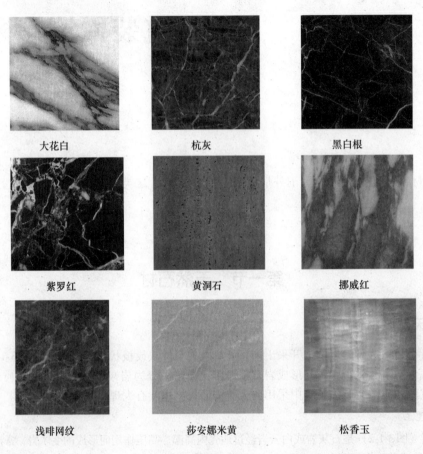

大花白	杭灰	黑白根
紫罗红	黄洞石	挪威红
浅啡网纹	莎安娜米黄	松香玉

图 3-1-3

2. 花岗岩

花岗岩（图 3-1-4）属岩浆岩（火成岩），其主要矿物成分为长石、石英及少量云母和暗色矿物，其中长石含量为 40% ~ 60%，石英含量为 20% ~ 40%。磨光花岗岩饰面板花纹呈现均粒状斑纹及发光云母微粒，是装修工程中使用的高档材料之一。

花岗岩为全晶质结构的岩石，按结晶颗粒的大小，通常分为细粒、中粒和斑状等几种。花岗岩的颜色取决于其所含长石、云母及暗色矿物的种类及数量，常呈现灰色、黄色、蔷薇色和红色等；花岗

图 3-1-4

岩构造细密、质地坚硬、耐磨、耐压，它属酸性岩石，化学稳定性好，不易风化变质，耐腐蚀性强，并可经受 100～200 次的冻融循环。花岗岩饰面板多用于室内外墙面、地面的装修。有些花岗岩含有微量放射性元素，此类石材应严格避免用于室内。

花岗岩的种类有白麻、绿星、黑金砂、美国白麻、树挂冰花、英国棕（图 3-1-5）等。

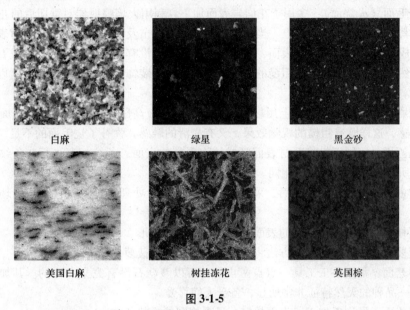

|白麻|绿星|黑金砂|
|美国白麻|树挂冻花|英国棕|

图 3-1-5

二、石材表面处理方法

天然石材经锯切加工制成板材后，可利用不同的加工工序将石材板制成多种品种，使其产生不同的质感和效果以满足不同的用途（图 3-1-6）。

|机刨面|仿古面|荔枝面|
|剁斧面|蘑菇面|菠萝面|

图 3-1-6

（1）光面：石材经磨细加工和抛光，表面光亮，有鲜明的色彩和绚丽的花纹。光面是天然石材最常见的表面处理方法之一。但由于表面光滑，光面石材一般不要用在室外的地面，尤其在北方飘雪时容易滑倒（抛光度为 70% ~ 95% 称为光面，当抛光度在 95% 以上称作镜面，抛光度为 40% ~ 50% 为亚光面）。

（2）烧毛面（火烧面）：多用于花岗岩表面加工，利用火焰喷射器对锯切后的花岗岩表面进行喷烧，使其温度达到 600 ℃ 以上。当石材表面产生热冲击及快速的水冷却后石材表面的石英产生炸裂，形成平整、均匀的凹凸表面，很像天然的表面，没有任何加工痕迹，组成石材的各种晶粒呈现出自然本色，由于其表面粗糙的关系，使用在外墙装饰时容易将人划伤，所以一般较少用在墙面装饰。

（3）水刷面：在烧毛面基础上用玻璃碴和水的混合液高压喷刷，使粗糙的表面经水刷后拥有光滑的触感，这样既有粗糙的视觉效果，又有光滑的触感，弥补了烧毛面的不足。

（4）机刨面：用刨石机将石材表面刨成较为平整的表面，条纹相互平行，条纹的宽度有宽纹和窄条，所以表面效果也各不相同。

（5）仿古面：在大理石的表面，采用仿古面专用化学处理剂，将石材表面处理出凹凸不平的视觉效果。

（6）荔枝面：用机器将石材的表面打刨成荔枝皮的外形。

（7）菠萝面：用手工凿磨的方法将石材的表面打刨成菠萝皮的外形。

（8）蘑菇面：是用手工工具一点点凿出的，所以蘑菇石没有完全一样的。其加工上的特殊性，使得这一品种的天然特征非常明显，备受人们喜爱。

（9）剁斧面：经剁斧加工，表面粗糙，呈现规则的条状斧纹。

天然石材表面的处理方法也可以将两种以上的处理方法同时应用在一块石材上，例如在水刷面基础上再进行机刨处理等。天然石材因其表面处理方式不同，所展现的效果也大相径庭，例如白砂米黄的光面与仿古面，锈石的光面与火烧面等。

三、石材的常用规格

（1）天然石材主要规格一般为 600 mm × 600 mm × 20 mm，因其原板为大块板，所以实际上天然石材基本上可以切出任何需要的尺寸，只是要收一些加工费。

（2）天然石材的厚度一般为 20 mm，如采用干挂法施工，其厚度不能小于 20 mm（一般采用 25 mm），如果采用湿贴等工艺可采用 12 mm 或 15 mm 厚的石材。

四、石材的施工工艺

（1）锚固灌浆法。锚固灌浆法，也称湿挂法，如图 3-1-7 ~ 图 3-1-10 所示，主要有绑扎固定灌浆和金属件锚固灌浆两种做法。在建筑结构基体上固定好石材板后，再在板材饰面的背面与基层表面所形成的空腔内灌注水泥砂浆或水泥石屑浆，将天然石板整体地固定牢固的施工方法，可用于混凝土墙、砖墙表面装饰。由于本法造价低，对于较大规格的重型石板饰面工程，安全可靠性能有保障，一直被广泛采用。其主要缺点是：镶贴高度有限；现场湿作业污染环境；工序较为复杂，施工慢、工效低；容易"泛碱"等。为防止由于水泥砂浆在水化过程中析出的氢氧化钙泛到石板表面而产生花斑（即泛碱现象），影响装饰效果，在天然石材安装之前，应对石板采用"防碱背涂剂"进行背涂处理。

图 3-1-7　　　　　　　　　　　　　　　　　图 3-1-8

图 3-1-9　　　　　　　　　　　　　　　　　图 3-1-10

（2）干挂法（图 3-1-11～图 3-1-13）。干挂工艺是利用高强度螺栓和耐腐蚀、强度高的金属挂件（扣件、连接件）或利用金属龙骨，将饰面石板固定于建筑物外表面的做法。干挂法的石材饰面与结构之间留有 40～50 mm 的空腔。此法免除了灌浆湿作业，可缩短施工周期，减小建筑物自重，提高抗震性能，增强了石材饰面安装的灵活性和装饰质量，但工程成本较高。

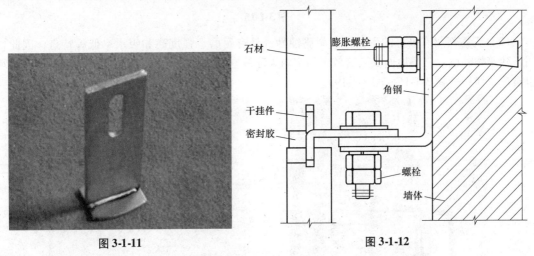

图 3-1-11　　　　　　　　　　　　　　　　　图 3-1-12

（3）粘贴固定法（图 3-1-14）。它是指采用水泥砂浆、聚合物水泥浆及新型黏结材料（建筑胶粘剂，如环氧树脂胶）等将天然石材饰面板直接镶贴固定于建筑结构基体表面。这种做法与墙面砖粘贴施工方法相同，但要求饰面镶贴高度限制在一定范围内。

图 3-1-13 图 3-1-14

五、石材的应用

（1）天然石材是装饰材料中最高档的材料之一，因此高档的天然石材是高贵、奢华的象征，如星级酒店、会所、KTV、高档餐厅、别墅等空间都会经常使用（图 3-1-15）。

图 3-1-15

（2）天然石材有极好的耐候性、耐腐蚀性，具有耐磨、强度高和吸水率低等特点，因此常用于建筑物外墙、广场地面及人流较多的室内大厅等空间，在游泳池、浴池、卫生间等潮湿环境也被广泛使用（图 3-1-16 ~ 图 3-1-19）。

图 3-1-16 图 3-1-17

图 3-1-18　　　　　　　　　　　　　　　图 3-1-19

（3）天然石材的寿命一般可达百年以上，而且为 A 级不燃材料。因此天然石材被广泛应用于飞机场、火车站、商场、法院、博物馆、纪念馆等空间（图 3-1-20、图 3-1-21）。

图 3-1-20　　　　　　　　　　　　　　　图 3-1-21

（4）天然石材由于其现场开采的特点，可以有大块板、弧形板、曲面板等，因此石材可以用于包柱子，做楼梯踏步、窗台板、过门石或其他加工造型（图 3-1-22、图 3-1-23）。

图 3-1-22　　　　　　　　　　　　　　　图 3-1-23

（5）一些天然石材，如透光云石、松香玉可以透光，因此这些石材可以作为灯箱等材料（图3-1-24、图3-1-25）。

图 3-1-24

图 3-1-25

第二节 木 材

一、天然木材简介

天然木材（图3-2-1）是人类最早使用的建筑、装饰材料，有较好的隔热、隔声及绝缘性（注：潮湿木材依然导电）。木材因其拥有自然美丽的纹理与柔和温暖的视觉及触觉特性被广泛用于室内外装饰及制作家具和手工艺物品。天然木材在世界各地均有生长，生长年限有10年到100年不等，木材属于可再生资源，但由于其价值较高，导致木材被过度砍伐而使部分树种已接近灭绝（如檀木）。由于树种的产地气候不同，木材的含水率、软硬度也各有差异。

图 3-2-1

1. 木材的基本性质

木材属于天然的有机高分子材料，它密度小、强度高、弹性和韧性好，有美丽的纹理及色泽，易于着色和油漆。木材也具有较好的绝缘性、隔声、隔热，而且易于加工。

2. 木材原料的树种分类

可作为木材原料的树种很多，根据树叶的外观形状，木材原料的树种可分为针叶树和阔叶树两大类。

（1）针叶树。针叶树（图3-2-2），叶细长如针，多为常绿树，树干通直而高大，易成大材。针叶树材质均匀，纹理平顺，木质软而易于加工，所以又被称为"软木材"。此类树材是主要的建筑用材，广泛用于各种承重构件、装饰和装修部件。常用的树种有松、杉、柏等。

图 3-2-2

（2）阔叶树。阔叶树（图3-2-3），叶宽大，多为落叶树，树干通直部分一般较短。材质较硬，较难加工，所以又被称为"硬木材"。有些树种具有美丽的纹理，适用于室内装饰、制作家具等。常用的树种有水曲柳、樱桃木、榉木、椴木等。

3. 木材纹理

部分木材纹理如图3-2-4所示。

4. 木材的切割

天然木材由于切割方法的不同，外观也会有很大差异。木材的切割方法有很多种，常用的切割方法有径切、弦切以及旋切等。径切一般会产生直纹木饰面，弦切一般可以产生山纹木饰面（图3-2-5）。

图 3-2-3

黑胡桃	柚木	花梨木
红胡桃	有影麦哥利	红木
沙比利	枫木	鸡翅木
红影木（斜拼）	球纹桃花芯	松木
雀眼	红缨桃木	树瘤

图 3-2-4

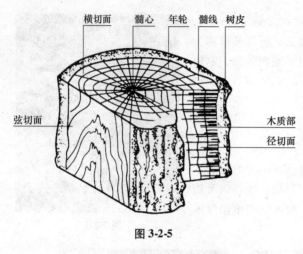

图 3-2-5

二、木材的处理

木材的处理分为木材自身的处理和木材表面加工成型后的再处理。

1. 木材自身的处理

（1）木材的干燥处理。木材在生长过程中，不断吸收水分而成长，砍伐的成材树木的水分含量较大，如直接使用会由于干缩而产生开裂、翘曲等变形，而且易被虫蛀或腐烂。因此原木经改制成板、方材后，必须经干燥处理，将含水率降至允许范围内再加工使用。干燥时可采用天然干燥法和人工干燥法。

（2）木材的防腐处理。木材易受真菌和昆虫的侵害而腐蚀变质。无论是真菌还是昆虫，其生存繁殖都需要适宜的条件，如水分、空气、温度、养料等。将木材置于通风、干燥处，或浸没在水中，或深埋于地下，或表面涂油漆等，都可以作为木材的防腐措施。此外，还可采用化学有毒药剂，经喷淋、浸泡或注入木材，从而抑制或杀死菌类、虫类，达到防腐目的。

（3）木材的防火处理。

①表面涂敷法：在木材的表面涂敷防火涂料，起到既能防火又具防腐和装饰的作用；

②溶液浸注法：先将木材经干燥处理并经初步加工成型，然后将木材浸入防火溶液处理（分为常压和加压两种情况）。

2. 木材表面加工成型后的再处理

天然木材在加工成型后一般还需要在其表面进行再加工。再加工的方法有多种，大多采用油漆工艺，此外还有喷烧、仿古等处理方法。木材的纹理是天生的但颜色可以在一定范围内加以改变，如搓色处理等。

（1）油漆处理：从表面效果上可以分为清漆和混油两种。清漆和混油都是油漆工给木工制品刷漆的材料，两者选用的油漆类别不同，手法不同，所以最后出来的效果也不同。由于木材有天然的美丽纹理，所以木材表面一般使用清漆工艺进行处理。清漆的表面效果又可以分为高光、亚光和半亚光；混油一般是由油漆工人在对木材表面进行必要的处理以后，使用醇酸调和漆或者硝基调和漆在木材表面涂刷上颜色，可以遮盖木质的不透明的油漆工艺。混油一般涂刷在密度板的表面上，下面主要介绍常用清漆表面效果的特点。

①聚氨酯漆：即聚氨基甲酸漆。它漆膜强韧，光泽丰满，附着力强，耐水、耐磨、耐腐蚀，被广泛用于高级木器家具，也可用于金属表面。其缺点主要有遇潮起泡、漆膜粉化变黄等。聚氨酯漆的清漆品种称为聚氨酯漆清漆。

②硝基清漆：又称喷漆、蜡克、硝基纤维素漆。它是以硝化棉为主要成膜物质，再添加合成树脂增韧剂、溶剂和稀释剂而制成的。在硝基清漆中加入着色颜料和体质颜料后，就能制得硝基磁漆、底漆和腻子。硝基清漆属挥发性油漆，它的涂膜干燥速度较快，但涂膜的底层完全干透所需的时间较长，硝基漆在干燥时产生大量的有毒气体，施工现场应有良好的通风条件。硝基清漆的漆膜具有可塑性，即使完全干燥的漆膜仍然可以被原溶液溶解，所以硝基清漆的漆膜修复非常方便，修复后的漆膜表面能与原漆膜完全一致。硝基清漆的固含量较低，油漆施工时的刷涂次数和时间较长，因此漆膜表面平滑细腻、光泽度较高，可用于木制品表面做中高档的饰面装饰。

③亚光漆：一种能够消除漆膜中原有光泽的油漆品种。这种油漆以硝基清漆为主，加入适量的消光剂和辅助材料调和而成。根据在油漆中掺加的消光剂的用量不同，亚光漆分为半亚光漆和全亚光漆。

天然木材的油漆效果如图 3-2-6 所示。

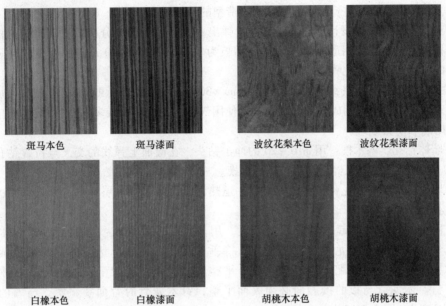

斑马本色	斑马漆面	波纹花梨本色	波纹花梨漆面
白橡本色	白橡漆面	胡桃木本色	胡桃木漆面

图 3-2-6

（2）仿古处理：可用毛刷、钢丝刷等刷出深浅不一的痕迹，再用各种着色剂、仿古漆，将木材表面处理成古色古香的感觉（图 3-2-7、图 3-2-8）。

图 3-2-7

图 3-2-8

（3）喷烧处理：木材安装完毕后，用火焰烧烤木材表面。由于烧烤后木材会变黑，因而产生自然而粗犷的纹理效果，此方法也是仿古处理的一个变种。

三、木饰面板的安装流程

由于装饰用的木材一般比较珍贵，因此将木材制成一种装饰板材（即饰面板）来使用。这样不仅可以降低成本、节约资源而且方便施工。饰面板不能单独使用，饰面板一般与木龙骨或大芯板、胶合板等基层材料进行连接。正常木做造型的施工要点如下：

（1）弹线分格：根据设计图、轴线在墙上弹出木龙骨的分档、分格线。竖向木龙骨的间距应与胶合板等块材的宽度相适应（未切割成品板为 1 220 mm × 2 440 mm），板缝应在竖向龙骨上。饰面的端部必须设置龙骨。

（2）拼装木龙骨架：其结构通常使用 25 mm × 30 mm 的木龙骨（即木方），按分档加工出凹槽榫，在地面进行拼装，制成木龙骨架（现代使用气钉直接连接的较多）。在拼装之前应先将木龙骨进行防腐和防火处理。

（3）墙体钻孔、塞木楔：用 $\phi 16 \sim 20$ 的冲击钻头，在墙面上弹线的交叉点位置钻孔，深度不小于 60 mm，完成后打入经过防腐处理的木楔。

（4）墙面防潮：在木龙骨与墙之间要刷一道热沥青，并干铺一层油毡，以防水汽进入而使木墙裙、木墙面变形。

（5）固定龙骨架：立起木龙骨靠在墙上，用吊垂线或水准尺找垂直度，确保木墙身垂直。用水平直线法检查木龙骨架的平整度。待垂直度、平整度都达到后，即可用圆钉将其钉固在木楔上。钉圆钉时配合校正垂直度、平整度，在木龙骨架下凹的地方加垫木块，垫平后再钉钉。木龙骨与板的接触面必须表面平整，钉木龙骨时背面要垫实，与墙的连接要牢固（图 3-2-9、图 3-2-10）。

图 3-2-9

图 3-2-10

（6）铺钉饰面板：饰面板应进行挑选，分出不同色泽和残次件，然后按设计尺寸裁割、刨边（倒角）加工，然后用枪钉将胶合板等基层板固定在木龙骨架上。如果用钢钉则应使钉头砸扁埋入板内 1 mm。要求布钉均匀，钉距 100 mm 左右。最后用油工乐将露出的钉头补好，进行收口等处理。

四、木材的应用

（1）天然木纹饰面是高档的装饰材料之一。高档的木纹饰面不仅是档次与豪华的象征，而且木材给人以柔和温暖的感觉，因此木饰面在酒店客房、总统套房、高档餐厅、会所、各种包间、别墅的空间经常使用（图 3-2-11、图 3-2-12）。

图 3-2-11

图 3-2-12

（2）有些天然木纹有特殊的纹理，如斑马木、鸡翅木、木材的树瘤和雀眼等，因此这些带有木纹的木材常作为吧台、电视背景墙等亮点部位的装饰材料（图 3-2-13、图 3-2-14）。

图 3-2-13

图 3-2-14

（3）松木（桑拿板主要原料之一）具有松香味，淡黄色，疖疤多，给人以"原始木"的感觉。处理后的松木在桑拿房及一些餐饮、店铺中使用（图 3-2-15、图 3-2-16）。

图 3-2-15

图 3-2-16

（4）天然木材是制作家具、门、门窗套、手工艺品的主要材料（图 3-2-17～图 3-2-19）。

图 3-2-17

图 3-2-18

图 3-2-19

（5）木材易于加工，不仅可以做成工艺品，而且在室内装修中可以制成木线，踢脚线；木饰面也可以做成弧形（图 3-2-20、图 3-2-21）。

图 3-2-20

图 3-2-21

第三节　人造石材

一、人造石材简介

天然石材属不可再生资源，将某种石材的矿山资源开采尽之后，此种石材品种就基本等于灭绝了；而且天然石材的价格非常高，是普通装饰材料中最昂贵的材料。人造石材（图3-3-1）是以少量天然石材为原料加工而成的装饰材料。人造石材的产生不仅可以减少天然石材的使用而且可以回收部分天然石材的废料，是一种健康环保的装饰材料。俗话说"青出于蓝而胜于蓝"，人造石材在各种性能方面一般都优越于天然石材且花色品种可以设计定做，价格也低于大部分天然石材。目前人造石材类装饰材料包括微晶石、无孔微晶石、凤凰玉石、水磨石、人造石、人造透光云石等。

图 3-3-1

二、微晶石

微晶石，也称微晶玻璃（图3-3-2），是一种采用天然无机材料，运用高新技术经过两次高温烧结而成的新型绿色环保高档建筑装饰材料。其具有板面平整洁净，色调均匀一致，纹理清晰雅致，光泽柔和晶莹，色彩绚丽璀璨，质地坚硬细腻，不吸水防污染，耐酸碱抗风化，绿色环保、无放射性毒害等优质性能。这些优良的理化性能都是天然石材所不可比拟的。各种规格的、不同颜色的平面板、弧形板可用于建筑物的内外墙面、地面、圆柱、台面和家具装饰等任何需要石材建设、装饰的地点。

图 3-3-2

复合微晶石也称微晶玻璃陶瓷复合板，复合微晶石是将微晶玻璃复合在陶瓷玻化砖表面的一层 3～5 mm 的新型复合板材，是经二次烧结而成的高科技新产品。复合微晶石厚度为 13～18 mm。

1. 微晶石的特点

（1）性能优良，比天然石更具理化优势：微晶石是在与花岗岩形成条件相似的高温状态下，通过特殊的工艺烧结而成，质地均匀，密度大、硬度高，抗压、抗弯、耐冲击等性能优于天然石材，经久耐磨，不易受损，更没有天然石材常见的细碎裂纹。

（2）质地细腻，板面光泽晶莹柔和：微晶石既有特殊的微晶结构，又有特殊的玻璃基质结构，质地细腻，板面晶莹亮丽，对于射入光线能产生扩散和漫反射效果，使人感觉柔美和谐。

（3）色彩丰富，应用范围广泛：微晶石的制作工艺，可以根据使用需要生产出丰富多彩的色调系列（以水晶白、米黄、浅灰、白麻四个色系最为时尚、流行），同时，又能弥补天然石材色差大的缺陷。

（4）耐酸碱度佳，耐候性能优良：微晶石作为化学性能稳定的无机质晶化材料，又包含玻璃基质结构，其耐酸碱度、抗腐蚀性能都强于天然石材，尤其是耐候性更为突出，经受长期风吹日晒也不会褪色，更不会降低强度。

（5）卓越的抗污染性，方便清洁维护：微晶石的吸水率极低，几乎为零，多种污秽浆泥、染色溶液不易渗透侵入，依附于表面的污物也很容易清除，特别方便建筑物的清洁维护。

（6）能热弯变形，制成异形板材：微晶石可用加热方法，制成顾客所需的各种弧形、曲面板，具有工艺简单、成本低的优点，避免了弧形石材加工大量切削、研磨、耗时、耗料、浪费资源等弊端。

（7）不含放射性元素：微晶石的制作已经人为剔除了任何含辐射性的元素，不像天然石材那样可能出现对人体的放射伤害，是现代最为安全的绿色环保型材料。

2. 微晶石的规格

微晶石的规格有：900 mm×1 800 mm、1 000 mm×2 000 mm、1 200 mm×1 800 mm、1 200 mm×2 400 mm、厚板18～20 mm（干挂一般20 mm）、薄板10～14 mm（地面一般10 mm）。

3. 微晶石的施工工艺

微晶石的施工工艺与天然石材的施工工艺基本相同。微晶石饰面用于外墙装修时，板背可粘上玻璃纤维防护网，从而在安装板材出现破碎时能防止碎片坠落。

4. 微晶石的应用

（1）微晶石有非常好的耐磨性，而且不吸水，极易清洁，因此广泛应用于人流较多的空间，如医院、法院、办公楼的大厅，酒店大堂，走廊等空间。由于部分白色天然石材质地较软不宜用于地面，所以纯白色微晶石为广大设计师所喜爱（图3-3-3、图3-3-4）。

图 3-3-3

图 3-3-4

（2）微晶石拥有比天然石材更好的性能，因此仅从功能方面考虑微晶石可以用于所有天然石材所适用的空间和部位，且比天然石材更易切割，更易进行异形加工，成本更低（图3-3-5、图3-3-6）。

图 3-3-5

图 3-3-6

5. 无孔微晶石

无孔微晶石也称人造汉白玉，是一种多项理化指标均优于普通微晶石、天然石的新型高级环保石材。

（1）无孔微晶石的特点。

①通体无气孔、无杂斑点。

②光泽度高（可达95以上）。

③吸水率为零（吸附污水杂质概率接近于零，具有很好的抑菌功能）。

④可打磨翻新（重新抛光打磨后颜色如新板材，没有色差，大大降低了后期翻修的成本）。

（2）无孔微晶石的应用。

①无孔微晶石从各方面弥补了普通微晶石、天然石的缺陷，广泛应用于外墙、内墙、地面、圆柱等部位。

②无孔微晶石制作的洗手台、洗手盆、台面等，可以达到很好的装饰效果。

③无孔微晶石一般为纯白色，给人以纯洁高雅的感觉。

④无孔微晶石对砂的耐磨性略低，设计时要注意空间对应人群。

三、凤凰玉石

凤凰玉石（图3-3-7）也称乳化玻璃，是一种绿色环保的新型装饰材料，可以替代天然石材。凤凰玉石有白色、黄色、黑色等颜色，较天然石材具有更灵活的装饰设计和更佳的装饰效果。

图3-3-7

1. 凤凰玉石的特点

（1）玉般质感，不吸水、不吸污、无放射。

（2）质地晶莹、光洁、亮丽、色泽柔和自然。

（3）无气孔、平直、无瑕疵和斑点。

（4）抗折、抗压、抗冲击、抗风化。

（5）无色差、立体感强、绿色环保、硬度高。

（6）耐高温、耐腐蚀、永不磨损。

（7）倒角磨边横切面抛光度和正面相同。

（8）可磨翻新处理。

2. 凤凰玉石的规格

凤凰玉石的规格有（1 600～1 000）mm ×（3 000～2 400）mm × 18/20/25 mm。

3. 凤凰玉石的应用

（1）凤凰玉石的性能优越于天然石材，适用于高档室内空间的墙、地面。

（2）凤凰玉石也可以制作成玉石圆柱、异形台面板、洗手台面、洗手盆等。

四、水磨石

水磨石（图3-3-8）是用水泥、石屑等原料加上水搅拌均匀，涂抹在建筑的表面，凝固以后，泼上水，用金刚石或打磨设备打磨光滑。水磨石可根据需要，在水泥等原料中加入不同颜色以制成不同颜色的水磨石，也可以制作成不同的花样图案。

1. 水磨石的特点

水磨石地面的优点是美观大方、平整光滑、坚固耐久、易于保洁、整体性好；缺点是施工工序多、施工周期长、噪声大、现场湿作业、易形成污染。

2. 水磨石的施工工艺

现浇水磨石地面是在水泥砂浆或混凝土垫层上，按设计要求分格并抹水泥石子浆，凝固硬化后，磨光露出石碴（图3-3-9），经补浆、细磨、打蜡即成水磨石地面。水磨石面层在配置上分普通水磨石面层和彩色美术水磨石面层两类，主要用于工厂车间、医院、办公室、厨房、过道或卫生间地面等对清洁度要求较高或潮湿的场所。

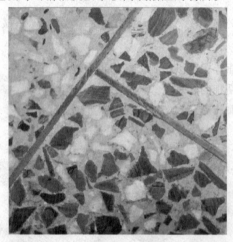

图3-3-8

图3-3-9

3. 水磨石的应用

（1）水磨石可以切割成块，应用在卫生间隔断、窗台板等部位（图3-3-10）；

（2）水磨石因其耐磨、花色多的特点广泛应用在火车站、饭店、宾馆等空间的地面（图3-3-11）。

图3-3-10

图3-3-11

五、人造石

人造石（图3-3-12）是用不饱和聚酯树脂与填料、颜料混合，加入少量引发剂，经一定的加工程序制成的。在制造过程中配以不同的色料，人们可制成具有色彩艳丽、光泽如玉酷似天然大理石的人造石制品。

1. 人造石的特点

（1）人造石表面光洁，无气孔、麻面等缺陷，色彩美丽，基体表面要有颗粒悬浮感、具有一定的透明度。

（2）人造石有较高的强度、刚度、硬度，有非常好的耐冲击性和抗划痕性。

（3）人造石具有耐气候老化、尺寸稳定、抗变形以及耐骤冷骤热性。

图 3-3-12

（4）人造石具有无毒、无渗透、易切削加工、色彩可任意调配、形状任意浇筑、能拼接各种形状及图案、能与水槽连体浇筑、拼接不留痕迹等优点。

（5）人造石无放射性物质，对人体无害。

2. 人造石的应用

人造石除了可以做高档料理台面、窗台、浴盆、台盆、大楼立柱、高级休闲桌外，还可以浇筑成各种雕塑装饰品（图 3-3-13、图 3-3-14）。

图 3-3-13

图 3-3-14

六、人造透光云石

人造透光云石（图 3-3-15）具有晶莹通透的特点，各种花纹如行云流水，优美典雅、光洁清丽、美轮美奂，具有透明透光的质感。透光云石既具有天然大理石花纹的典雅豪华又具有现代艺术风格的品位，适用于各建筑物的透光幕墙、透光吊顶、透光家具、高级透光灯饰等，安装后重量为天然石材的1/4左右，能较大幅度减轻建筑物自重，安装简便，施工环境整洁，比天然石材更有优势，是当今建筑行业中最时尚的装饰材料之一。

1. 人造透光云石的特点

（1）密度小、硬度高、耐油、耐脏、耐腐蚀。板材厚薄均匀，光泽度好，透光效果明显，不变形，防火抗

图 3-3-15

老化，无辐射，抗渗透等，可根据客户的需求随意弯曲，无缝粘接，真正达到浑然天成的境界。

（2）吸水率低、无污染、无辐射、安装方便不易破碎，是绿色环保建材。

2. 人造透光云石的应用

人造透光云石可应用于透光吊顶、透光背景墙、异形灯饰、灯柱、地面透光立柱、透光吧台、透光艺术品摆放及各种造型别致的台面、摆件等（图3-3-16～图3-3-19）。

图 3-3-16

图 3-3-17

图 3-3-18

图 3-3-19

3. 人造透光云石的生产工艺

（1）切割：使用木工锯、瓷砖锯、石材锯、角磨机均可进行切割，钻孔时使用手提电钻。

（2）拼接：与一般人造石操作方法一致，胶水使用人造透光石专用胶水，拼接方盒可得到无缝效果。

（3）烤弯：做烤弯专用板材，可把板材均匀加热后进行热弯加工。

第四节　陶　瓷

一、陶瓷简介

陶瓷是陶器和瓷器的总称。陶瓷（图3-4-1）是指所有以黏土等无机非金属矿物为原料的人工工业产品。它包括由黏土或含有黏土的混合物经混炼、成形、煅烧而制成的各种制品。从最粗糙的土器到最精细的精陶和瓷器都属于陶瓷。考古发现，我国早在新石器时代（公元前8000—前2000年）就发明了陶器。陶瓷的分类如下：

（1）日用陶瓷：餐具、茶具、缸、坛、盆、罐、盘、碟、碗等。

（2）工艺陶瓷：花瓶、雕塑品、园林陶瓷、器皿、陈设品等。

（3）工业陶瓷：指应用于各种工业的陶瓷制品。

①建筑-卫生陶瓷：砖瓦、排水管、面砖、外墙砖、卫生洁具等。

②化工（化学）陶瓷：用于各种化学工业的耐酸容器、管道，塔、泵、阀以及搪砌反应锅的耐酸砖、灰等。

③电瓷：用于电力工业高低压输电线路上的绝缘子。

④特种陶瓷：用于各种现代工业和尖端科学技术的特种陶瓷制品。

图3-4-1

二、陶瓷质地及釉面

1. 陶瓷质地

根据陶瓷制品的结构特点，陶瓷质地可分为陶质、瓷质和炻质三种类型。

（1）陶质制品：陶质制品通常吸水率比较大，强度低，多孔粗糙无光，不透明，敲击声粗哑。陶质制品按表面处理分无釉制品和施釉制品。根据原料土杂质含量的不同，陶质制品也可分为粗陶与精陶两种。粗陶的坯料由含杂质较多的砂黏土组成，表面不施釉，建筑上常用的黏土砖、瓦、陶管等均属此类；精陶多以塑性黏土、高岭土、长石和石英为原料，一般经素烧和釉烧两次烧成，坯体呈白色或象牙色，建筑饰面用的釉面砖、各种卫生陶瓷及彩陶制品等都是精陶。

（2）瓷质制品：瓷制品的结构致密，吸水率极低，色洁白，强度高，耐磨，具有一定半透明性，表面通常施釉。日用餐茶具、陈设瓷、工业用电瓷及美术用品等均属瓷质制品。

（3）炻质制品：炻质制品的特性介于陶质制品与瓷质制品之间，又称半瓷。根据坯体的细密程度不同，炻质制品又分为粗炻和细炻。细炻器类制品有日用器皿、化工及工业用陶瓷等。

2. 釉面

（1）釉的原料：釉是以长石、石英、高岭土等为主要原料，配以其他化工原料做溶剂、乳浊剂及着色剂，研制成浆体喷涂于陶瓷坯体表面，经高温焙烧后，釉料与体表面之间发生相互反应，在坯体表面所形成的透明保护层。

（2）釉面的作用：陶瓷坯体表面施加釉料，经烧制后可在坯体表面形成连续的玻璃质层，犹如玻璃表面，平滑光泽而透明，其表面不吸水、不透气。陶瓷釉经着色、析晶、乳浊等处理，形成的肌理及色彩增强了制品的艺术效果，还可以掩盖坯体的不良颜色和部分缺陷。

三、瓷砖的种类

（1）外墙砖（图3-4-2）：用于建筑外墙装饰的陶质或炻质陶瓷面砖称为外墙面砖。外墙面砖的色彩丰富，品种较多，按其表面是否施釉分为彩釉砖和无釉砖。外墙面砖的表面质感各式各样，通过配料和改变制作工艺，可制成平面、麻面、毛面、磨光面、抛光面、纹点面、仿花岗岩表面、压花浮雕表面、无光釉面、金属光泽面、防滑面、耐磨面等，以及丝网印刷、套花图案、单色、多色等多种制品。

（2）劈开砖（图3-4-3）：又称劈离砖、劈裂砖，是将一定配比的原料，经粉碎、炼泥、真空挤压成型，干燥、高温煅烧而成的。由于成型时为双砖背连坯体，烧成后再劈裂成两块砖，故称劈开砖。劈开砖强度高、吸水率低、抗冻性强、防潮防腐、耐磨耐压、耐酸碱、防滑；色彩丰富。其色彩自然柔和，表面质感变幻多样，或清秀细腻，或浑厚粗犷；表面施釉者光泽晶莹，富丽堂皇；表面无釉者质朴典雅、大方，无反射眩光。

图 3-4-2

图 3-4-3

（3）通体砖（图3-4-4）：通体砖的表面不上釉，而且正面和反面的材质和色泽一致，因此得名。

通体砖是一种耐磨砖，虽然现在还有渗花通体砖等品种，但相对来说，其花色比不上釉面砖。由于目前的室内设计越来越倾向于素色设计，所以通体砖的使用也越来越成为一种时尚，被广泛使用于厅堂、过道和室外走道等地面的装修，一般较少使用于墙面，而多数的防滑砖都属于通体砖。

（4）抛光砖（图3-4-5）：抛光砖是用黏土和石材的粉末经压机压制，然后烧制而成的，其正面和反面色泽一致，不上釉料，烧好后，表面再经过抛光处理，这样正面就很光滑，很漂亮，背面是砖的本来面目。抛光砖质地坚硬耐磨。

图 3-4-4

图 3-4-5

（5）釉面砖（图3-4-6）：釉面砖又称内墙砖，顾名思义就是表面用釉料烧制而成的，原料又分为陶土和瓷土两种，陶土烧制出来的背面为红色，瓷土烧制出来的背面为灰白色。釉面砖表面可以做各种图案和花纹，比抛光砖色彩和图案丰富，因为表面是釉料，所以耐磨性不如抛光砖。釉面砖是一种用于建筑物内墙有釉的陶质饰面砖，釉面砖是装修中最常见的砖种，由于色彩图案丰富，而且防污能力强，因此被广泛使用于卫生间、厨房以及各种室内空间的墙面和地面装修。

（6）玻化砖：为了解决抛光砖出现的易脏问题，出现了一种叫玻化砖的品种。玻化砖其实就是全瓷砖。其表面光洁但又不需要抛光，所以不存在抛光气孔的问题。玻化砖是坯料在 1 230 ℃ 以上的高温下，使砖中的熔融成分呈玻璃态，具有玻璃般的亮丽质感的一种新型高级铺地砖，也有人称之为瓷质玻化砖。其质地比抛面砖更硬更耐磨。

（7）仿古砖（图3-4-7）：在装饰日益崇尚自然的风格中，古朴典雅的仿古砖日益受到人们的喜爱。仿古砖多为橘红、陶红等色，表面不像其他砖光滑平整，视觉效果有凹凸不平感，有很好的防滑性。

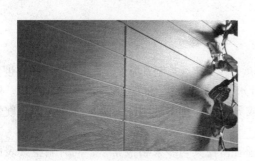

图 3-4-6

图 3-4-7

四、瓷砖的施工工艺

1. 墙面砖的铺贴

（1）墙面砖铺贴前应进行挑选，并应浸水 2 小时以上，晾干表面水分。

（2）铺贴前应进行放线定位和排砖，非整砖应排放在次要部位或阴角处。每面墙不宜有两列非整砖，非整砖宽度不宜小于整砖的 1/3。

（3）铺贴前应确定水平及竖向标志，垫好底尺挂线铺贴。墙面砖表面应平整、接缝应平直、宽缝应均匀一致。阴角砖应压向正角，阳角线宜做成 45° 对接，在墙面突出物处，应整砖套割吻合，不得用非整砖拼凑铺贴。

（4）结合砂浆宜采用 1∶2 水泥砂浆，砂浆厚度宜为 6 ~ 10 mm。水泥砂浆应满铺在墙砖背面，一面墙不宜一次铺贴到顶，以防塌落（图3-4-8 ~ 图3-4-11）。

图 3-4-8

图 3-4-9

图 3-4-10	图 3-4-11

2. 地面砖的铺贴

（1）地面砖铺贴前应浸水湿润。

（2）铺贴前应根据设计要求确定结合层砂浆厚度，拉十字线控制其厚度和地面砖表面平整度。

（3）结合层砂浆宜采用体积比为 1∶3 的干硬性水泥砂浆，厚度宜高出实铺厚度 2~3 mm。铺贴前应将基底湿润，并在基底上刷一道素水泥浆或界面结合剂，随刷随铺设搅拌均匀的干硬性水泥砂浆。

（4）地面砖铺贴时应保持水平就位，用橡皮锤轻击使其与砂浆粘接紧密，同时调整其表面平整度及宽缝（图 3-4-12~图 3-4-15）。

图 3-4-12	图 3-4-13

图 3-4-14	图 3-4-15

（5）铺贴后应及时清理表面，24 小时后应用 1∶1 水泥浆灌缝，选择与地面颜色一致的颜料与白水泥拌和均匀后嵌缝。

五、瓷砖的应用

（1）瓷砖有较好的强度和耐腐蚀性，且防火、防水，因此瓷砖是应用在外墙的一种常见材料（图3-4-16、图3-4-17）。

图 3-4-16 图 3-4-17

（2）有些品种的瓷砖（如劈开砖、通体砖等）具有粗犷的质感或凹凸的纹理效果，易于和其他质感的材料搭配使用。

（3）瓷砖花色丰富，且可以仿木纹、仿石材或者制作成仿古面，因此瓷砖是家居、店面、餐饮等空间最常用的装饰材料之一（图3-4-18、图3-4-19）。

图 3-4-18 图 3-4-19

（4）瓷砖易于切割、拼接，因此可以在地面或墙面制作成拼花的效果（图3-4-20）。

（5）瓷砖的拼接有多种方式，常见的有正拼、斜拼、错拼等。几种铺贴方法可交替使用，既可以创造不同的视觉效果也可以在需要时进行空间分割（图3-4-21）。

图 3-4-20 图 3-4-21

第五节 马 赛 克

一、马赛克简介

马赛克（图3-5-1）是已知最古老的装饰艺术之一，它是使用小瓷砖或小陶片创造出的图案。在现代，马赛克属于瓷砖的一种，它是一种特殊存在方式的砖，一般由数十块小块的砖组成一个相对的大砖。它因小巧玲珑、色彩斑斓的特点被广泛使用于室内地面、墙面和室外大小幅墙面和地面。马赛克由于体积较小，可以产生渐变效果。

图 3-5-1

二、马赛克的分类

马赛克按照材质、工艺可以分为若干不同的种类。马赛克按照其材质可以分为玻璃马赛克、石材马赛克、陶瓷马赛克、金属马赛克、贝壳马赛克等。

1. 玻璃马赛克

玻璃马赛克（图3-5-2）又称玻璃锦砖或玻璃纸皮砖。它是一种小规格的彩色饰面玻璃，属于各种颜色的小块玻璃质镶嵌材料。其外观有无色透明的、着色透明的、半透明的，带金、银色斑点、花纹或条纹的。正面是光泽滑润细腻；背面带有较粗糙的槽纹，以便用砂浆粘贴。

图 3-5-2

（1）玻璃马赛克的性能。玻璃马赛克具有色调柔和、朴实、典雅、美观大方、化学稳定性、冷热稳定性好等优点，还有不变色、不积尘、密度小、黏结牢等特性，多用于室内局部、阳台外侧装饰。其抗压强度、抗拉强度、耐水、耐酸性均应符合国家标准。

（2）玻璃马赛克的规格。一般规格为20 mm×20 mm、30 mm×30 mm、40 mm×40 mm，厚度为4~6 mm。

（3）玻璃马赛克的应用。玻璃马赛克具有防水、防火、色彩丰富等特点，因此广泛应用在卫生间、洗浴空间、游泳池等有防水要求的空间（图3-5-3、图3-5-4）；玻璃马赛克可以做成颜色或图案渐变的形式，更好地体现设计师的设计理念，以增加空间的趣味性（图3-5-5、图3-5-6）。

图 3-5-3

图 3-5-4

图 3-5-5

图 3-5-6

①玻璃马赛克根据要求做成弧形、曲面等特殊形状（图 3-5-7、图 3-5-8）。

图 3-5-7

图 3-5-8

②玻璃马赛克可以拼出任意想要的图案（图 3-5-9、图 3-5-10）。

图 3-5-9

图 3-5-10

③玻璃马赛克能够拼出流线的形状，具有现代气息（图 3-5-11）。

2. 石材马赛克

（1）石材马赛克（图3-5-12）是最古老的装饰艺术之一，它是使用石材创造出的图案。石材马赛克一般由数十块小块的砖组成一个相对的大砖，它也被广泛使用于室内外墙地面。

图 3-5-11

图 3-5-12

（2）石材马赛克主要用于墙面和地面的装饰。由于马赛克单颗的单位面积小，色彩种类繁多，具有无穷的组合方式，它能将设计师的造型和设计的灵感表现得淋漓尽致，尽情展现出独特的艺术魅力和个性气质。

（3）石材马赛克的应用。石材马赛克虽然不像玻璃马赛克一样可以拼出任意想要的图案，但也可以根据现场要求做成弧形等异形，石材马赛克因其天然浑厚的外观即使大面积铺贴效果也非常好，被广泛应用于宾馆、酒店、酒吧、车站、游泳池、娱乐场所、居家墙地面以及艺术拼花等（图3-5-13、图3-5-14）。

图 3-5-13

图 3-5-14

三、马赛克的施工工艺

马赛克的施工工艺参考瓷砖施工工艺，两者基本一样，但马赛克需注意图案花色的顺序以及勾缝剂的选择。

第六节　玻　璃

一、玻璃简介

玻璃（图3-6-1）是以石英、纯碱、长石和石灰石等为主要原料，经熔烧、成型、冷却固化而成的非结晶无机材料。它具有一般材料难以具备的透明性，普通玻璃的主要成分是二氧化硅，广泛应用于建筑物，用来隔风透光。随着发展的需要，玻璃向多功能方向发展。玻璃的深加工制品具有控制光线、调节温度、防止噪声、防火防爆和艺术装饰性等功能。

二、玻璃的分类

（1）按其化学成分可分为钠钙玻璃、铝镁玻璃、钾玻璃、硼硅玻璃、铅玻璃和石英玻璃等。

（2）按功能有可分为平板玻璃、钢化玻璃、压花玻璃、热熔玻璃、夹层玻璃、热弯玻璃、玻璃砖等。

图 3-6-1

三、玻璃的加工

玻璃的表面经过加工后，能够改善玻璃的外观和表面性质，获得较好的装饰效果，同时提高玻璃的质量。玻璃的加工处理方法通常有冷加工、热加工和表面处理三大类（图3-6-2、图3-6-3）。

图 3-6-2

图 3-6-3

（1）玻璃的冷加工是指在常温状态下，用机械的方法改变玻璃的外形和表面状态的操作过程，常见方法有研磨抛光、喷砂、切割、钻孔。

（2）玻璃的热加工是指利用玻璃的黏度、表面张力等因素会随着玻璃温度的改变而产生相应变化的特点对玻璃进行加工的操作过程，常见方法有烧口、火焰切割与钻孔、火焰抛光。

（3）玻璃的表面处理工艺有化学蚀刻、表面着色、表面镀膜。

四、普通玻璃

（1）普通平板玻璃简称玻璃，属于钠玻璃类，是未经研磨加工的平板玻璃，主要用于门窗，起透光、挡风和保温的作用（图3-6-4）。

（2）磨光玻璃又称镜面玻璃，是用平板玻璃经过抛光后的玻璃，分单面磨光和双面磨光两种。其具有表面平整、光滑且有光泽，物像透过玻璃不变形的优点，透光率大于84%。经过机械研磨加工和抛光加工的磨光玻璃，虽然质量较好，但加工既费时间又不经济，所以浮法玻璃出现后，磨光玻璃用量大为减少。

（3）浮法玻璃是采用海砂、硅砂、石英砂岩粉、纯碱、白云石等原料，在玻璃熔窑中经过1 500～1 570 ℃高温熔化后，将溶液引成板状进入锡槽，再经过纯锡液面上延伸进入退火窑，逐渐降温退火、切割而成。其特点是玻璃表面平整、十分光洁，且无玻筋、玻纹，光学性质优良。

普通玻璃的规格为1 830 mm × 2 440 mm或2 440 mm × 3 660 mm；普通玻璃的厚度一般为2～12 mm，生活中以5 mm、6 mm、8 mm厚度使用较多。

图3-6-4

普通平板玻璃是建筑玻璃中用量最大的一种玻璃，主要用于门窗和隔断等处。

五、钢化玻璃（图3-6-5）

普通平板玻璃在钢化前应预先按照有关的尺寸和要求对玻璃进行裁切、磨边、钻孔和清洗等预处理，然后才能进行钢化生产。

1. 生产钢化玻璃的工艺

（1）物理钢化法：将普通平板玻璃或浮法玻璃在特定工艺条件下，经淬火法或风冷淬火法加工处理而成。

（2）化学钢化法：将普通平板玻璃或浮法玻璃通过离子交换方法，将玻璃表面成分改变，使玻璃表面形成一层压应力层加工处理而成。

2. 钢化玻璃的性能

图3-6-5

（1）强度高。钢化玻璃的强度是普通玻璃强度的4倍，抗弯强度是普通玻璃的3～5倍，抗冲击强度是普通玻璃的5～10倍，提高强度的同时亦提高了安全性。

（2）使用安全。其承载能力增大，改善了易碎性质，即使钢化玻璃破坏也呈无锐角的小碎片，极大地降低了对人体的伤害。钢化玻璃的耐急冷急热性质较之普通玻璃有2～3倍的提高，一般可承受200 ℃以上的温差变化，对防止热炸裂有明显的效果。

（3）不能切割和加工。钢化后的玻璃不能进行切割和加工，只能在钢化前就对玻璃进行加工至需要的形状，再进行钢化处理。

（4）有自爆的可能。钢化玻璃强度虽然比普通玻璃高，但是钢化玻璃在温差变化大时有自爆（自己破裂）的可能性，而普通玻璃不存在自爆的可能性。

3. 钢化玻璃的规格

平面与曲面钢化玻璃厚度一般为 5 mm、6 mm、8 mm、10 mm、12 mm、15 mm、19 mm。但曲面钢化玻璃对每种厚度都有个最大的弧度限制。

4. 钢化玻璃的应用

钢化玻璃以其强度高和安全性好的优点，普遍应用于建筑物的门窗、幕墙、大型玻璃隔断、采光天棚、家具、汽车门窗以及有防盗要求的场所（图3-6-6、图3-6-7）。

图3-6-6

图3-6-7

六、中空玻璃

中空玻璃（图3-6-8）是由两层或两层以上普通平板或钢化玻璃构成。玻璃四周用高强度、高气密性复合胶粘剂，将两片或多片玻璃与密封条、玻璃条粘接密封，中间充入干燥气体，框内充以干燥剂，以保证玻璃片间空气的干燥度。因玻璃之间留有一定的空腔，因而具有良好的保温、隔热、隔声等性能。

1. 中空玻璃的性能

中空玻璃利用密封空气不导热隔声、隔水的特性，达到保温、隔声、防潮等作用，具备节能性和环保性两重优点。中空玻璃亦可采用单面钢化或双面钢化或不钢化等结构，可根据需要自行选择。

图3-6-8

2. 中空玻璃的规格

中空玻璃可采用 3 mm、4 mm、5 mm、6 mm、8 mm 厚普通或钢化玻璃，空气层厚度可采用 6 mm、9 mm、12 mm 间隔。

3. 中空玻璃的应用

中空玻璃主要用于需要采暖、空调、防止噪声或结露以及需要无直射阳光和特殊光的建筑物上；广泛应用于住宅、饭店、宾馆、办公楼、学校、医院、商店等需要室内空调的场合，也可用于火车、汽车、轮船、冷冻柜的门窗等处。

七、磨砂玻璃

磨砂玻璃（图3-6-9）又称毛玻璃，它是将平板玻璃的表面经机械喷砂或手工研磨或氢氟酸溶蚀等方法处理成均匀毛面的玻璃。

图3-6-9

1. 磨砂玻璃的性能

由于表面粗糙，使光线产生漫反射，只能透光不能透视，作为门窗玻璃可使室内光线柔和，没有耀眼刺目之感。

2. 磨砂玻璃的规格

手工研磨的厚度一般为 5 mm、6 mm、8 mm。机械喷砂的磨砂玻璃可达 10 mm。

3. 磨砂玻璃的应用

（1）由于磨砂玻璃透光不透影，因此可以用在隐秘和不受干扰的房间，常用于浴室、卧室、办公室等的门窗（图 3-6-10、图 3-6-11）。

图 3-6-10   图 3-6-11

（2）磨砂玻璃可以用在卫生间的墙体或门窗，可将无日光进入的卫生间改善成有光照而又不透影的私密空间，既可起到杀菌作用，在白天又可起到节能作用（图 3-6-12）。

图 3-6-12

（3）透过磨砂玻璃的人或物，会产生模糊的效果。设计讲究"虚"与"实"的对比，因而在设计中可以巧妙地运用磨砂玻璃的特点（图 3-6-13、图 3-6-14）。

图 3-6-13   图 3-6-14

八、压花玻璃

压花玻璃（图 3-6-15）又称花纹玻璃或滚花玻璃，是采用压延方法制造的一种平板玻璃，制造工艺分为单辊法和双辊法。单辊法是将玻璃液浇注到压延成型台上，台面可以用铸铁或铸钢制成，台面或轧辊刻有花纹，轧辊在玻璃液面碾压，制成的压花玻璃再送入退火窑。双辊法生产压花玻璃又分为半连续压延和连续压延两种工艺，玻璃液通过水冷的一对轧辊，随辊子转动向前拉引至退火窑，一般下辊表面有凹凸花纹，上辊是抛光辊，从而制成单面有图案的压花玻璃。

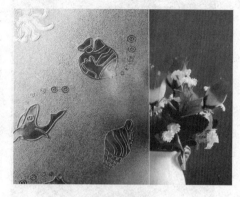

图 3-6-15

1. 压花玻璃的性能

压花玻璃的理化性能基本与普通透明平板玻璃相同，仅在光学上具有透光不透明的特点，可使光线柔和，并具有隐私的屏护作用和一定的装饰效果。

2. 压花玻璃的规格

压花玻璃的规格为 1 500 mm × 2 000 mm × 5/6/8 mm。

3. 压花玻璃的应用

（1）压花玻璃适用于建筑的室内间隔、卫生间门窗以及既需要光线射入又需要阻断视线的各种场合。

（2）压花玻璃由于其图案丰富，可以作为装饰点缀（图 3-6-16）。

九、夹丝玻璃

夹丝玻璃（图 3-6-17）又称防碎玻璃。它是将普通平板玻璃加热到红热软化状态时，再将预热处理过的铁丝或铁丝网压入玻璃中间而制成。

图 3-6-16

1. 夹丝玻璃的特点

夹丝玻璃防火性优越，可遮挡火焰，高温燃烧时不炸裂，破碎时不会造成碎片伤人。另外还有防盗性能，玻璃割破还有铁丝网阻挡。其主要用于屋顶天窗、阳台窗，夹丝玻璃要求金属丝（网）的热膨胀系数与玻璃接近，不易与玻璃起化学反应，有较高的机械强度和一定的磁性，表面清洁无油污。

2. 夹丝玻璃的规格

夹丝玻璃的厚度一般在 8 mm 以上。

3. 夹丝玻璃的应用

夹丝玻璃以其特殊的花纹效果被广泛应用于房间隔断、墙面装饰、推拉门等（图 3-6-18、图 3-6-19）。

图 3-6-17

图 3-6-18

图 3-6-19

十、夹层玻璃

夹层玻璃（图3-6-20）又称夹胶玻璃，是一种建筑用安全玻璃，两层玻璃中间用透明塑料薄片（PVB胶片）通过高温高压使两片玻璃黏合而成，也可以加名人书画、邮票、钱币、标本、玫瑰花等，以体现个性化。夹层玻璃的品种较多，有彩色夹层玻璃、钢化夹层玻璃、热反射夹层玻璃、屏蔽夹层玻璃、防火夹层玻璃等。

夹层玻璃的性能及应用如下：

（1）即使夹层玻璃碎裂，碎片也会被粘在薄膜上，破碎的玻璃表面仍保持整洁光滑。这就有效防止了碎片扎伤和穿透坠落事件的发生，确保了人身安全，因此广泛应用于建筑及各种保安场所、银行等。

图 3-6-20

（2）钢化夹层玻璃的强度较高，因而这种夹层玻璃可用于采光屋面、玻璃幕墙、透明围栏、水族馆的水下景观窗等处。

（3）防紫外线夹层玻璃的胶片采用防紫外线的PVB胶片，可以滤去99%的紫外线，阻隔紫外线的辐射，可用于博物馆、美术馆和图书馆等场所的门窗。

（4）夹层玻璃可以夹许多材料，如玫瑰花、树叶等，因此夹层玻璃也是一种常用的装饰玻璃。

十一、裂纹玻璃

裂纹玻璃（图3-6-21）是由三片钢化玻璃组成，前后两面为普通钢化玻璃，中间为碎裂的钢化玻璃，由于

图 3-6-21

碎裂的钢化玻璃有较强的纹理感而且还保留部分透明度，其效果独特，因此被广大设计师所喜爱。

1. 裂纹玻璃的性能

裂纹玻璃是由钢化玻璃组成的，除装饰性外依然保留着所有钢化玻璃的优点比如强度高、使用安全等，同样也保留了钢化玻璃的缺点如自爆和不可再加工等特性。

2. 裂纹玻璃的规格

裂纹玻璃最薄可以采用 5 mm + 5 mm + 5 mm 的厚度，即 15 mm。

3. 裂纹玻璃的应用

（1）裂纹玻璃有着钢化玻璃的性能，因此可以使用在普通钢化玻璃使用的空间如门窗、幕墙、大型玻璃隔断等；

（2）裂纹玻璃因其纹理特殊，可以在设计中作为普通装饰材料；

（3）裂纹玻璃在射灯的灯光照耀下会出现强弱不均的纹理线，十分美丽，因此裂纹玻璃可在室内装饰中起点缀作用，如玄关处的隔墙或背景墙等。

十二、烤漆玻璃（背漆玻璃）

烤漆玻璃（图 3-6-22）在业内也叫背漆玻璃，分平面玻璃烤漆和磨砂玻璃烤漆。它是在玻璃的背面喷漆，然后在 30 ~ 45 ℃的烤箱中烤 8 ~ 12 小时，晾开后制成的。在很多制作烤漆玻璃的地方一般采用自然晾干，不过自然晾干的漆面附着力比较小，在潮湿的环境下容易脱落。

图 3-6-22

1. 烤漆玻璃的性能

烤漆玻璃具有不吸收、不渗透、不褪色、寿命长、易清洁、色彩丰富等特点。

2. 烤漆玻璃的规格

烤漆玻璃的规格为 1 830 mm × 2 440 mm 或 2 440 mm × 3 660 mm；厚度一般为 5 或 6 mm。

3. 烤漆玻璃的应用

（1）烤漆玻璃具有极强的装饰效果，主要应用于墙面、背景墙的装饰，并且适用于任何场所的室内外装饰；

（2）烤漆玻璃的色彩丰富，纯色系（纯红、纯绿、纯黑等）被广泛用在现代感较强的空间，如某些高档快餐店的室内外墙面装饰（图 3-6-23、图 3-6-24）。

图 3-6-23

图 3-6-24

十三、热熔玻璃

热熔玻璃（图3-6-25）是通过热熔炉把玻璃加热到半熔融状态，然后将玻璃放置在做好的造型模具上继续加热，使其软化，与造型模具完全融合，待冷却后就会依图案形成各种凹凸不平、扭曲、拉伸、流状或气泡的效果，其特点是大气，视觉冲击力强，充满现代艺术的魅力。

1. 热熔玻璃的性能

热熔玻璃具有凹凸感强、色彩丰富、防水、不褪色、易清洁等特点。有些热熔玻璃经过钢化处理具备了钢化玻璃的强度高等特点。

2. 热熔玻璃的规格

热熔玻璃的最大尺寸为3 200 mm×1 200 mm，一般为2 700 mm×1 500 mm，厚度为8 mm、10 mm、12 mm、15 mm、19 mm、25 mm。

图 3-6-25

3. 热熔玻璃的应用

（1）热熔玻璃因其独特的玻璃材质和艺术效果而被广泛应用，如门窗用热熔玻璃、大型墙体嵌入玻璃、隔断玻璃、一体式卫浴玻璃洗脸盆、成品镜边框、玻璃艺术品等；

（2）热熔玻璃可根据设计要求定制图案，甚至在某些大型空间的背景墙上将小块玻璃进行拼接，形成一个完整的背景（图3-6-26）。

十四、艺术玻璃

艺术玻璃（图3-6-27）从广义上讲是用艺术的手法在玻璃材质上加工所得到的装饰玻璃。其在艺术玻璃在建材装饰上广为应用，较通俗的是指在平板玻璃上做图案。艺术手法表现包括雕刻、沥线、彩色聚晶、乳玉、凹蒙、磨砂乳化、热熔、贴片等。常见的艺术玻璃主要是雕刻而成，分为阴刻和阳刻两种。

图 3-6-26

图 3-6-27

1. 阳刻浮雕工艺

阳刻浮雕属于浮雕工艺的一种，是雕刻艺术在玻璃上的生动体现。凸起的画面质感，是它的最大特色。阳刻浮雕的图案为凸起部分，它是在人工吹制的套色玻璃上，采用手刻沙雕等工艺创作而成的。栩栩如生的图案与晶莹剔透的玻璃完美地结合在一起，为空间带来精彩纷呈的艺术效果。

2. 阴刻深雕工艺

阴刻深雕工艺也是浮雕工艺的一种，它与阳刻浮雕正好相反。其正面是光滑的平面，图案是在玻璃的反面凹进雕刻，最深处可达玻璃厚度的1/2。深雕玻璃工艺考究，做工精细，将独特的纹理质感与丰富多样的构图形式相结合，表现出的立体效果十分强烈，看起来更清秀、更迷人。

3. 艺术玻璃的应用

艺术玻璃可以作为玄关等处的主题装饰，也可以作为墙面材料（图3-6-28、图3-6-29）。

图 3-6-28

图 3-6-29

十五、叠纹玻璃（工艺上称冷粘玻璃）

将普通玻璃裁切成需要的形状，根据现成需要的尺寸和形状，将裁好的玻璃用无影胶粘接起来，就形成了叠纹的效果（图3-6-30）。

叠纹玻璃可以包柱子，制作成水幕，或制作成异形（图3-6-31、图3-6-32）。

图 3-6-30

图 3-6-31

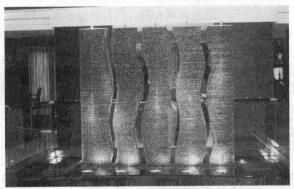

图 3-6-32

十六、热弯玻璃

热弯玻璃（图3-6-33）是将平板玻璃加热软化后置于专用模具中，然后经退火加工成型的一种曲面玻璃。

1. 热弯玻璃的特点

热弯玻璃不能裁切，需要预定，没有现货。选购热弯玻璃时，应向厂家提供玻璃相应的厚度、高度、宽度、弧形半径等详细资料。

2. 热弯玻璃的应用

（1）建筑热弯玻璃主要用于建筑内外装饰、采光顶、观光电梯、拱形走廊等；

（2）民用热弯玻璃主要用作玻璃家具、玻璃水族馆、玻璃洗手盆、玻璃柜台、玻璃装饰品等。

图3-6-33

十七、玻璃砖

玻璃砖（图3-6-34）是透明或有色玻璃制成的块状、空心的玻璃制品或块状表面施釉的制品。空心玻璃砖是一种非承重装饰材料，由两块半坯在高温下熔接而成，装饰效果高贵典雅、富丽堂皇。

1. 玻璃砖的性能

玻璃砖具有强度高、隔声、隔热、防水、防火、节能、透光（部分产品只透光不透影）等性能。

2. 玻璃砖的规格

图3-6-34

玻璃砖一般为正方形，常见玻璃砖的厚度为80 mm，其规格为145 mm×145 mm、190 mm×190 mm等。

3. 玻璃砖的应用

（1）玻璃砖可应用于外墙或室内间隔，提供良好的采光效果，并有延续空间的感觉。其既有区隔作用，又可把光引领入内，且有良好的隔声效果。

（2）在浴室使用玻璃砖既节约电能，又能让使用者沐浴在阳光下（图3-6-35、图3-6-36）。

图3-6-35

图3-6-36

十八、玻璃镜面（图3-6-37）

玻璃经裁切、磨边（必要时还经研磨抛光）、表面洗净后，用氯化亚锡稀溶液敏化，然后洗净，再用镀银液和还原液混合立即浸注表面，镜面形成后洗净，随后可镀铜和涂防护漆。真空蒸镀法是将玻璃洗净，置于 0.1 ~ 10^{-4} Pa 真空度的蒸镀装置中，将螺旋状钨丝通电，产生的高温使螺旋中铝合金蒸发成气态，沉积在玻璃表面形成镜面。镜面的颜色除本色外还有茶色、黑色等。

图 3-6-37

1. 镜面的性能

镜面具有防水、易清洁、可反射光等性能。

2. 镜面的规格

镜面的规格有 1 830 mm × 2 440 mm 或 2 440 mm × 3 660 mm；厚度一般为 5 mm、6 mm、8 mm。

3. 镜面的应用

（1）镜面具有能准确映出人或物的真实影像的特点，因此广泛应用于化妆间、试衣间、步入式衣帽间、卫生间等。

（2）镜面同样可以映射空间，增加空间的延伸感，因此在较小的空间使用可以起到增加空间感的作用，在空间高度低于人体舒适高度时可以增加高度感（图3-6-38 ~ 图3-6-41）。

图 3-6-38

图 3-6-39

图 3-6-40

图 3-6-41

十九、有机玻璃

有机玻璃（图 3-6-42）是 PMMA 的通俗名称，又称作亚克力。这种高分子透明材料的化学名称叫聚甲基丙烯酸甲酯，是由甲基丙烯酸甲酯聚合而成的。如果在生产有机玻璃时加入各种染色剂，就可以聚合成为彩色有机玻璃；如果加入荧光剂（如硫化锌），就可聚合成荧光有机玻璃；如果加入人造珍珠粉（如碱式碳酸铅），则可制得珠光有机玻璃。

图 3-6-42

1. 有机玻璃的性能

（1）透光率 92%，高于普通玻璃 91%，其表面晶莹剔透，有"塑料皇后"之美誉；

（2）优秀的加工性能，适合多种加工方法综合使用；

（3）耐酸碱腐蚀，表面可印刷、喷漆；

（4）较玻璃不易碎，表面硬度接近钢或铝；

（5）优良的耐候性能，适合在高寒、高热地区户外使用，加热软点为 100 ℃左右。

2. 有机玻璃的规格

有机玻璃的规格为 1 220 mm×2 440 mm，有机玻璃的厚度最小为 2 mm，最大为 50 mm。

3. 有机玻璃的应用

（1）有机玻璃可以加工成任意的形状而且是热的不良导体，因此有机玻璃是加工特殊形状浴缸、吧台等的常见材料（图 3-6-43、图 3-6-44）。

图 3-6-43

图 3-6-44

（2）有机玻璃是制作灯箱的主要材料（图 3-6-45、图 3-6-46）。

图 3-6-45

图 3-6-46

（3）有机玻璃与普通玻璃相比密度小很多，因此可以应用在普通玻璃因为自重或易碎等问题而无法使用的部位（图 3-6-47、图 3-6-48）。

图 3-6-47

图 3-6-48

二十、其他玻璃制品

1. 琉璃

琉璃（图3-6-49）是中国古代对玻璃的称呼，是不准确的玻璃说法，现琉璃一般是指加入各种氧化物烧制而成的有色玻璃作品，现今无论是光学玻璃、平板玻璃、水晶玻璃，或是硼砂玻璃等材质所创作的作品，皆通称为玻璃艺术品，由此可见琉璃只是玻璃的一个种类，其范畴远较玻璃要小。琉璃是以各种颜色的人造水晶（含24%的氧化铅）为原料，用水晶脱蜡铸造法高温烧结而成的艺术作品。这个过程需经过数十道手工精心操作方能完成，稍有疏忽即可造成失败或瑕疵。琉璃是我国古代文化与现代艺术的完美结合，其流光溢彩、变幻瑰丽，是东方人的精致、细腻、含蓄体现，是思想情感与艺术的融合。它的使用已有2 000多年的历史，自古以来一直是皇室专用，对使用者有极其严格的等级要求，所以在民间很少见。

图 3-6-49

2. 超白玻璃

超白玻璃（图3-6-50）是一种超透明玻璃，也称低铁玻璃、高透明玻璃。它是一种高品质、多功能的新型高档玻璃品种，透光率为91.5%以上，具有晶莹剔透、高档典雅的特性，有玻璃家族"水晶王子"之称。超白玻璃同时具备优质浮法玻璃所具有的一切可加工性能，具有优越的物理、机械及光学性能，可像其他优质浮法玻璃一样进行各种深加工。无与伦比的优越质量和产品性能使超白玻璃拥有广阔的应用空间和光明的市场前景。

图 3-6-50

二十一、玻璃的安装工艺

玻璃根据品种和应用部位不同，其安装方式也各不相同。在此仅介绍玻璃常见的几种安装方法。

（1）利用广告钉、玻璃卡件，将玻璃卡在中间，卡件自身与墙面或大芯板等基层板连接。此种方法一般需事先在玻璃上打洞，如使用钢化玻璃需在玻璃钢化前打洞（图3-6-51～图3-6-53）。

图 3-6-51

图 3-6-52

图 3-6-53

（2）利用玻璃四周边缘处的结构将玻璃卡住。如有需要可以在玻璃两边打上玻璃胶增加强度。此种方法无须在玻璃上打洞，可以保证玻璃的完整性，但前提是玻璃的四周至少有一面可以将玻璃卡住（图3-6-54～图3-6-56）。

图 3-6-54　　　　　　　　图 3-6-55　　　　　　　　图 3-6-56

（3）薄玻璃制品如背漆玻璃或镜面可采用玻璃胶直接粘贴的方法，可将玻璃直接粘在水泥墙面或大芯板等基层板上。玻璃台面的餐桌或茶几可利用无影胶将玻璃直接与不锈钢或铝合金进行黏合（图3-6-57、图3-6-58）。

图 3-6-57　　　　　　　　　　　　　　　图 3-6-58

第七节　不 锈 钢

一、不锈钢简介

不锈耐酸钢（图3-7-1）简称不锈钢，它是由不锈钢和耐酸钢两大部分组成的，简言之，能抵抗大气腐蚀的钢叫不锈钢，而能抵抗化学介质腐蚀的钢叫耐酸钢。一般说来，含铬量大于12%的钢就具有了不锈钢的特点。目前在装饰行业中所说的不锈钢按其外观可分为镜面不锈钢（光面）、拉丝不锈钢（亚光）、钛金不锈钢（黄色）三类。

二、不锈钢的特点

不锈钢有较强的耐腐蚀性、较高抗拉强度和抗疲劳强度、化学稳定性好。

图 3-7-1

三、不锈钢的应用

（1）不锈钢可以加工成任意的形状，而且耐久性和防火性都非常好，适合公共空间的装饰造型、门窗框、扶手等（图3-7-2～图3-7-4）。

图 3-7-2

图 3-7-3

图 3-7-4

（2）不锈钢和铝等金属制品给人以前卫、现代的感觉，因此在现代风格制品中，不锈钢得到广泛的应用（图3-7-5、图3-7-6）。

图 3-7-5

图 3-7-6

（3）不锈钢因其易于加工、强度高、使用寿命长等特点，被经常应用在木材、玻璃等材料的缝隙或边缘的收口位置（图3-7-7、图3-7-8）。

图 3-7-7

图 3-7-8

第八节 铝材料

一、铝简介

铝（图3-8-1）是金属中密度较小的一种，铝与其他金属可以制成铝合金制品，来增加其强度及韧性等。铝具有金属的特性，可以与空气发生反应，但其表面会形成一层致密的氧化膜，使之不能与氧、水继续作用。铝制品表面可以喷涂氟碳油漆、聚酯油漆等来美化其外观，因此一般铝制品的使用寿命都较长。现代建筑室内外装饰、装修工程中经常使用的铝制品一般包括铝单板、铝塑复合板、铝扣板、穿孔铝板、铝格栅、铝蜂窝板等。

图 3-8-1

二、铝的种类

1. 铝单板

铝单板（图3-8-2）采用优质铝合金面板为基材，采用先进的数控折弯技术，确保板材在加工后能平整不变形，在安装过程中抗外力性能超群。铝单板表面涂层采用氟碳喷涂，使其表面具有色泽均匀，抗紫外线辐射，抗氧化，超强耐腐蚀的特点。

（1）铝单板的特点。

①自重小，刚性好，强度高；

②不燃烧，防火性佳；

③极佳的耐候性能和抗紫外线、优异的耐酸、

图 3-8-2

耐碱性能，在室外正常条件下，不褪色保质期限为15年；

④加工工艺好，可加工成平面、弧形面和球形面、塔形等各种复杂的形状；

⑤不易沾污，便于清洁保养；

⑥色彩可选性广，装饰效果极佳；

⑦易于回收，无污染，利于环保。

（2）铝单板规格：厚度为2.0 mm、2.5 mm、3.0 mm；常用的平面尺寸为600 mm×600 mm、600 mm×1 200 m。

（3）铝单板的应用：铝单板具有使用寿命长、防火、防水、强度高、无光污染等特点，因此铝单板是"一级建筑"装修中最常使用的一种装饰材料，如用于飞机场、火车站、博物馆、纪念馆、法院、地铁等（图3-8-3、图3-8-4）。

图 3-8-3

图 3-8-4

2. 铝塑复合板

铝塑复合板（图3-8-5），即铝塑板，是以经过化学处理的涂装铝板为表层材料，用聚乙烯塑料为芯材，在专用铝塑板生产设备上加工而成的复合材料。铝塑板由多层材料复合而成，上下层为高纯度铝合金板，中间为无毒低密度聚乙烯（PE）芯板。

（1）建筑幕墙用铝塑板：上、下铝板的最小厚度不小于0.50 mm，总厚度应不小于4 mm。铝材材质应符合 GB/T 3880 的要求，一般要采用3000、5000等系列的铝合金板材，涂层应采用氟碳树脂涂层。

图 3-8-5

（2）外墙装饰与广告用铝塑板：上、下铝板采用厚度不小于0.20 mm的防锈铝，总厚度应不小于4 mm。涂层一般采用氟碳涂层或聚酯涂层。

（3）室内用铝塑板：上、下铝板一般采用厚度为0.20 mm，最小厚度不小于0.10 mm的铝板，总厚度一般为3 mm。涂层采用聚酯涂层或丙烯酸涂层。

（4）铝塑板性能。

①超强剥离度：铝塑板采用了新工艺，将铝塑板最关键的技术指标——剥离强度，提高到极佳状态，使铝塑板的平整度、耐候性方面的性能都相应提高。

②材质轻易加工：铝塑板，每平方米的质量仅为3.5~5.5 kg，故可减轻震灾所造成的危害，且易于搬运，由于其优越的施工性，只需简单的木工工具即可完成切割、裁剪、刨边，弯曲成弧形、直角的各种造型，可配合设计人员做出各种的变化，安装简便、快捷，减少了施工成本。

③防火性能卓越：铝塑板中间是阻燃物质 PE 塑料芯材，两面是极难燃烧的铝层。因此，是一种安全防火材料，符合建筑法规的耐火需要。

④耐冲击性强：韧性高，弯曲不损面漆，抗冲击力强，在风沙较大的地区也不会出现因风沙造成的破损。

⑤超耐候性：由于采用了氟碳漆，耐候性方面有独特的优势，无论在炎热的阳光下或严寒的风雪中都无损于漂亮的外观，可达 20 年不褪色。

⑥涂层均匀，彩色多样：经过化学处理及皮膜技术的应用，使油漆与铝塑板间的附着力均匀一致，颜色多样，让人们的选择空间更大，尽显个性化。

⑦易保养：铝塑板在耐污染方面有了明显的提高。我国的城市污染较为严重，使用几年后需要保养和清理，由于自洁性好，用中性的清洗剂和清水清洗即可，清洗后，板材永久如新。

（5）铝塑板的规格：1 220 mm × 2 440 mm ×3/4 mm。

（6）铝塑板的应用。

①铝塑板的颜色非常丰富，且铝塑板使用寿命长、强度高，因此铝塑板是店面、商场、大厦等用于外立面的理想材料（图 3-8-6、图 3-8-7）。

图 3-8-6

图 3-8-7

②铝塑板的可塑性很强，可弯曲达到甚至超过直角状态，因此铝塑板是制作弧形吧台、收银台的理想材料；铝塑板也可以作为墙面、包柱子的材料。

3. 铝扣板

铝扣板（图 3-8-8）由铝镁合金、铝锰合金等铝合金材料制造而成，是一种常用于厨房、卫生间、浴池等空间的顶棚材料。铝扣板分为方板、条板两大规格。

（1）铝扣板的性能：花色多，密度小，防水，防火，具有一定的强度和韧性。

（2）铝扣板的规格：

①方形板规格：600 mm × 600 mm、500 mm × 500 mm、400 mm × 400 mm、300 mm × 300 mm、300 mm × 600 mm、300 mm × 1 200 mm、600 mm × 1 200 mm。

图 3-8-8

②条形板规格：75 mm、100 mm、150 mm、200 mm、300 mm 以及定做规格等，长度为3m、4m等。

（3）铝扣板的施工工艺：一般扣板配用专用龙骨，龙骨为镀锌钢板和烤漆钢板。标准长度为 3 m（图 3-8-9、图 3-8-10）。

图 3-8-9

图 3-8-10

①根据同一水平高度装好收边系列。

②按合适的间距吊装轻钢龙骨（38 mm 或 50 mm 的龙骨），一般间距为 1 ~ 1.2 m，吊杆距离按轻钢龙骨的规定分布。

③把预装在扣板龙骨上的吊件，连同扣板龙骨紧贴轻钢龙骨并与轻钢龙骨成垂直方向扣在轻钢龙骨下面，扣板龙骨间距一般为 1 m，全部装完后必须调整水平（一般情况下建筑物与所要吊装的铝板的垂直距离不超过 600 mm 时，不需要中间加 38 mm 龙骨或 50 mm 龙骨，而用龙骨吊件和吊杆直接连接）。

④将条形扣板按顺序并列平行扣在配套龙骨上，条形扣板连接时用专用龙骨系列连接件。

（4）铝扣板的应用。

①铝扣板是家居装修中厨房和卫生间的常用材料（图 3-8-11、图 3-8-12）。

图 3-8-11

图 3-8-12

②铝扣板的规格种类多，可适用于不同大小面积的空间，因此铝扣板是各种洗浴场所的吊顶常用材料。

4. 穿孔铝板

穿孔铝板（图3-8-13）是在铝板的表面进行冲孔处理，并在冲孔后的铝板背面加一层白色吸声薄毡。穿孔铝板不仅具有密度小、防水、防火等特点，还具有一定的吸声能力，且使用寿命长、易于加工。

穿孔铝板的应用如下：

（1）穿孔铝板在办公、会议室等空间可以制作成弧形或曲面板来增加空间的趣味性。

（2）穿孔铝板和普通铝板搭配在一起可以形成虚实变化的效果。

5. 铝格栅

金属格栅（图3-8-14）是近几年来新兴的吊顶材料之一，它由铝质或其他金属材质加工成型，并经表面处理而成。其因属于绿色环保产品而受到国家建材部门大力推广。其产品特性是防火性能好、透气性好、安装简单、结构精巧、外表美观、立体感强、色彩丰富、经久耐用，特别适用于机场、车站、商场、饭店、超市及娱乐场等装饰工程。

图 3-8-13

图 3-8-14

（1）铝格栅的应用。

①铝格栅是店铺、商场、饭店等公共空间的理想吊顶材料（图3-8-15、图3-8-16）。

图 3-8-15

图 3-8-16

②铝格栅吊顶后可以继续用塑料植物、花卉等做点缀，因此在花店、餐厅等空间，铝格栅的应用也非常广泛（图3-8-17、图3-8-18）。

图 3-8-17   图 3-8-18

（2）铝格栅的安装。铝格栅的安装非常简单。因为铝格栅密度小，可以利用铁丝直接吊装，或利用轻钢龙骨来安装（图 3-8-19）。

6. 石材复合铝蜂窝板

石材复合铝蜂窝板以铝蜂窝芯与其他材料合成，使产品具有更强的耐冲击性和抗击强度，完全克服了天然石材固有的重量大、易碎裂等特点。石材复合铝蜂窝板（图 3-8-20）以 1.0 ~ 3.5 mm 不同厚度的石材与 6 ~ 8 mm 不同厚度的蜂窝材料复合而成。外墙干挂石材蜂窝复合板每平方米质量为 6.0 ~ 12.5 kg，是原干挂石材（厚度 25 mm）的 1/7，抗压强度是它的 3 ~ 5 倍。

图 3-8-19   图 3-8-20

（1）石材复合铝蜂窝板的性能。

①隔声、隔热、保温；②防火、防潮；③优越的平整度和刚性；④密度小，节能；⑤环保防腐；⑥施工方便。

（2）石材复合铝蜂窝板的规格：1 220 mm×2 440 mm；1 500 mm×4 500 mm。

（3）石材复合铝蜂窝板的安装。

①吊耳式：此安装方法是吊耳和蜂窝板分离，吊耳单独加工后连接与蜂窝板的胶缝位置，胶缝适宜宽度≥12 mm，此安装方法使加工简单，安装方便；

②翻边式：此安装方式是加工铝蜂窝板时即加工有安装用翻边，安装只需按位置连接与龙骨及胶缝处即可，适宜胶缝宽度为≥10 mm，此方法安装方便，但加工稍复杂，不适用于造型幕墙板；

③扣条式：扣条为特定型材，安装简单，但此方法对板材加工精度要求较高，不建议使用于长度大于 3 000 mm 的板材。根据扣条的宽度，板材中缝有 20 mm 和40 mm等。

（4）铝蜂窝板的应用：铝蜂窝板与石材结合，大大降低了石材的重量，因此石材复合铝蜂窝板是可以将石材吊在顶面的一种新型材料。

本章小结

综合材料的应用除空间和部位各有不同外，一些装饰和设计手法是编者根据平时工作积累而来，装饰材料的装饰和设计手法是根据每个人对艺术、空间和生活的感受与积累不同而最终形成的产物，就像设计没有绝对的"好"与"坏"一样。通过本章的学习，学习者在理解建筑装饰材料的基础上大胆地加以创新和综合应用。

第四章

装饰项目工程及细部工艺详解

装饰项目工程及细部工艺详解是编者在大型装饰项目工作中以装饰规范为依据，结合实际施工经验总结出来的，目的是使读者学习之后熟练掌握、总结各装饰修项目实施过程中的经验与教训，更好地规范及促进各精装修项目的细部结构在项目中的标准化，给予装饰项目技术支持、保障过程管理及质量控制。

第一节　工艺通用标准及施工事项

一、通用标准

（1）墙面石材铺贴：深色系列石材采用强度等级为 42.5 MPa 的普通硅酸盐水泥混合中砂或粗砂（含泥量不大于 3%），1:3 配比；浅色石材采用强度等级为 32.5 MPa 的白水泥砂浆掺白石屑，1:3 配比。

（2）墙地面防水处理：应采用柔性防水涂料，须纵、横防水各一遍，成膜厚度理论上不能低于 2 mm，以保证防水层的密封性。卫生间湿区（如沐浴房、浴缸）的墙面防水高度不低于 2 000 mm，干区的墙面防水高度不低于 500 mm，且高于该区域所有给水点位置 100 mm。

（3）卫生间结构地面必须做蓄水试验，蓄水试验由总包负责进行，蓄水试验完成后须由监理、项目公司、总包单位、装饰施工企业四方签证，办理移交接收手续。在楼面排水系统完成且装修施工的防水层完成后，由装修施工企业再次做蓄水试验，防水层未干前严禁进行蓄水试验。如蓄水过程中发现水变浑浊或乳白，说明防水层养护时间不够，防水层已被水溶解、破坏，防水失败，必须重做。

（4）石材六面防护要求：防护涂刷前，石材应充分干透；如工期紧张，石材还未干透，可先涂刷除正面外的其他五面防护，正面防护在石材初磨并风干后进行。防护涂刷应纵、横各一遍，待第一遍防护干后再进行第二遍，干后铺贴。墙面湿贴和地面铺贴的石材粘贴面应使用水性防护剂涂刷，厨房及浴柜台面等易受油污及腐蚀的台面应使用油性防护剂涂刷。石材防护剂的涂刷如处理不当，易将石材内水分封闭，造成后期石面处理后出现水影。

（5）地面石材铺贴：为防止空鼓和泛碱，石材面层铺贴前应用专用锯齿状批刀背面刮一层胶粘剂，晾干后再刮一层胶粘剂进行铺贴。浅色石材应采用白色石材专用胶粘剂。

（6）所有石材外露切割面必须进行抛光处理。

（7）地面石材铺装完成后应进行结晶或密封处理，结晶面亮度要求不小于95°。

（8）大理石采用湿铺法时应铲除背面网格布，干挂墙面、网格布采用AB胶粘贴无须铲除背面网格布。

（9）所有型钢规格符合国家标准，热镀锌处理；钢架焊接部位须做2度以上防锈处理；不锈钢石材挂件钢号为202以上，沿海项目需采用304号钢。

（10）淋浴房挡水条需按设计图纸要求现场弹线，结构楼面预植φ6钢筋，间距不大于300 mm，在顶端处焊接φ6钢筋连接，制模浇捣翻边。翻边处地面应预先凿毛，采用细石混凝土浇捣，挡水翻边与墙体交接处应伸入墙体20 mm，并与地面统一做防水处理，防水翻边宽度及高度须严格控制，宽度以40 mm为宜，高度应高于卫生间干区完成面20 mm。

（11）木基层必须进行三防处理，即防火、防潮、防腐（木基层接触墙体一侧应刷防腐涂料，在背离墙体一侧及两侧边应刷防火涂料）。建议尽量减少木基层的使用，如木饰面的基层（曲面除外）可用轻钢龙骨＋硅钙板或埃特板的做法，起到防火、耐潮、防霉，减工、增效的作用。

（12）木制品要求工厂加工，现场安装。木皮厚度应不低于60丝。对于造型较复杂的线条，按照实际可以弯曲的厚度进行控制，一般控制在30丝以上。油漆须符合环保要求，阳角收口应在工厂制作完成后现场安装。安装时背面必须刷防潮漆或贴平衡纸（起到防潮、防变形的作用），不得在装饰面用枪钉固定。

（13）房门均须配置一只门吸或门阻，安装位置根据现场实际位置确定。门套企口边嵌镶橡胶防撞条（色系与木饰面相近，其分子结构中三元乙丙橡胶含量必须大于30%）。房门一般配置三只合页，安装位置：上部第一只合页距门顶边180 mm，第二只距第一只200～350 mm（一般根据门的高度确定），底部一只合页距底边180 mm。门扇上的五金件，如暗藏闭门器、合页、锁孔等开槽、开孔须在工厂油漆完成前开设，门封边不得有爆边、开裂现象。

（14）顶棚工程中吊杆应采用热镀锌成品螺纹杆，间距不大于800～1 000 mm。吊杆长度大于1 200 mm，须采用60系列主龙骨或30 mm×30 mm热镀锌角钢进行反支撑加固处理。

（15）顶棚工程中主龙骨厚度为1.2 mm，间距800～1 000 mm，主龙骨按房间短跨长度起拱小于3‰；次龙骨壁厚为0.6 mm，次龙骨中心间距300～600 mm；石膏板长度方向垂直于副龙骨方向。

（16）厨房、卫生间顶面如设计要求为防水石膏板吊顶，均需采用热镀锌50系列直卡式系列轻钢龙骨（A型），低位吊顶采用50系列轻钢龙骨，封单层12 mm防水纸面石膏板（精装修标准3 000元／m² 以下的产品适用）。

（17）其他空间如设计要求为石膏板吊顶的，高位采用单层12 mm石膏板铺设，低位采用双层9.5 mm石膏板铺设，板材的长边（即包封边）应沿纵向次龙骨铺设。相邻两块石膏板之间应错缝拼接，留缝4～6 mm。上、下两层石膏板的接缝应错开，不得在同一根龙骨上接缝，上、下层石膏板接触面须涂刷白乳胶并用自攻螺钉固定（精装修标准3 000元/m² 以上的产品适用，3 000元/m² 以下产品低跨采用单层12 mm石膏板）。

（18）安装石膏板的自攻螺钉钉帽须沉入板面0.5～1.0 mm，但不使纸面破损。钉帽涂防锈漆，用腻子掺防锈漆将钉孔补平。石膏板安装前，须核对灯孔与龙骨的位置，严禁灯孔与主、次龙骨位置重叠。

（19）吊顶要求采用成品检修孔，规格满足检修要求。

（20）墙面批灰腻子采用石膏基材料，不宜采用碳酸钙，须调入10%清油，增强腻子的可塑性。

（21）墙纸饰面应待平整度及垂直度符合施工要求后，用清油满涂于墙面，不少于2遍，并采用专业配套墙纸或墙布胶浆粘贴。

（22）玻璃应采用钢化玻璃，并且所有玻璃制品口四周须磨边处理。

（23）所有需用硅胶收口部位，禁用酸性密封胶。应采用与周边同色中性防霉硅胶或耐候胶。

（24）所有精装材料均应符合国家相关技术规定及环保要求，且必须提供产品合格证和检测报告；需要进行复检的材料，在材料进场时，应提供材料的复检报告。对木地板、木饰面、墙纸、基层板、墙纸胶、基膜、清漆、柜体应进行抽检（TVOC、甲醛）。这里说到的TVOC指总挥发性有机物，它的毒性、刺激性、致癌性和特殊的气味性，会影响皮肤和黏膜，对人体产生急性损害。

（25）所有材料均应满足防水验收规范要求。在材料选择中，应注意对防水检测材料的审核。

（26）精装工程所有强弱电开关、插座及等电位等埋管不得沿地敷设。

（27）地下室或封闭型工程，在有条件的情况下应加强通风、除湿，减少霉变发生，应注意以下几方面：

①所有精装修材料均应考虑地下室使用环境，尽可能选择耐霉变材料，如地下室严禁使用木地板、大理石。为了满足设计效果，可选用仿木纹瓷砖替代木地板，墙面尽量选用透气性材料（防水乳胶漆、彩砂等），减少或不使用木制品，可用PVC覆膜材料替代木质饰面。

②严格按照施工规范中的地下室防霉变、结露的工艺节点要求施工。

注：结露就是指物体表面温度低于附近空气露点温度时表面出现冷凝水的现象。

二、量房的基本知识

1. 需要量房的情况

（1）旧房改造；

（2）要做方案，没有图纸；

（3）方案已做好，原图不精确。

2. 量房的工具

量房的工具有：7.5 m卷尺，如图4-1-1所示；皮尺，如图4-1-2所示；板夹，用来记录数据、绘制草图，如图4-1-3所示；数码相机（图4-1-4）、纸、笔（最好带两只颜色不同的笔，如空调管道和梁需要用单独颜色标注）等。

图4-1-1   图4-1-2

图 4-1-3　　　　　　　　　　　　　　　图 4-1-4

3. 量房的步骤

量房一般从入户门的位置顺时针或逆时针开始量起，逐个房间依次量好，分辨墙是否为剪力墙（用手拍，鼓一样的"咚咚"响则为一般的分体墙；如果非常结实，没什么声音，则为剪力墙），剪力墙需要标出来，在施工的时候不能拆掉。量房需要测量：砌墙和梁的尺寸，如图 4-1-5、图4-1-6 所示；烟道管井尺寸，如图 4-1-7 所示；半个沉箱尺寸，如图 4-1-8 所示；整个沉箱尺寸，如图 4-1-9 所示；地漏和排水管尺寸，如图 4-1-10 所示；飘窗的宽度和深度及距地面高度，需标明上、中、下尺寸，如图 4-1-11 所示；顶部高度尺寸（决定吊顶造型结构），如图 4-1-12 所示。

图 4-1-5　　　　　　　　　　　　　　　图 4-1-6

图 4-1-7　　　　　　　　　　　　　　　图 4-1-8

图 4-1-9

图 4-1-10

图 4-1-11

图 4-1-12

量房操作步骤：前期准备→到达现场→现场环境考察→绘制手绘平面图→房间测量→门窗测量→建筑细节测量→结构测量→电气测量→暖通测量→给水排水测量→图纸数据核对→拍照→整理物品结束测量。

（1）前期准备：在房屋测量时首先评估房型及测量要点（工装与家装有所不同），并选择合适的测量工具。

（2）到达现场：到现场后不要急着画图测量，要先明确测量地址，以便二次复验等后续工作的进行。

（3）现场环境考察：主要是在大脑中构建房屋内部造型及建筑结构体系，以及房屋朝向及户外环境特点等。

（4）绘制手绘平面图：这是最考验设计师水平的一个部分，因为平面图画得准确与否直接影响到后续的计算机输入与设计工作。

（5）房间测量。

①从入口开始按顺时针顺序逐房间测量。

②常规房间仅需要测量 X 轴和 Y 轴两个方向的尺寸。

（6）门窗测量。

①在图纸中注明门窗编号，从入口开始顺时针逐一编写。如入口大门为 D—01，顺时针依次为 D—02、D—03 等；窗户的标注方法相同，只是代号为 W，顺时针依次为 W—01、W—02 等。

②拿出另外一张纸，按图纸门窗编号依次记录测量数据。具体顺序为门窗宽度（用 W 表示）、门窗高度（用 H 表示）、门窗距左（用 L 表示）、门窗距地（用 F 表示）、门窗深度（用 D 表示），特殊情况另行标注。

（7）建筑细节测量：主要是墙体凹凸面以及建筑层高的测量。

（8）结构测量：主要是注明梁柱的尺寸与墙体是否承重等。

（9）～（11）设备类测量：电气测量、暖通测量、给水排水测量的工作依次逐一进行。

（12）图纸数据核对：用眼睛和大脑快速制图，检查尺寸是否有遗漏和补充。

（13）拍照。拍照的作用主要有：

①为设计提供理论基础（特别是周边环境）。

②为现场图纸测量时对造型尺寸不明确部分提供信息支持。

拍照的注意事项：按照先整体后局部的方法，空间足够大时应中心定点360°环拍，建筑结构设备的拍摄要点同图纸。

（14）整理物品结束测量：测量结束后主要有两件事要做：①整理测量物品，避免遗漏；②帮助甲方维护现场，如关窗等。

量房本身是一次沟通交底的过程，还需注意：

（1）到达项目现场后，要清楚到现在为止对现场最清楚的一般是甲方，因此不要急于发表对现场空间的看法。

（2）请甲方对空间的功能、风格提出自己的看法，再根据甲方的要求，并结合现场实际情况，提出适当的改善意见。

（3）现场空间量好后要主动帮助甲方维护现场，因于你的责任感可以增加甲方对你的信任，同时也是进一步沟通交流的契机。

三、装饰施工放线

1. 放线的目的

在建筑施工过程中，其理论尺寸和实际尺寸总存在一定的误差，在装饰施工时不能以计算的理论尺寸为依据，而应以实际尺寸进行装饰施工，这就要求对结构误差采取相应的消化措施。消化结构误差的原则是：保证装修和安装精度要求的部位尺寸，将误差消化在精度要求较低的部位。

2. 放线的重要性

（1）影响施工过程中材料的用量。

①针对大体量的精装修工程，通过科学的放线，一定能使"通用"和"辅助"材料在下料过程中被最大化利用，减少材料的损耗，减少现场垃圾，减少施工人员的重新计算工作。

②放线对木石的加工精度也有至关重要的作用。通过科学放线、深化，完全可使木石的加工模数单元化，加强木石加工的可控性，减少材料的用量，同时减少木石供应商借机提价的机会。

（2）影响施工进度。放线分为基础砖木结构放线、水电路走向放线、机电安装走向放线、瓦工粉刷完成面放线、墙地砖完成面放线、油工粉刷完成面放线、软硬包完成面放线、石材完成面放线、木饰面完成面放线。

每个步骤的放线工作如没有如期优质完成，则必然导致下步工序延迟，积少成多，前面的工作拖延后面工作，后期将变成主观抢工状态。

现场的放线时间长短直接影响施工的进度，从而影响施工总进度。

（3）影响最终效果。装饰工程的效果也是靠高超技艺来实现的，横、平、竖、直、净、光、顺是装饰工程效果的基本要求，但这些都与各个阶段的放线工作有关。一个阶段的放线不到位，就会严重影响最终效果，导致不横、不平、不竖、不直、不净、不光、不顺。

水平基准线控制横；粉刷完成线控制平；垂直线控制竖；阴阳角完成线控制直；各类材料交界面放线控制净；机电安装放线控制顺。

好的装饰效果离不开精准的施工及有效的科学管理。

（4）体现施工团队的合作度。放线过程中涉及施工班组、木饰面供应商、石材供应商、机电安装配套商、原设计单位等多个方面，各方工作的轴线确定就是放线工作，它是联系各方的纽带，是唯一的标准，是成功的依据。

装饰总包单位协调各个配合单位的重要性很突出，放线不到位，各方都有损失。

装饰工程的对象包括了三个层面：客户甲方、施工班组、材料供应商。

除去客户甲方，施工班组和材料供应商组成一个统一的、和谐的大团队，因此重视放线工作，能使团队真正实现和谐。

3. 放线的前期准备

（1）办公室内的准备工作：阅读核对并审核所有的建筑、装饰施工图纸，防止尺寸出错，互相矛盾，如图 4-1-13 所示。

图 4-1-13

①阅读建筑图纸中的总平面图，再了解该建筑的首层 ±0.000 和每层的层高。

②组织深化设计、施工员、各班组仔细阅读建筑施工图中相关的立面图和剖面图，看看立面的门、窗和装修图纸设计中的位置、尺寸等是否有出入。

③仔细阅读相关的水、电、暖、消防安装施工图，了解出入口和走向定位，并判断是否与装修图纸吻合。

④整理图纸中发现的各类问题，报相关人员，必须在现场放线过程中一一解决。

⑤制订放线计划，组织放线人员，准备放线工具，掌握图纸中的主控线和轴线，如图 4-1-14、图 4-1-15 所示。

图 4-1-14

图 4-1-15

（2）放线的现场准备工作。

①根据建筑总平面图到现场草测，核对图纸上的理论尺寸与现场实际尺寸是否吻合，现场找出土建的轴线和主控线，如图 4-1-16 所示。

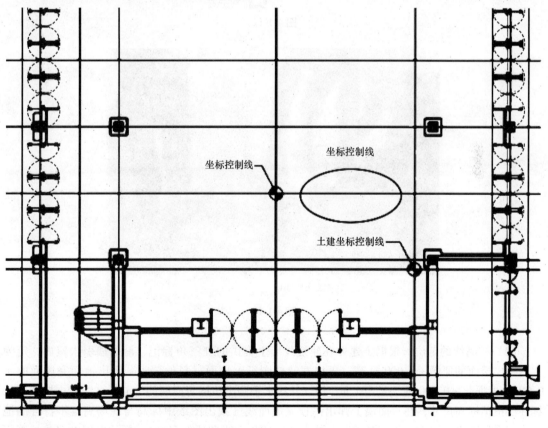

图 4-1-16

②仔细查阅装饰施工图纸，开始准备放线。

4. 放线的实施步骤

（1）主控线和轴线的定位：根据土建的轴线平移，将能贯穿整个平面的一条线，定为施工中地面的轴线，再根据地面轴线用红外线反引到墙、顶上，成为贯穿顶地墙的轴线。再在主轴线上找出合适的位置，定出坐标线，将这两条坐标线定为主控线，如图 4-1-17、图 4-1-18 所示。

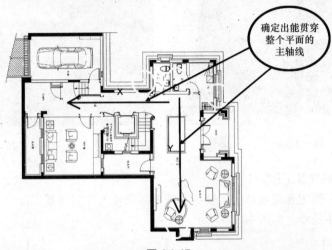

确定出能贯穿整个平面的主轴线

图 4-1-17

确定主控制线

图 4-1-18

（2）标高线的定位：根据土建方在建筑外墙上提供的红三角标记，沿外墙引入室内，定为室内一层楼面的原始 ±0.000 标高，再根据装修图纸上地面材料的要求，定出地面完成面的 ±0.000，根据此 ±0.000 向上量出 1 m，用红外线水平测出该层每面墙的 1 m 标高线，再按照图纸标注的吊顶标高尺寸，在每面墙上弹出吊顶完成面线（找出图纸中标高与现场高度不符合的地方，记在吊顶平面图上，测试各种隐蔽的设备管道是否能在顶部安装），标示出机电安装控制标高线，最后根据该建筑的层高依次放出每层的标高线，如图 4-1-19 所示。

①确定墙面控制线，如图 4-1-20 所示。

②确定家具完成面控制线，如图 4-1-21 所示。

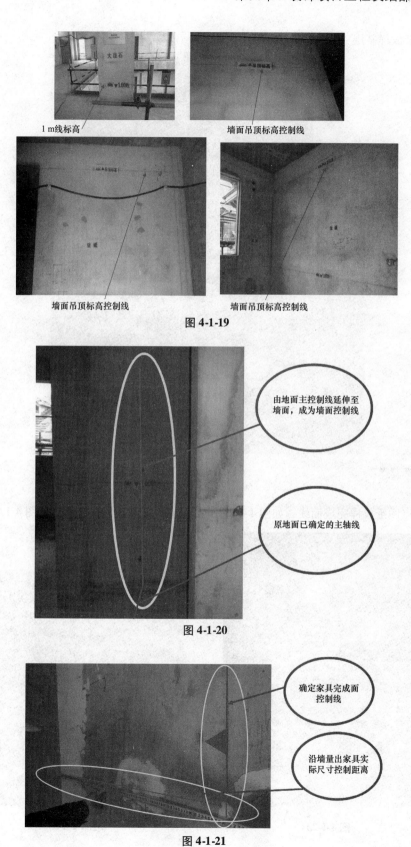

1 m线标高

墙面吊顶标高控制线

墙面吊顶标高控制线

墙面吊顶标高控制线

图 4-1-19

由地面主控制线延伸至墙面，成为墙面控制线

原地面已确定的主轴线

图 4-1-20

确定家具完成面控制线

沿墙量出家具实际尺寸控制距离

图 4-1-21

③按图纸放样基层完成面线，如图4-1-22所示。

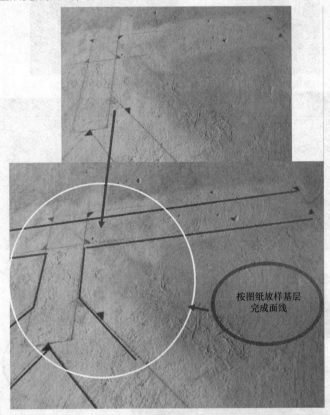

图 4-1-22

④按节点图纸放样完成面线，如图4-1-23所示；按图纸标示材料名称，如图4-1-24所示。

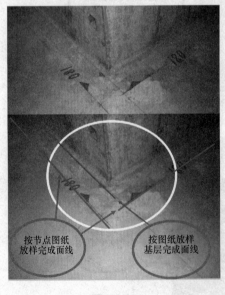

图 4-1-23

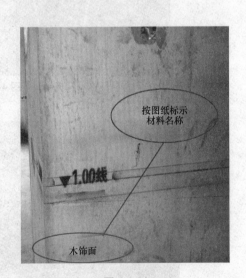

图 4-1-24

⑤按图纸弹出吊顶标高线，如图 4-1-25 所示。

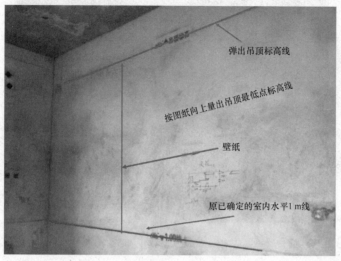

图 4-1-25

⑥按图纸 1:1 放样吊顶造型，做控制线，如图 4-1-26 所示。

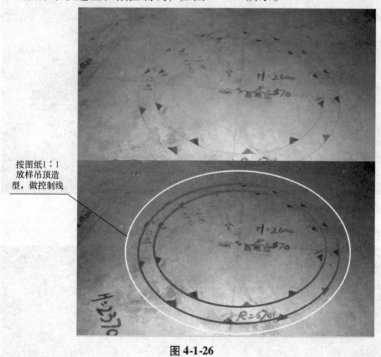

图 4-1-26

（3）根据主轴线，测出土建墙面的平整度、方正度，也测量一下垂直度，是否满足粉刷完成面，放出各层、各区域新砌墙体的完成面线，原墙面瓦工需粉刷的完成面线，木饰面、软硬包、石材干挂、石材湿贴的完成面线，如图 4-1-27 所示。

（4）把吊顶造型大样放到对应地面上，标出送回风口尺寸、灯具尺寸，烟感、喷淋的定位，找出图纸尺寸与现场尺寸不符合的地方，记在顶平面图上，供设计深化，如图 4-1-28 ～ 图 4-1-30 所示。

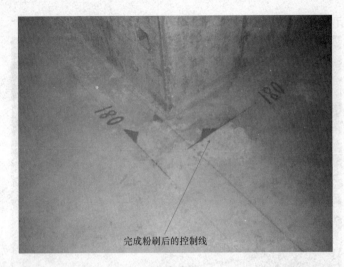

完成粉刷后的控制线

图 4-1-27

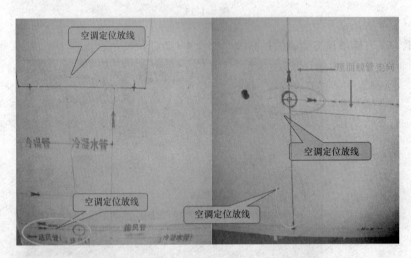

空调定位放线

冷凝管　冷凝水管

空调定位放线

送风管　回风管　冷凝水管

顶面线管走向

空调定位放线

空调定位放线

图 4-1-28

烟感定位

图 4-1-29

（5）测出走廊中间的控制线，以此线作为走廊的基准线，调整与走廊有关的门套内、外侧墙面的完成面线，也定出门套的完成面线，如图 4-1-31 所示。

（6）被粉刷校正的墙面、地面找平，顶面造型以及木基层覆盖掉的线，重新放线，也就是所说的二次放线，如图 4-1-32 所示。

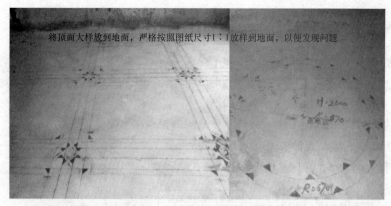

图 4-1-30

图 4-1-31

图 4-1-32

四、母图与装饰驻场施工

1. 母图的概念

母图（完成面平面图）就是把传统意义的平面图通过综合放线，进行系统的分析整理，绘制成与现场尺寸相吻合的基准完成面平面图纸。

母图与现场放线、完成面图纸、材料下单之间的关系很重要。

2. 母图与工程进场放线的工序流程

母图与工程进场放线的工序流程，如图4-1-33所示。

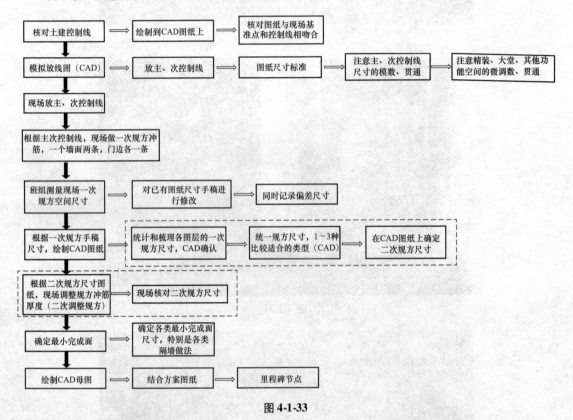

图 4-1-33

注：有的空间现场没有墙体，需二次做隔墙、砌墙，所以需要第二次放相关的主、次控制线和测量现场尺寸、规方冲筋的尺寸；门套统一是基础也是关键。

精装修公寓、客房标准层工程适合此流程，其他空间如大堂、会所等不同空间要求的精装修工程，虚线处可跳过。

（1）核对土建控制线。

①总包移交控制线和总包移交1 m水平线，如图4-1-34所示。

②将现场土建移交控制线绘制到CAD图纸中，核对图纸与现场基准点和控制线相吻合，如图4-1-35所示。

③图纸尺寸与现场尺寸必须相吻合，如图4-1-36所示。

④如果现场未移交：首先，在图纸上模拟电梯厅中轴线；接着，根据土建墙体中轴线推出电梯厅中轴线；然后，根据电梯厅中轴线及平面图纸推出现场主控线；最后，根据最低层和最高层

的电梯厅中轴线从电梯井内吊钢直线，通过钢直线验证每层楼电梯间中轴线的准确性，逐层推出主控制线，如图4-1-37所示。

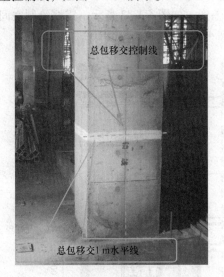

图 4-1-34

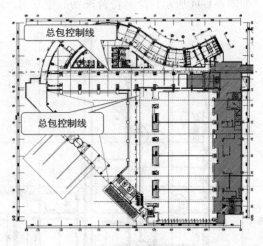

图 4-1-35

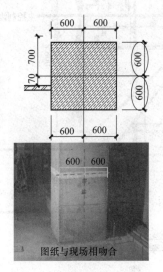

图 4-1-36

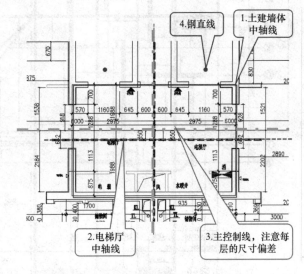

图 4-1-37

（2）模拟放线图（CAD）。

①根据土建控制线推出装饰主控制线。主控制线保证贯通，如图4-1-38所示。

②需要保证每个空间十字交叉线，需要标注控制线到墙面的尺寸和标注控制线到门洞两侧的尺寸，如图4-1-39所示。

③须标注好门洞口尺寸和墙体尺寸，如图4-1-40所示。

（3）现场放主、次控制线。根据模拟放线图现场进行主、次控制线放线，如图4-1-41所示。

（4）测量现场空间尺寸，记录偏差：对已有图纸尺寸手稿进行修改，同时记录偏差尺寸，如土建偏差尺寸记录，如图4-1-42所示。

（5）绘制符合现场的兜方（现场地砖铺贴放线兜方：避免小于三分之一块砖出现。在这个基础上省砖，以大块留在可见区域为原则放线排砖；也可以拉直角，算出第一块砖的浪费位，然后推算就可以了）。图纸：需要绘制符合现场的墙体偏差图，如图 4-1-43 所示；需要绘制空间规方图，如图 4-1-44 所示；绘制符合现场的兜方图，如图 4-1-45 所示。

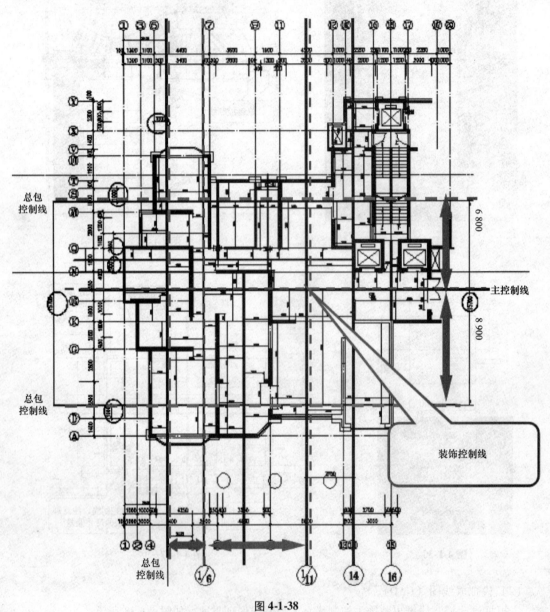

图 4-1-38

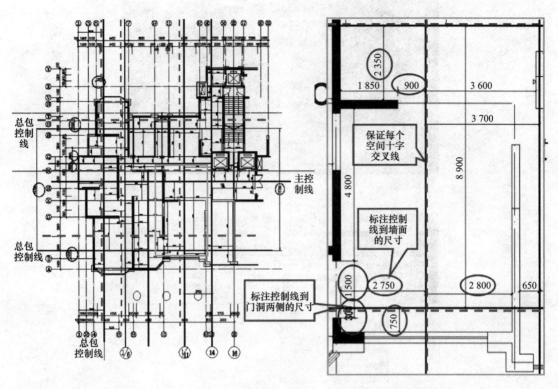

图 4-1-39

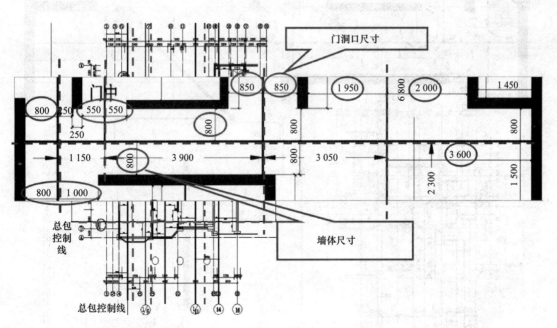

图 4-1-40

图 4-1-41

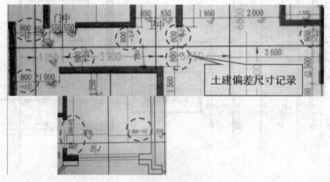

图 4-1-42

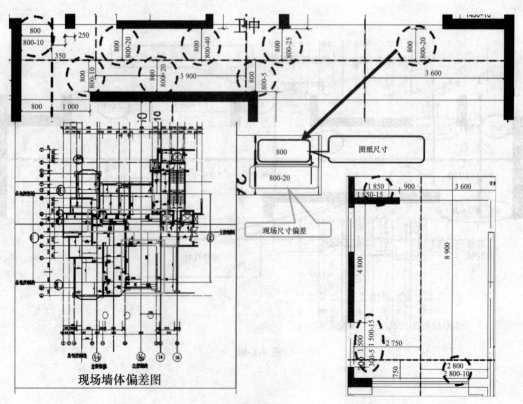

图 4-1-43

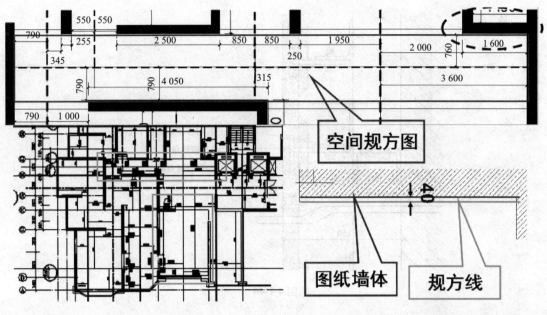

图 4-1-44

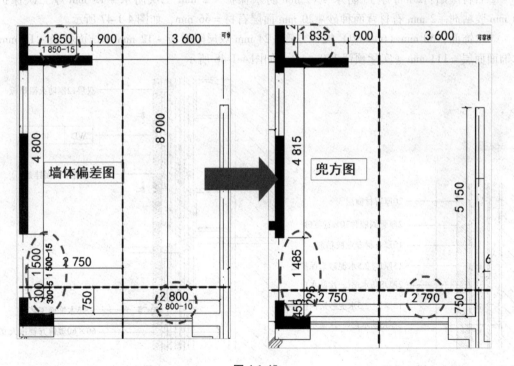

图 4-1-45

（6）确认最小完成面：确认最小完成面就是把现场实际工作做法通过通用节点的形式反映出来（根据每个项目施工工艺做法的不同，最小完成面的尺寸也各不相同）。

①石材干挂：60 mm（60×60）镀锌方管 + 50 mm（5 号）镀锌角钢 + 20 mm 石材与角钢间隙 + 20 mm 石材厚度 = 150 mm，如图 4-1-46 所示。

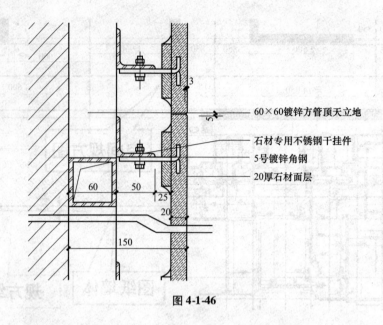

60×60镀锌方管顶天立地

石材专用不锈钢干挂件

5号镀锌角钢

20厚石材面层

图 4-1-46

②石材湿贴：2 mm 厚 JS 防水 + 15 mm 防水保护 + 2 mm 二次防水 + 15 mm 厚二次保护 + 10 mm 胶粘剂 + 2 mm 石材背面种砂 + 20 mm 面层石材 = 66 mm，如图 4-1-47 所示。

③木饰面：60 mm（60 × 60）镀锌方管 + 24 mm 双层阻燃板 + 12 mm 木饰面挂条 + 15 mm 厚木饰面面层 = 111 mm（实际预留 110 mm），如图 4-1-48 所示。

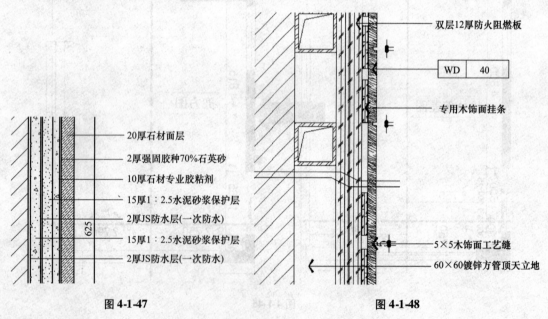

20厚石材面层

2厚强固胶种70%石英砂

10厚石材专业胶粘剂

15厚1：2.5水泥砂浆保护层

2厚JS防水层（一次防水）

15厚1：2.5水泥砂浆保护层

2厚JS防水层（一次防水）

双层12厚防火阻燃板

WD | 40

专用木饰面挂条

5×5木饰面工艺缝

60×60镀锌方管顶天立地

图 4-1-47   图 4-1-48

④软包：20 mm（20 × 40）镀锌方管 + 18 mm 双层阻燃板 + 25 mm 软包面层 = 63 mm（实际预留 65 mm），如图 4-1-49 所示。

（7）绘制完成面基准平面图：按照装饰结构最小完成面尺寸绘制，必须与现场尺寸相吻合的基准完成面平面图纸（即母图），如图 4-1-50 所示。

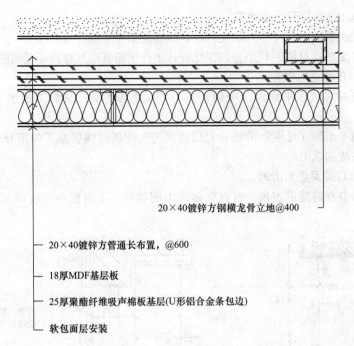

20×40镀锌方钢横龙骨立地@400

— 20×40镀锌方管通长布置，@600

— 18厚MDF基层板

— 25厚聚酯纤维吸声棉板基层(U形铝合金条包边)

— 软包面层安装

图 4-1-49

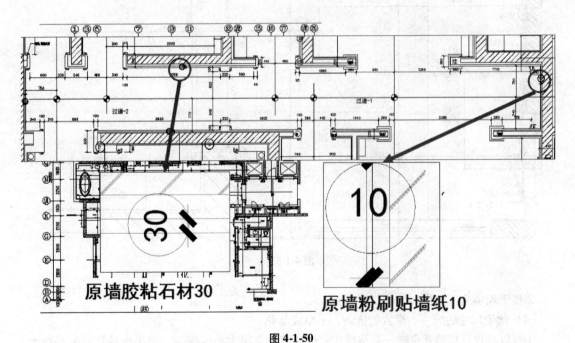

原墙胶粘石材30

原墙粉刷贴墙纸10

图 4-1-50

3. 母图的作用

（1）深化设计工作准确有效的基础。

①可以使深化设计与各岗位之间实现无缝对接。

②深化设计的标准更加明确。

③提高项目施工图深化设计的效率。

④前期将完成面平面图（母图）深化到位，后续的工作才能有效展开。

⑤与完成面平面图（母图）相结合的深化设计工作才能真正具有指导现场施工的作用。

（2）让图纸与现场更加吻合。

①深化设计通过完成面平面图（母图）进行相关图纸深化，使施工图纸与现场尺寸更加吻合。

②通过完成面平面图（母图）的深化可以提高施工图纸对现场施工的指导作用，减少因图纸理解不到位而造成的返工。

（3）让平面收口关系更加清晰。

①母图是收口节点的简单表现，可直观体现不同材料、不同造型的收口关系，如图4-1-51所示。

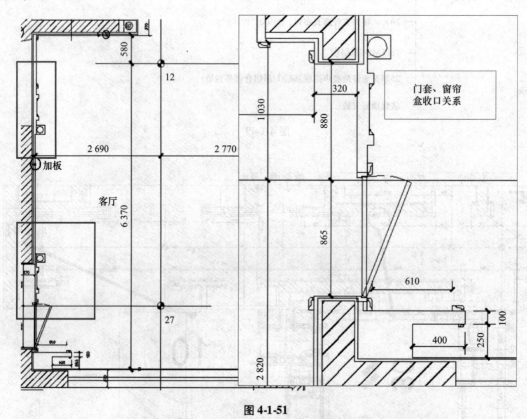

图 4-1-51

②便于现场施工放线。

（4）便于尺寸的统一、模数的统一，下单成品化。

①可以通过寻找消耗点统一造型尺寸：保证装饰空间大小的统一。如果现场尺寸偏差过大，可统一归类2种或3种尺寸，如图4-1-52所示。

②便于现场基层成品化加工：门、门套、墙面木饰面、造型石材挂板都可以保证尺寸的统一、方便下单，如图4-1-53所示；所有龙骨可实现后场批量切割，现场组装，实现半成品化加工，如图4-1-54所示。

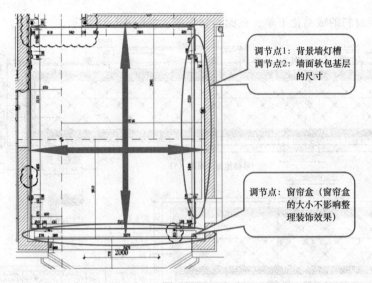

调节点1：背景墙灯槽
调节点2：墙面软包基层
　　　　的尺寸

调节点：窗帘盒（窗帘盒
的大小不影响整
理装饰效果）

图 4-1-52

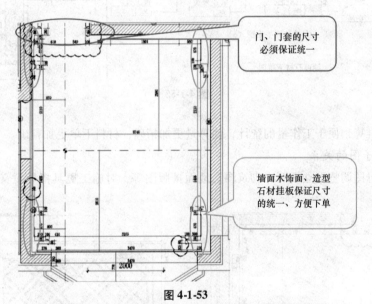

门、门套的尺寸
必须保证统一

墙面木饰面、造型
石材挂板保证尺寸
的统一、方便下单

图 4-1-53

图 4-1-54

③便于面层材料的成品化下单，地面石材下单，如图4-1-55所示。

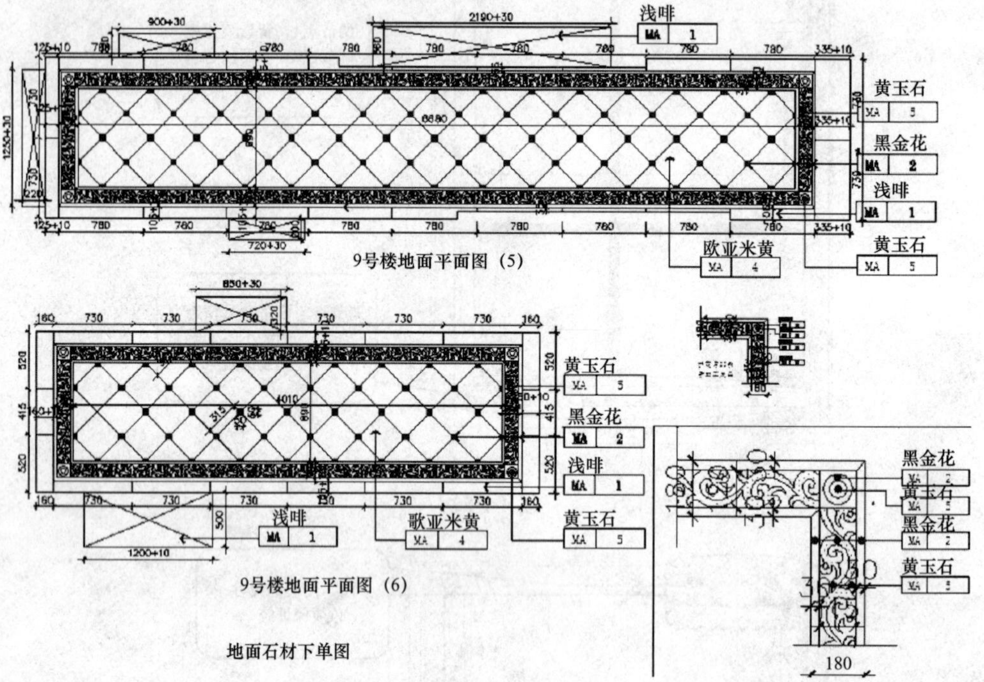

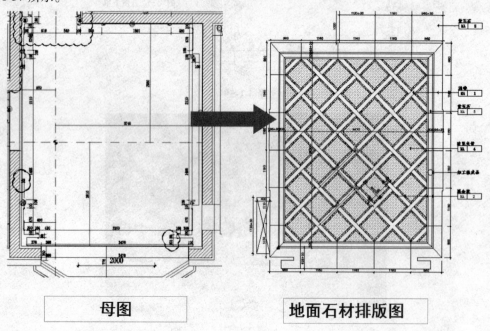

9号楼地面平面图（5）

9号楼地面平面图（6）

地面石材下单图

图 4-1-55

（5）以图推算：便于工作量的统计，使算量更加精确；材料下单更加精确。

4. 母图与子图的关系

（1）通过母图调整平立面图、砌筑图、地面排版图等，对施工更具指导意义，如图4-1-56、图4-1-57所示。

母图 地面石材排版图

图 4-1-56

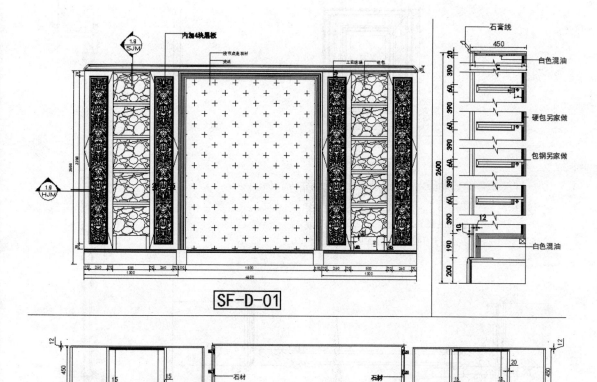

图 4-1-57

（2）母图是子图的依据和保障，如图 4-1-58 所示。

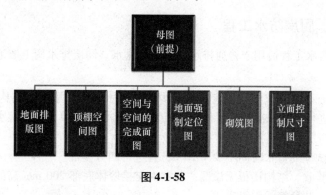

图 4-1-58

（3）认真精确地完成项目中需要楼层的母图，是深化设计工作的起点，也是与现场施工相吻合的起点。它使深化工作更加清晰，目标更加明确，如图 4-1-59 所示。

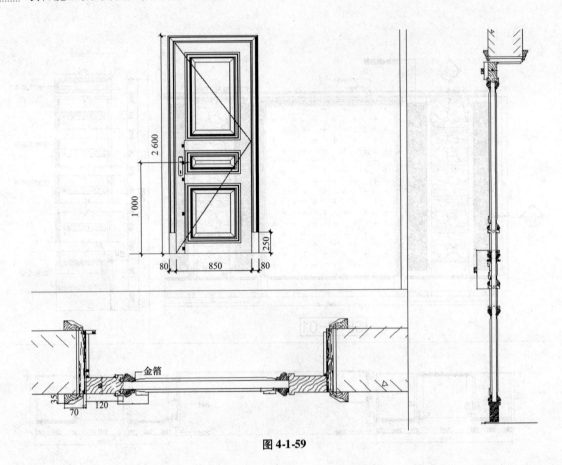

图 4-1-59

第二节　防水工程

一、卫生间、厨房防水工程

卫生间、厨房防水工程适用于普通排水、非同层排水、同层排水厨卫墙地面防水的施工。

1. 作业条件

（1）卫生间等有防水要求的部位应进行至少三次蓄水试验：第一次结构地面蓄水试验，蓄水由土建总包负责进行；第二次精装单位防水层完成后，由精装单位进行蓄水试验；第三次待面层施工完毕后对淋浴房区域单独进行蓄水试验。

（2）每次蓄水试验的蓄水时间不少于 24 h，且进行四方签证。

（3）土建交接验收，结构楼板无渗漏；与室内交接墙体底部 200 mm 高的结构导墙已完成。

（4）隐蔽工程安装及管线敷设完成。

（5）下层楼板吊顶吊筋及设施、设备支架施工全部完成。

（6）结构表面干燥，不空鼓、不起砂，达到一定强度。

（7）淋浴间挡水条、翻梁在结构面上已完成。

（8）施工时环境温度在 5 ℃ 以上。

2. 材料选用要求

（1）综合考虑地面防水的难度、耐久性、可操作性及可检查性，宜选用单组分聚氨酯防水涂料作为地面防水材料。

（2）墙面考虑到防水层与面层材料的黏结性，宜选用聚水涂料。

3. 施工工艺流程

施工工艺流程：基层清理→涂刷防水涂膜→闭水试验→防水保护层。

（1）基层清理。将基层表面的尘土、沙粒、浮浆、硬块等附着物清理干净，地面局部破损处进行找平修补。

（2）涂刷防水涂膜。

①地面：防水涂膜层分 2~3 遍成活。a. 细部附加层施工：对上、下水管井混凝土翻边（蜂窝、麻面等）用堵漏王进行修补，待干后对防水薄弱部位进行加强处理，必要时在基层面上加铺无纺布。b. 涂刮第一遍涂膜防水层：用橡胶刮板将单组分聚氨酯防水涂料在基层表面满刮一遍，涂刮要均匀一致、不露底。涂布率以 0.6~0.8 kg/m² 为宜。c. 涂刮第二遍涂膜防水层：在第一遍涂膜防水层固化干燥后（4 h），进行第二遍涂刮。平面的涂刮方向应与第一遍涂刮方向相垂直，涂刮均匀。涂刮量与第一遍相同。d. 涂刮第三遍涂膜防水层：第二遍涂膜防水层固化干燥后，进行第三遍涂刮。涂刮方法及涂刮方向与第一遍相同。聚氨酯防水涂料的涂刮依次进行，确保涂层达到 2 mm。e. 稀撒砂粒：在最后一遍涂膜防水层完成后，随即稀撒干净、干燥的粗砂，砂粒黏粘固化后，形成粗糙表面，增加保护层的黏结力。

②墙面：防水涂膜层分 2~3 遍成活。a. 渗透剂涂布：用原液∶水 = 1∶19 的比例充分搅拌，用毛刷或滚筒均匀涂布防水面，保养 0.5~3 h，达到进一步清理基面、修复细小裂缝的作用，使防水层与基面结合得更紧密。b. 细部附加层施工：穿墙管与墙面阴阳角部位用原液∶混合材 = 1∶3 的比例进行嵌缝加强处理，保养 6~12 h。c. 防水层涂布：第一遍用原液∶混合材 = 1∶1 的比例充分搅拌后，先用瓦刀涂装再用刷子进行 8 形自上而下涂刷；第二遍按照同样比例的防水材料进行涂刷，涂刷方向与第一遍时垂直，确保纵横均匀涂刷。防水层总厚度达到 0.8~1 mm 即可。

（3）闭水试验。待防水层完全干后（涂刷后 10 h）进行 24 h 闭水试验，确认不漏水后，对防水层进行有效保护，方可进行下道工序。待所有装饰面层完工后，对淋浴房区域做二次闭水试验，蓄水时间也为 24 h。

（4）防水保护层。地面闭水试验完成后，抹 1∶2 的水泥砂浆作为保护层，厚度以 20 mm 为宜。

4. 质量标准

（1）主控项目。

①涂膜防水的品种、牌号及配合比，必须符合工程要求和有关规范要求，每批产品应附有出厂合格证。

②不得出现空鼓、开裂、气泡、褶皱，黏结牢固。

③墙面涂膜配合比准确，搅拌均匀。

④卫生间湿区（如沐浴房、浴缸）的墙面防水高度不低于 2 000 mm，干区的墙面防水高度不低于 500 mm，且高于该区域所有给水点位置 100 mm。

（2）一般项目。

①涂刷方法、搭接、收头应符合施工规范要求。

②涂膜防水层应涂刷均匀，不能有损伤、厚度不匀等缺陷。

5. 成品保护

（1）已涂刷完成的涂膜防水层，应及时采取保护措施，不得损坏；如在防水层上施工，操作人员应穿软质胶底鞋；如在防水层上搭设临时扶梯、架子等工具，工具的落脚处应用皮质包裹或加以板材铺设。

（2）涂膜防水层施工完成后，该区域须进行封闭，任何作业人员不得进入。待凝固后，即可做防水砂浆保护层。

6. 卫生间、厨房防水工程示意图

（1）厨卫门套基层根部防水施工示意图（表4-2-1）。

表4-2-1

项目名称	防水工程	名　称	厨卫门套基层根部防水施工示意图
适用范围	卫生间、厨房间、洗衣房	备　注	2 500 元/m² 以上产品标准

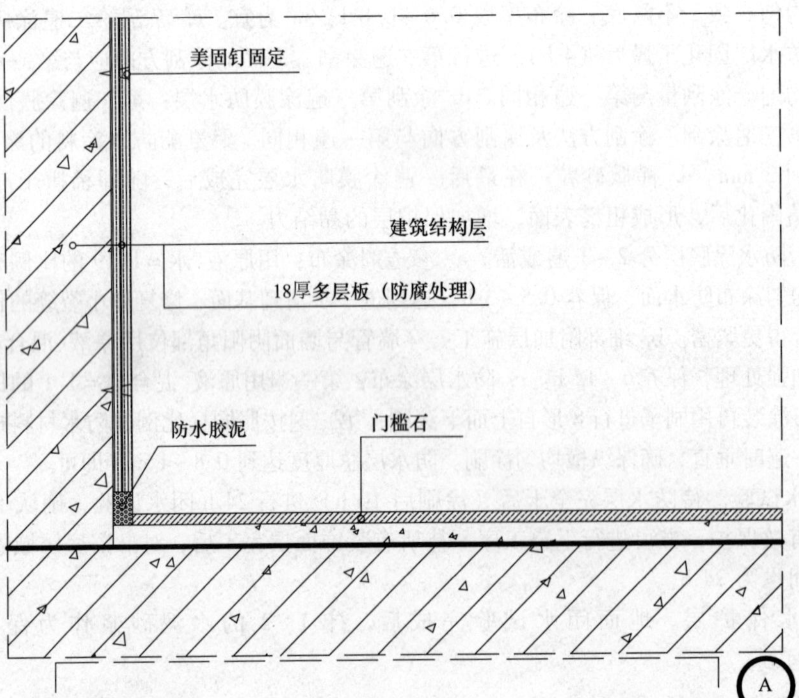

重点说明：

1. 卫生间、厨房间门框基层板根部与门槛石面留缝约20 mm，根部用柔性防水胶泥（或油膏）填实，防止水汽渗入门框内，引起油漆饰面变形、发霉。

2. 门框木质基层需进行三防处理（防火、防腐、防潮）。

（注：2 500 元/m² 以下产品取消门套基层和固定贴片，门洞内侧粉刷完毕后用发泡剂直接黏结固定。）

（2）同层排水卫生间地面防水施工示意图（石材或瓷砖）（表4-2-2）。

表 4-2-2

项目名称	防水工程	名　称	同层排水卫生间地面防水施工示意图
适用范围	卫生间	备　注	

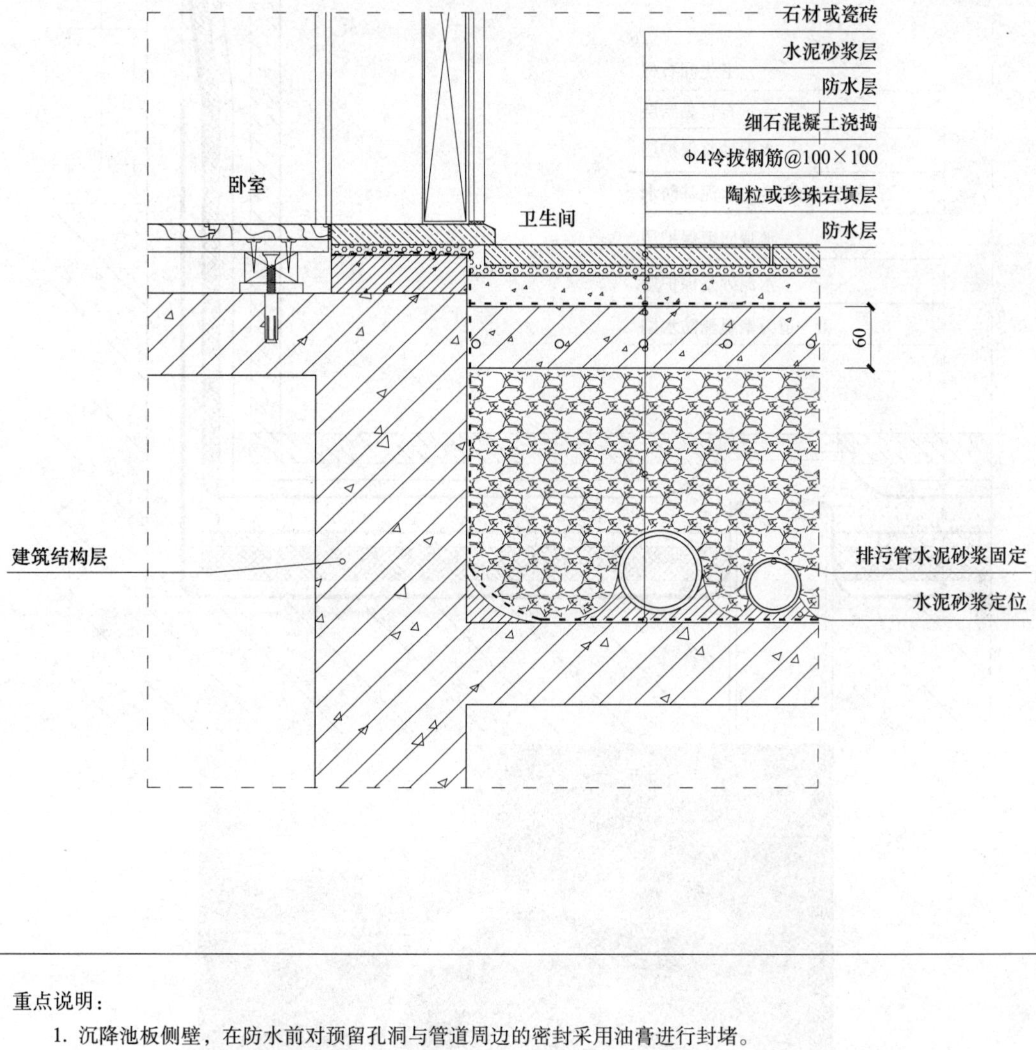

石材或瓷砖
水泥砂浆层
防水层
细石混凝土浇捣
Φ4冷拔钢筋@100×100
陶粒或珍珠岩填层
防水层

卧室　　卫生间

60

建筑结构层

排污管水泥砂浆固定
水泥砂浆定位

重点说明：

1. 沉降池板侧壁，在防水前对预留孔洞与管道周边的密封采用油膏进行封堵。

2. 淋浴房、浴缸对应部位的地面增设结构地漏，防止沉降池内积水。

3. 原建筑结构面需进行防水处理，并做楼地面蓄水试验。

4. 排污管定位后用水泥砂浆固定，用陶粒或珍珠岩填层，上部须浇捣钢筋混凝土楼板，四周用圆钢植筋，再进行统一墙地面防水处理。

（注：同层排水的降板防水工艺施工较为困难，建议在第一层防水施工验收后再进行排水管线的安装，安装时不能用吊杆及管卡固定管线，防止打穿防水层，用水泥砂浆做支架固定。）

（3）卫生间地面防水构造示意图（表4-2-3）。

表 4-2-3

项目名称	防水工程	名 称	卫生间地面防水构造示意图
适用范围	卫生间	备 注	有地暖

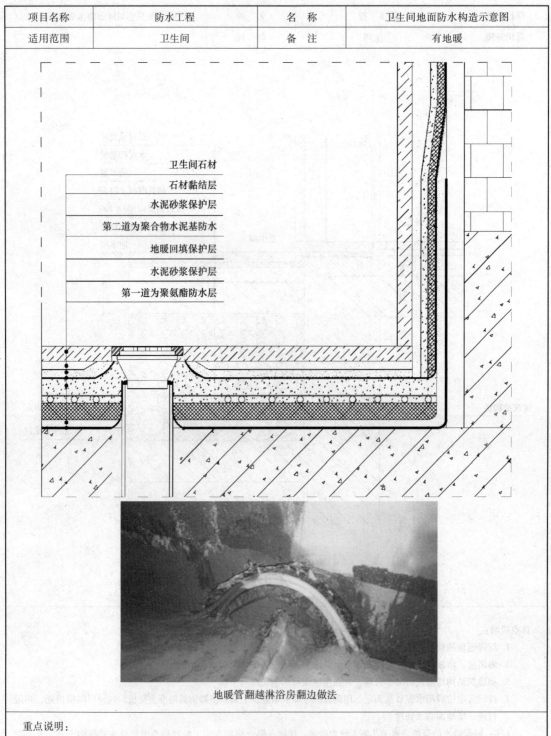

卫生间石材

石材黏结层

水泥砂浆保护层

第二道为聚合物水泥基防水

地暖回填保护层

水泥砂浆保护层

第一道为聚氨酯防水层

地暖管翻越淋浴房翻边做法

重点说明：

有地热的线缆、水管进入淋浴区，不得从地面敷管，要求从墙面进入淋浴区，保证淋浴防水挡边的完整性；任何管线不应穿过防水翻边和挡水条。

（4）淋浴房防水盆施工示意图（表4-2-4）。

表4-2-4

项目名称	防水工程	名　称	淋浴房防水盆施工示意图
适用范围	卫生间	备　注	3 000元/m² 及以上产品标准

1.基层制作完成　　　　　　　　　　2.淋浴槽安放

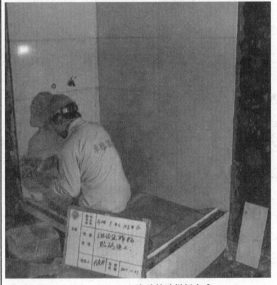 

3.瓷砖粘贴样板完成　　　　　　　4.淋浴房防水盆施工完成

重点说明：

1. 墙面需1∶2水泥砂浆抹灰，底部预留盆高，槽下口应外低内高。

2. 整体防水完成后，淋浴盆固定必须牢固、不晃动。

3. 淋浴盆固定后与墙面凹槽处须做加强防水。

4. 在户型优化阶段须考虑防水盆定制淋浴尺寸的统一性问题；当卫生间降板达到80 mm或为同层排水卫生间时，可使用防水盆。

（5）卫生间门槛石翻边施工示意图（表4-2-5）。

表 4-2-5

项目名称	防水工程	名　称	卫生间门槛石翻边施工示意图
适用范围	卫生间	备　注	通　用

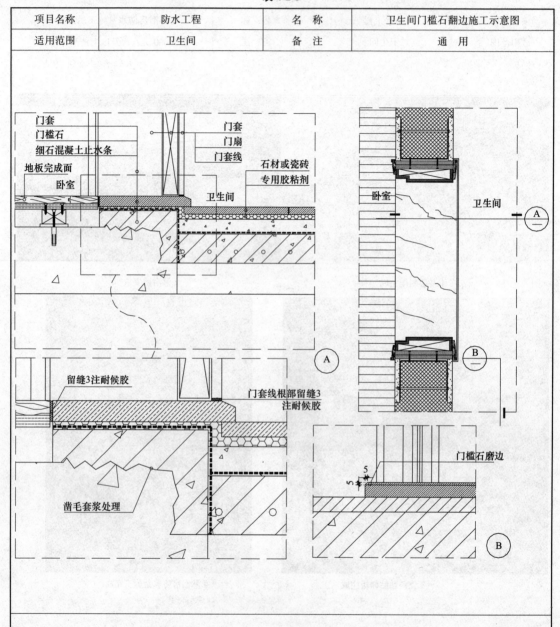

重点说明：

1. 卫生间（设计有高差要求）门槛石基层必须设止水带，采用细石混凝土浇筑而成，门樘板下口做止水条（带），止水条（带）下须凿毛套浆处理，并与地面做统一防水。止水条（带）标高应低于非防水区域地面完成面约30 mm或低于室内水平约10 mm，门槛石用专用胶粘剂铺贴。

2. 卫生间门框基层板根部与门槛石面留缝约20 mm，根部用防水胶泥填实，防止水汽渗入门框内，引起油漆饰面变形、发霉。

3. 门框木质基层须进行三防处理（防火、防腐、防潮），为避免门套受潮发霉，门套及门套线安装在门槛石上，门套线根部留3 mm缝注耐候胶（颜色与门套线同色系）。

（6）卫生间移动门淋浴房石材施工示意图（表4-2-6）。

表 4-2-6

项目名称	防水工程	名 称	卫生间移动门淋浴房石材施工示意图
适用范围	卫生间	备 注	通 用

重点说明：

1. 工序：准备工作→弹线→翻边钢筋预植→翻边制模浇捣→防水处理→水泥砂浆结合层→刷专用胶粘剂→铺地面石材→灌缝、擦缝→石材晶面处理。

2. 淋浴房挡水条需按设计图纸要求现场弹线，结构楼面预植 Φ6 钢筋，间距不大于 300 mm，在顶端处焊接 Φ6 钢筋连接，制模浇捣翻边，翻边处地面应预先凿毛，采用细石混凝土（瓜子片）浇捣，挡水翻边与墙体交接处应伸入墙体 20 mm，并与地面统一做防水处理，地沟宽度应根据地漏规格确定。

3. 铣槽淋浴房地面石材应选用密实性较高石材，厚度 20 mm 以上，防滑槽上口需做小圆角并抛光处理；挡水条与墙面交接处需用云石胶嵌实。

4. 淋浴房石材需用湿铺工艺铺贴，净空单边不大于 1 050 mm 的淋浴间，不能内开门。

（7）卫生间开门淋浴房石材施工示意图（表4-2-7）。

表 4-2-7

项目名称	防水工程	名　　称	卫生间开门淋浴房石材施工示意图
适用范围	卫生间	备　　注	通　用

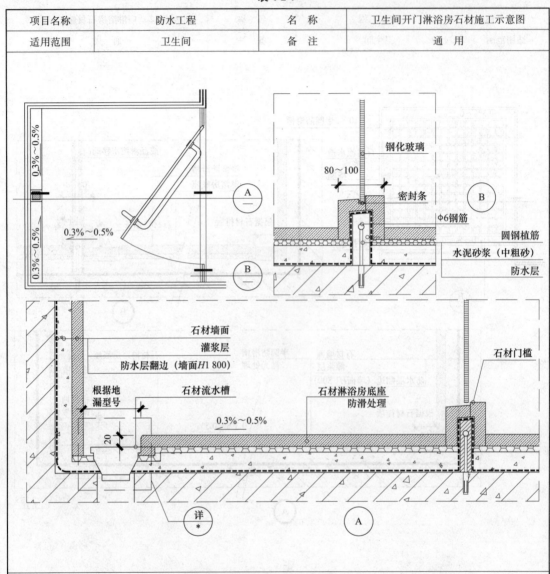

重点说明：

1. 工序：准备工作→弹线→翻边钢筋预植→翻边制模浇捣→防水处理→水泥砂浆结合层→刷专用胶粘剂→铺地面石材→灌缝、擦缝→石材晶面处理。

2. 淋浴房挡水条需按设计图纸要求现场弹线，结构楼面预植 Φ6 钢筋，间距不大于300 mm，在顶端处焊接 Φ6 钢筋连接，制模浇捣翻边，翻边处地面应预先凿毛，采用细石混凝土（瓜子片）浇捣，挡水翻边与墙体交接处应伸入墙体20 mm，并与地面统一做防水处理。靠墙安装的玻璃开门五金合页，需预埋3 mm厚镀锌铁件与结构墙体固定。地沟宽度应根据地漏规格确定。

3. 铣槽淋浴房地面石材应选用密实性较高石材，厚度20 mm以上，防滑槽上口需做小圆角并抛光处理；挡水条靠淋浴房侧需做止口及倒坡，挡水条与墙面交接处需用云石胶嵌实。

4. 淋浴房石材需用湿铺工艺铺贴，净空单边不大于1 050 mm的淋浴间，不能内开门。

（8）浴缸防水节点施工示意图（表4-2-8）。

表 4-2-8

项目名称	防水工程	名　称	浴缸防水节点施工示意图
适用范围	带浴缸的卫生间	备　注	通　用

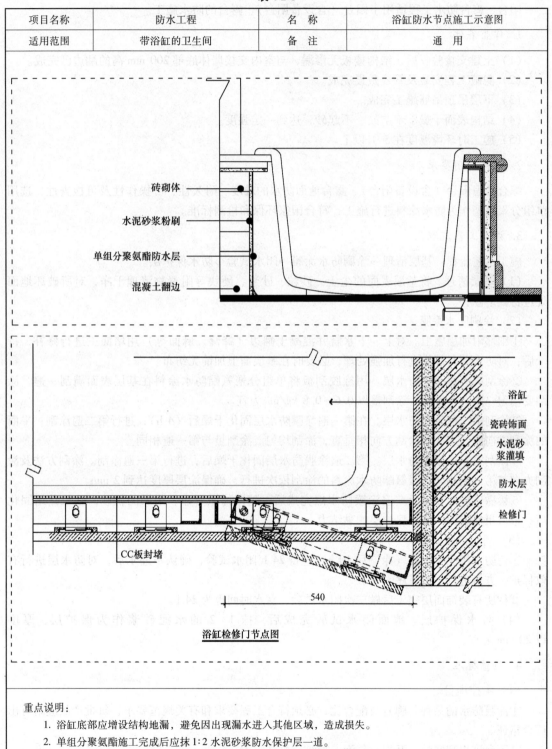

砖砌体

水泥砂浆粉刷

单组分聚氨酯防水层

混凝土翻边

浴缸

瓷砖饰面

水泥砂浆灌填

防水层

检修门

CC板封堵

540

浴缸检修门节点图

重点说明：

1. 浴缸底部应增设结构地漏，避免因出现漏水进入其他区域，造成损失。

2. 单组分聚氨酯施工完成后应抹1:2水泥砂浆防水保护层一道。

3. 侧面钢架在混凝土翻边上，并设置检修暗门。

二、阳台、露台防水工程

阳台、露台防水工程适用于阳台（含设备阳台）、露台的防水施工。

1. 作业条件

（1）土建交接验收后，结构楼板无渗漏，与室内交接墙体底部 200 mm 高的翻边已完成。

（2）隐蔽工程安装及管线敷设完成。

（3）下层吊顶吊筋施工完成。

（4）结构表面干燥、不空鼓、不起砂，达到一定强度。

（5）施工时环境温度在 5 ℃以上。

2. 材料选用要求

综合考虑阳台（含设备阳台）、露台地面防水的难度、耐久性、可操作性及可检查性，选用单组分聚氨酯作为防水涂料进行施工，符合国家环保和检测标准。

3. 施工工艺流程

施工工艺流程：基层清理→涂刷防水涂膜→闭水试验→防水保护层。

（1）基层清理。将基层表面的尘土、砂粒、砂浆、硬块等附着物清理干净，对所破坏地面处进行找平修补。

（2）涂刷防水涂膜。

①细部附加层施工。对上、下水管井混凝土翻边（蜂窝、麻面等）用堵漏王进行修补，待干后，对防水薄弱部位进行加强处理，必要时在基层面上加铺无纺布。

②涂刮第一遍涂膜防水层。用橡胶刮板将单组分聚氨酯防水涂料在基层表面满刮一遍，涂刮要均匀一致，不露底。涂刮量以 $0.6 \sim 0.8$ kg/m^2 为宜。

③涂刮第二遍涂膜防水层。在第一遍涂膜防水层固化干燥后（4 h），进行第二遍涂刮；平面的涂刮方向应与第一遍涂刮方向相垂直，涂刮均匀。涂刮量与第一遍相同。

④涂刮第三遍涂膜防水层。第二遍涂膜防水层固化干燥后，进行第三遍涂刮。涂刮方法及涂刮方向与第一遍相同。聚氨酯防水涂料的涂刮依次进行，确保涂层厚度达到 2 mm。

⑤稀撒砂粒。在最后一遍涂膜防水层完成后，随即稀撒干净、干燥的粗砂，砂粒黏结固化后，形成粗糙表面，增加保护层的黏结力。

（3）闭水试验。

①待防水层完全干后（涂刷后 10 h）进行 24 h 闭水试验，确认不漏水后，对防水层进行有效保护，方可进行下道工序。

②待所有装饰面层完工后做二次闭水试验，蓄水时间也为 24 h。

（4）防水保护层。地面闭水试验完成后，抹 1∶2 的水泥砂浆作为保护层，厚度以 20 mm 为宜。

4. 质量标准

（1）主控项目。

①涂膜防水的品种、牌号及配合比，必须符合工程要求和有关规范要求，每批产品应附有出厂合格证。

②不允许出现空鼓、开裂、气泡、褶皱，黏结牢固。

（2）一般项目。

①涂刷方法、搭接、收头应符合施工规范要求。

②涂膜防水层应涂刷均匀，不能有损伤、厚度不匀等缺陷。

（3）质量保证措施。

①所有防水施工人员必须经专业培训，持证上岗。

②防水施工前，先要对所有施工人员进行详细交底。

③实行样板制。在进行大面积防水施工前，先做一段样板，总结样板施工部位的优点及缺点，并再次进行现场交底。

④每层防水涂料涂刷完毕后，先由操作人员进行自检，经自检合格后报质量员进行验收，经质量员验收合格后方可涂刷下一层。

5. 成品保护

（1）已涂刷完成的涂膜防水层，应及时采取保护措施，不得损坏；

（2）如在防水层上施工，操作人员应穿软质胶底鞋；

（3）如在防水层上搭设临时扶梯、架子等工具，工具的落脚处应用皮质包裹或加以板材铺设；

（4）涂膜防水层施工完成后须进行封闭，待凝固后即可做防水砂浆保护层。

6. 阳台、露台防水工程示意图

（1）阳台地面与栏杆、栏板防水节点施工示意图（表4-2-9）。

表 4-2-9

项目名称	防水工程	名　称	阳台地面与栏杆、栏板防水节点施工示意图
适用范围	阳台、露台	备　注	通　用

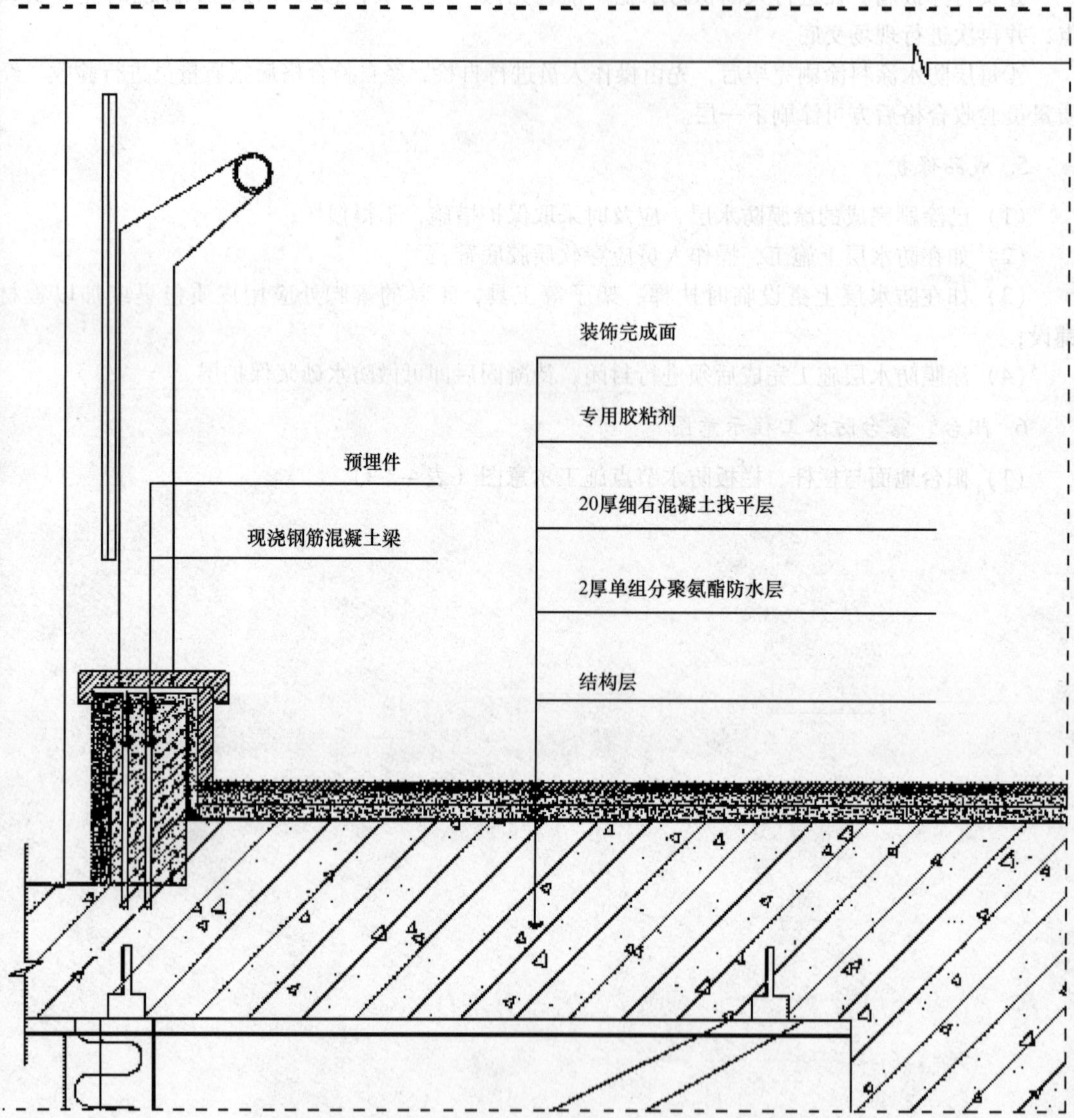

装饰完成面

专用胶粘剂

预埋件

现浇钢筋混凝土梁

20厚细石混凝土找平层

2厚单组分聚氨酯防水层

结构层

重点说明：

玻璃栏板下槛采用 1:2 水泥砂浆掺聚合物防水砂浆 JS 胶乳形成止水带（防水砂浆配合比为水泥:砂:JS 胶乳:水 =1:2:0.2:适量）。

（2）阳台与铝合金门窗底部混凝土翻边施工示意图（表4-2-10）。

表 4-2-10

项目名称	防水工程	名　称	阳台与铝合金门窗底部混凝土翻边施工示意图
适用范围	阳台、露台	备　注	通　用

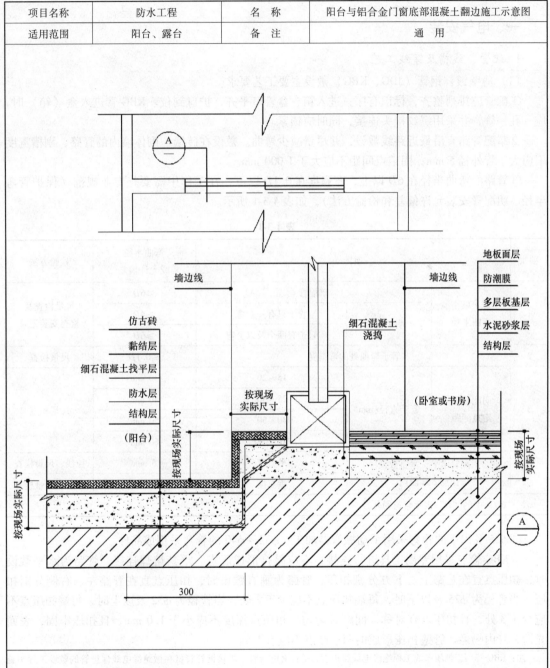

重点说明：

1. 上翻梁外防水层宽度应不小于300 mm。

2. 室内结构面应高于室外结构面，室内地面完成面必须高于室外地面完成面。

3. 阳台铝合金门槛下口采用1:2水泥砂浆掺聚合物防水砂浆JS胶乳填堵密实（防水砂浆配合比为水泥:砂:JS胶乳:水 = 1:2:0.2:适量。）

第三节　安装工程

一、电气安装

1. 配管、线槽及穿线工艺

（1）薄壁镀锌钢管（JDG、KBG）敷设主要工艺要求。

①配管应排列整齐，标识有序；进入箱、盒管口平齐，护口到位。KBG管进入盒（箱）时，应一孔一管，并采用螺纹接头连接，同时应锁紧。

②暗配管路宜沿最近路线敷设，并尽量减少弯曲。敷设在砖墙、砌体墙内的管路，剔槽宽度不应大于管外径5 mm；固定点间距不应大于1 000 mm。

③管路的弯曲半径在6D以上，弯扁度在0.1D以下，在工作中需要查专业规范（保护管弯半径、明配管安装允许偏差和检验方法），如表4-3-1所示。

表 4-3-1

项次	项目			弯曲半径或允许偏差	检验方法
1	管子最小弯曲半径	暗配管		≥6D	尺量检查及检查安装记录
		明配管	管子只有一个弯	≥4D	
			管子有两个及以上弯	≥6D	
2	管子弯曲处的弯扁度			≤0.1D	尺量检查
3	明配管固定点间距	管子直径/mm	15～20	30 mm	尺量检查
			25～30	40 mm	
			40～50	50 mm	
			60～100	60 mm	
4	明配管水平、垂直敷设任意2 m段内		平直度	3 mm	拉线、尺量检查
			垂直度	3 mm	吊线、尺量检查

注："6D"中的"D"表示管道的外径。

④ϕ25及以下的管弯采用手动揻弯器加工；ϕ32～ϕ40的管弯采用成品件。

⑤KBG管应采用专用工具进行连接，不应敲打形成压点。严禁熔焊连接。管路为水平敷设时，扣压点宜在管路上、下方分别扣压；管路为垂直敷设时，扣压点宜在管路左、右侧分别扣压。当管径为ϕ25及以下时，每端扣压点不应少于2处；当管径为ϕ32及以上时，每端扣压点不应少于3处，且扣压点宜对称，间距宜均匀。扣压点深度不应小于1.0 mm，且扣压牢固，表面光滑，管内畅通。管壁扣压形成的凹、凸点不应有毛刺。

注：KBG管用于低压布线工程绝缘电线保护管，是针对电线管、焊接钢管管材在做绝缘电线保护管的敷设工程中施工复杂的状况而研制的，是建筑电气线路敷设的一项重大革新，如图4-3-1所示；JDG管表示套接紧定式镀锌钢导管、电气安装用钢性金属平导管，是一种电气线路最新型保护用导管。连接套管及其金属附件采用螺钉紧定连接技术组成的电线管路，无须做跨接地、焊接和套丝，外观为银白色或黄色，如图4-3-2、图4-3-3所示。

图 4-3-1

图 4-3-2

图 4-3-3

⑥管路采用支架、吊架固定，固定间距为 1 000 ~ 1 500 mm，在管子进盒处及弯曲部位两端 150 ~ 300 mm 处加吊杆及固定卡固定，末端的灯头盒要单独加设固定吊杆。

⑦墙面暗敷管线的保护层厚度应大于 15 mm。

⑧强、弱电线缆在导管和线槽内不应有接头，且网线从配线箱至终端全程不应有接头。

（2）PVC 管敷设主要工艺要求。

①材料要求：应采用阻燃电工 PVC 管，并应有检定检验报告单和产品出厂合格证。

②必须使用弯管弹簧或手扳弯管器振弯弯管。振弯应按要求进行操作，其弯曲半径应大于 6D。

③管路垂直或水平敷设时，每隔 1 m 应有一个固定点，在弯曲部位应以圆弧中心点为始点，距两端 300 ~ 500 mm 处各加一个固定点。管路连接紧密，管口光滑，使用胶粘剂连接紧密、牢固。

（3）金属线槽安装（CT）主要工艺要求。

①支架与吊架的规格不应小于 30 mm × 3 mm 扁铁或 25 mm × 25 mm × 3 mm 扁钢。

②严禁用电气焊切割钢结构或轻钢龙骨任何部位。

③固定支点间距不应大于 2 m。在进出接线盒、箱、柜、转角、转弯和变形缝两端及丁字接头的三端 500 mm 以内应设置固定支持点。

④在吊顶内敷设的线槽应单独设置吊杆，吊杆直径不应小于5 mm；支撑应固定在主龙骨上，不允许固定在辅助龙骨上。

⑤线槽应按规范要求做好整体接地；接地处螺钉直径不应小于6 mm，并且需要加平垫和弹簧垫圈，用螺母压接牢固。

⑥导线应及时做好标识工作，标识要求清晰明确，便于查线检修等（暗装管路可采用红色墨线弹出标识，并做好管线的隐蔽记录）。

2. 开关、插座安装

（1）同类开关按键的分、合方向应一致。

（2）电源插座间的接地保护线（PE线）不应串联连接，相线与中性线（N线）不应利用插座本体的接线端子转接供电。

（3）面板安装应平正牢固，表面光洁无划痕。暗装式面板应紧贴墙面/饰面，四周无缝隙。

（4）有装饰面遮饰的线缆应穿套管保护，不应裸露在装饰层内。

（5）同类面板标高应一致。同一空间内的同类面板高差不应大于5 mm，在同一面墙上时不应大于3 mm；并列安装的同规格面板高差不应大于1 mm且间距一致。

（6）并列安装的不同类别的面板在满足规范的前提下尽量统一安装高度（底边平齐）。

（7）安装在同一室内的开关，宜采用同一系列的产品，开关的通断位置应一致，且操作灵活、接触可靠。开关安装的位置要求：开关边缘与套线的距离宜为150 mm，下口距地面高度宜为1 300 mm。

3. 灯具安装

（1）成排安装的灯具中心线偏差不应大于5 mm。

（2）总质量小于75 kg的灯具，应采用双层18 mm多层板加膨胀螺栓四点固定的方式连接在结构板（或梁）上，如图4-3-4所示。

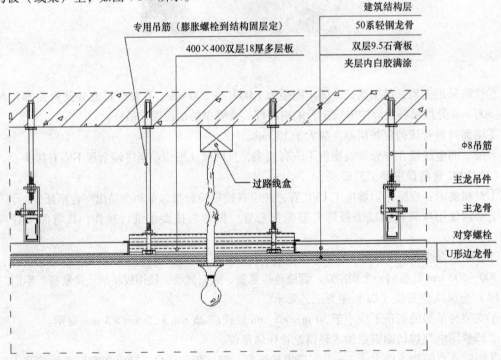

图 4-3-4

（3）总质量为 75～150 kg 的灯具，应采用化学锚栓或其他可靠方式在结构板（或梁）上设置挂钩，挂钩宜采用∟60×6 镀锌角钢。

（4）总质量大于 150 kg 的灯具，应采用四个 φ12 以上化学锚栓与结构板（或梁）进行可靠连接，并应对连接件、结构楼板（或梁）进行受力计算后方可实施，如图 4-3-5 所示。

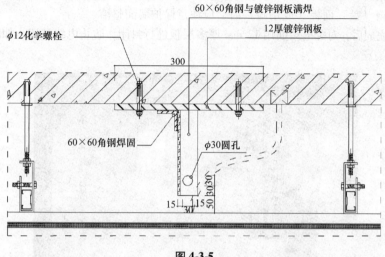

图 4-3-5

二、配电箱安装

1. 操作工艺

（1）配电箱各回路标识应正确、明显，如图 4-3-6 所示。

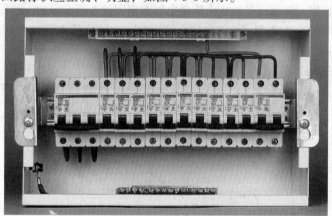

图 4-3-6

（2）配电箱各出线回路安装完毕后应进行绝缘摇测。摇测项目包括相线与相线之间、相线与中性线之间、相线与保护地线之间、中性线与保护地线之间。摇测结果应合格。

（3）配电箱各出线回路导线线色应与出线开关进线线色一致，配线应整齐无铰接，导线连接紧密，线芯无损伤、断股。

（4）多股线应搪锡，线鼻子应与线径配套，同一端子上连接导线不应超过两根。

（5）同回路导线应共管敷设，同一单相供电区域相线线色应一致。

（6）应采用打印标签统一标识箱内各开关出线回路负荷名称。

2. 成品保护

（1）配电箱安装完成后，应用纸板对其进行成品保护，避免碰坏、弄脏电具、仪表。

（2）安装箱（盘）面板（或贴脸）时，应注意保护墙面整洁。

（3）穿线完成后，对配电箱面用 12 mm 厚多层板进行封闭，防止电线被盗，如图 4-3-7 所示，防止电线被盗。

图 4-3-7

三、卫生间等电位安装

（1）等电位的作用。等电位是防止人体触电以及损害设备而增设的一种保护措施。

（2）卫生间等电位安装要求。浴室内的金属浴缸、金属给排水管以及灯具、插座接地保护线（PE 线）应与局部等电位端子箱相连接，连接线采用 BVR—1 × 4 mm² 穿 PC16 塑料管保护暗敷。等电位连接平面示意图如图 4-3-8 所示。等电位连接系统如图 4-3-9 所示。

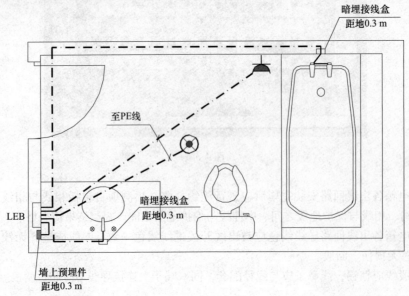

图 4-3-8

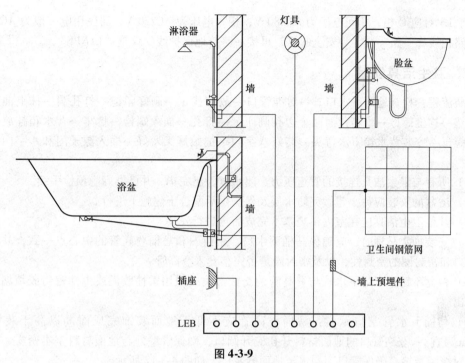

图 4-3-9

注：LEB 是局部等电位联结的意思，指在建筑物内的局部范围内按总等
电位联结的要求再做一次等电位联结。

（3）BVR 表示铜芯聚氯乙烯绝缘软护套电线，其电线结构为导体和绝缘。常用的聚氯乙烯绝缘导线有 BV、BLV、BVR，如图 4-3-10、图 4-3-11 所示。

图 4-3-10

图 4-3-11

（4）相关知识。通过解释"BV—3×2.5－PC16—WCCCL1NPE"来认识一些相关内容：

① "BV—3×2.5"表示 3 条 2.5 mm^2 的铜芯线；

② "PC16"表示穿 φ16 mm 的塑料管；

③ "WC"表示墙内暗敷；

④ "CC"表示线槽或桥架内敷设；

⑤ "L1 NPE"表示建筑配电一般采用三相五线制作配电主干线，为 N 、A 、B、C、PE ，其中 N 为零线，PE 为接地保护，A、B、C 为相线，也用 L1、L2 和 L3 表示，L1 对应 A 相，L2 对

应 B 相，L3 对应 C 相，相间电压为 AC380 V，相零电压为 AC220 V，居民用电一般为 AC220 V；故取一路相线，一路零线，为安全起见，再接一路接地保护线，就是"L1NPE"。

四、卫生洁具安装

安装流程：检查地面下水口管→对准管口→放平找正→画好印记→打孔洞→抹上油灰→套好胶皮垫→拧上螺母→水箱背面两个边孔画印记→打孔→插入螺栓→捻牢→背水箱挂放平找正→拧上螺母→安装背水箱下水弯头→装好八字门→把娘灯叉弯好→插入漂子门和八字门→拧紧螺母。

（1）所有与卫生洁具连接的管道压力、闭水试验已完毕，并已办好隐预检手续。

（2）浴盆的安装应待土建做完防水层及保护层后配合土建施工进行。

（3）其他卫生洁具应在室内精装基本完成后再进行安装。

（4）安装抽水马桶时，应确保马桶下水口、密封圈和马桶登高管的中心点一致，并检查马桶下水口和密封圈的密封性，以及密封圈是否完整套入登高管。

（5）台盆不锈钢 S 弯下水管与登高管的交接部位必须用柔性胶泥或中性密封胶填堵，防止异味窜出。

（6）马桶下水管割口示意：马桶登高管应不低于地面装饰完成面（以高于装饰完成面 3 mm 为宜）；登高管口的地面材料开孔应开圆口，确保管壁外与地面材料基本密实，并用柔性胶泥对缝隙填堵，确保管口不漏水至地面砂浆层，如图 4-3-12 所示。

图 4-3-12

五、给水管道安装

1. PPR 管安装

（1）管道表面应光滑、平整，无气泡，无裂口和明显的痕迹和凹陷，色泽均匀。

（2）配管时应结合图纸及卫生器具的规格型号，确定甩口的坐标及标高，严格控制甩口误差，配管后管道应固定牢靠，以免移位。各支管长度应根据实测值，结合卫生器具及连接管件的尺寸确定。截制工具应使用专用铰刀，断口应平齐，且垂直于轴线，并用扩口器扩口、整圆。管道需要穿越金属构件、墙体、楼板和屋面时，应在管道穿越部位设置金属保护套管。管道不得穿越门窗、壁橱、木装修。管道穿越沉降缝时，采用膨胀节补偿。

（3）管道的固定卡子与管道紧密接触，不得损伤管道表面。

（4）管道敷设应避免轴向扭曲，可做适当轴向弯曲，以穿越墙壁或楼板。

（5）与其他管道并行敷设时，应留有不小于 50 mm 的净距，并宜在金属管道的内侧。

（6）室内地坪以下的管道敷设应在土建工程回填夯实后进行。

（7）埋地管道回填时，管周的回填土不得夹杂坚硬物直接与塑料管壁接触。应先用砂土或粒径不大于 12 mm 的土壤回填至管顶上侧 300 mm 处，经夯实后方可回填土。室内埋地管道深度不宜小于 300 mm。

（8）埋地管出地坪处应设套管，其高度应高出地面 100 mm。管道穿越基础墙时，应设金属套管。套管与基础墙预留孔上方的净空高度不小于 100 mm，如图 4-3-13 所示。

图 4-3-13

（9）应严格控制 PPR 管道的熔接温度（正常熔接温度为 260 ~ 290 ℃），避免因熔接过度造成实际管道内径变小或弯、接头处堵塞等情况。

注：PPR，又叫无规共聚聚丙烯。其产品韧性好，强度高，加工性能优异，较高温度下抗蠕变性能好，并具有无规共聚聚丙烯特有的高透明性优点，可广泛用于管材、片材、日用品、包装材料、家用电器部件以及各种薄膜的生产。

2. 紫铜管安装

（1）管材的内外表面应光滑、清洁，不应有针孔、裂纹、皱皮、分层、粗糙、拉道、夹杂、气泡等缺陷。

（2）铜管端部应平整无毛刺，铜管的圆度不应超过外径的允许偏差。

（3）管子下料切割时，应防止管口发生变形。

（4）管子焊接时注意管材加热的温度，防止温度过高或过低引起各种问题。

（5）管子在安装时，应防止管道表面被砂石或其他硬物划伤。

3. 卡压式薄壁不锈钢管安装

（1）用钢锯按所需长度切断管子，管子切断后应清除断口的毛刺和锯屑，尤其是残留在管口壁的锯屑和污物，管子的截断端面应垂直管子的轴线。

（2）管道的连接采用专用管件，先按厂家提供的《插入长度表》在管端画线做标记，用力将水管插至管件画线处。将专用卡压工具的凹槽与管件环形凸槽贴合，确认钳口与管子垂直后，开始作业。缓慢提升卡压机的压力至 35~40 MPa，压至卡压工具上，当下钳口闭合时，完成卡压连接。卡压完成后应缓慢卸压，以防压力表被打坏。

（3）卡压完成后，检查画线处与接头端部的距离，若 DN15~DN25 距离超过 3 mm，DN32~DN50 距离超过 4 mm，则属于不合格，须切除后重新施工，卡压处使用六角量规测量，能够完全卡入六角量规的判定为合格。若有松弛现象，可在原位重新卡压直至用六角量规测量合格

注：DN 是指公称直径，对 PE 管是指塑料管外径；De 是指管道的外径。

（4）卡压薄壁不锈钢管管壁较薄，支架间距不应大于 2 m。

（5）管道施工完做水压试验，先缓慢向管道内充水，并于高点将空气排除，直至管道内完全满水。管道的试验压力为工作压力的 15 倍，但不应低于 0.6 MPa。升至规定的试验压力后，稳压 10 min 观察各接头部位是否渗漏，如 10 min 内压力下降不超过 0.05 MPa，且系统无渗漏即为合格。

（6）水管及管件搬运时，应轻拿轻放，不得抛、掷和随意踩踏，避免管道变形，造成卡压失败。

（7）不得使用油脂类润滑液，以免油脂使橡胶密封圈变形，长期使用后造成漏水。

（8）若安装时发现弯曲不直，应在直管部分进行修正，不得在卡压处校正，以免卡压返松。

（9）若二次卡压仍达不到卡规测量要求，应检查卡压钳口是否磨损。一般情况下，卡压机连续使用 3 个月或卡压 5 000 次，必须送供货商检验、保养。

（10）管卡或支架应采用不锈钢材料，如采用碳钢制品，必须用 3 mm 以上的橡胶衬垫或木垫块进行阻断，严禁不锈钢与铁接触，防止电化学腐蚀。

（11）严禁水泥砂浆、混凝土及草酸等含氯化物超标的清洗液污染、腐蚀管道。

（12）热水管应做保温，保温材料须采用发泡聚乙烯、橡塑、玻璃棉等不含可溶性氯离子的材料。不得采用氯丁胶、万能胶等含有氯离子的胶水。

（13）管道安装间歇或完成后，管子敞开处应及时封堵，防止水泥等粉尘污染、腐蚀管道。

（14）打压验收要求严格采用符合饮用水指标的自来水，严禁采用地下水、井水、工地集水坑内污水等进行压力试验。试验结束后，必须开启泄水装置将管道内的水排空。

（15）饮用水管道在试压合格后，用生活饮用水以不小于 1 m/s 的流速进行冲洗，至出口浊度与进口相同为止，宜采用 0.03% 高锰酸钾消毒液灌满管道进行消毒或采用氯离子浓度为 20 mg/L 的清洁水灌满进行消毒。

六、排水管道安装

1. UPVC 管安装

排水管（包括雨排水管、阳台排水管）采用 UPVC 塑料管，管材合格，证件齐全，实物检查管件和管材的壁厚、颜色一致。颜色均不分解变色，外壁光滑平整，无气泡、裂口，管材不允许有异向弯曲，直线的公差小于 0.3%。

（1）管道的锯管及坡口。锯管长度根据实测并结合各连接件的尺寸逐层确定；锯管工具宜选用细齿锯、割刀和割管机等机具。断口应平整且垂直于轴线，断面处不得有任何变形；插口处可用中号板锉成 15°~30° 坡口。坡口厚度宜为管壁厚度的 1/3~1/2。坡口长度一般不小于 3 mm。坡口完成后应将残屑清除干净。

（2）粘合面清理。管材或管件在粘合前，应用棉纱或干布将承口内侧和插口外侧擦拭干净，保持粘合面清洁，无尘砂、无水迹。当表面沾有油污时，须用棉纱蘸丙酮等清洁剂擦净。

（3）胶粘剂涂刷。用油刷蘸胶粘剂涂刷粘接插口外侧及粘接承口内侧时，应轴向涂刷，动作迅速、涂抹均匀，且涂刷的胶粘剂应适量，不得漏涂或涂抹过厚。冬期施工时尤须注意，应先涂承口，后涂插口。

进行承插粘接前，应先将管材的每个承插粘接口试插一下，验证其可插入深度是否符合规定要求，如果合格，即在插入管上画出定位标志线。管端插入伸缩节的间隙，夏季为 5～6 mm，冬季为 15～20 mm。

（4）承插口的连接。承插口涂刷胶粘剂后，应立即找正方向，将管子插入承口，使其顺直，再加挤压。应使管端插入深度符合所画标记，并保证承插接口的直度及接口位置正确，还应静待 2～3 min，防止接口滑脱，预制管段节点间误差应不大于 5 mm。

（5）承插接口的养护。承插接口插接完毕后，应将挤出的胶粘剂用棉纱或干布蘸清洁剂擦拭干净。根据胶粘剂的性能和气候条件静置至接口固化为止。冬期施工时，固化时间应适当延长。

（6）在立管上按图纸要求设置检查口。每两层设置一个检查口，最底层和最高层各设置一个检查口，其高度为楼地面至检查口中心 1 m，允许偏差 20 mm，设置检查口的朝向要便于检查。

（7）每层设置一个伸缩节。伸缩节一般设在楼板下排水支管汇合处三通之下。

（8）安装立管时，一定要注意将三通口的方向对准横支管方向，以免在安装横支管时由于三通口的偏斜而影响安装质量，三通口的高度，由横管的长度、坡度和楼板的相隔距离来确定，一般距楼板高度宜大于或等于 250 mm，但不得大于 300 mm。

（9）透气管是为了使下水管网中有害气体排至大气中，并保证管网中不产生负压破坏卫生设备的水封而设置的。透气管的安装应高出屋面 2 000 mm，同时将透气球装在管口上。

（10）雨水漏斗的连接管应固定在屋面承重结构，其边缘与屋面相接处应严密不漏。

（11）室内横管安装的坡度按 2.5% 敷设。管道支承件的安装，立管每 2 m 设置一个，横管为每隔外径的 10 倍安设一个，且分支起点 250 mm、终点 250 mm 应保证各设一个，存水弯应安设在直管段上。

（12）地漏安装的顶面应低于设置处地面 5 mm。

（13）卫生洁具安装。其焊接搣弯应均匀一致，不得有凹凸等缺陷；支托架的安装须平整牢固，与器具接触应紧密；安装位置应正确，单独器具 10 mm，成排器具 5 mm。安装应平直，垂直度偏差不超过 3 mm；安装完的卫生器具应采取保护措施。

（14）所有横立管隐蔽前须进行灌水等试验，经业主、施工单位质检人员检查，以液面不下降、不漏、不堵、放水畅通为合格，并办理验收签证手续。

（15）管道穿越楼板必须有止水措施（安装钢套管），填补套管环缝要均匀、严密，保证不漏。立管根部应用 C30 混凝土两次浇筑预留洞口。

（16）排水和雨水管道安装完后，必须做灌水试验，其灌水高度不低于底层地面高度，雨水管灌水高度必须到每根管上部的雨水漏斗。灌水 15 min 后，再灌满延续 5 min，以液面不降为合格，并做好灌水试验记录。

注：UPVC 管是一种以聚氯乙烯树脂为原料，不含增塑剂的塑料管材。UPVC 管耐腐蚀，不结垢，能抑制细菌生长，有利于保护水质不受管道的二次污染。

2. 铸铁排水管安装

（1）铸铁排水管安装按设计要求的油漆刷好底油，方能施工。要严格按验收规范要求选料施工，即排水管道的横管与横管、横管与立管的连接，应采用 45°四通及 90°斜三通或 90°斜四通；立管与排出管的连接，应采用两个 45°弯头或弯曲变径小于 4 倍管径的 90°弯头。

（2）污水管起点的清扫口与管道相垂直的墙面距离，不得小于 200 mm。若设置代替清扫口的器具，与墙体距离不小于 400 mm。管道坡向要合理，支吊架位置要正确，防止管子严重塌腰现象，排水管道固定件间距不大于 2 m。待工作完毕或下班时用抹布堵住外露管口，以免掉进杂物。待室内安装基本完毕后进行通球和灌水试验。合格后再进行室外管道的铺设。排水管道必须做灌水试验，其灌水高度不低于底层地面高度，灌水 15 min 后，再灌满延续 5 min，以液面不下降为合格。

（3）所有带检查口的存水弯、弯头等管件安装时，检查口必须拆开，满涂厚白漆，再进行下道工序。

（4）通球试验完成后，对横管、立管的检查口逐一排查，确认检查口是否密封。

3. 质量要求

（1）管材、管件、胶粘剂品种、质量符合设计要求和施工规范的规定，并有产品合格证。

（2）排水和雨水管道的灌水试验结果符合设计要求及施工规范的规定。

（3）伸缩节设置正确，管道坡度满足设计要求。

（4）施工完毕的管道系统通水实验结果符合设计要求和施工规范的规定。

（5）允许偏差控制如表 4-3-2 所示。

表 4-3-2

检查项目	允许偏差控制	检查方法
立管垂直度	1. 每米高度不大于 3 mm。 2. 5 m 以内，全高不大于 10 mm。 3. 5 m 以上，每 5 m 不大于 10 m，全高不大于 30 mm	挂线坠，用尺量
横管弯曲度	1. 每米长度不大于 2 mm。 2. 10 m 以内，全长不大于 8 mm。 3. 10 m 以上，每 10 m 不大于 10 mm	拉线和尺量
立管受水管及卫生设备排水管口的纵、横坐标	不大于 10 mm	拉线和尺量

用 UPVC 管安装的排水管道如图 4-3-14 所示。

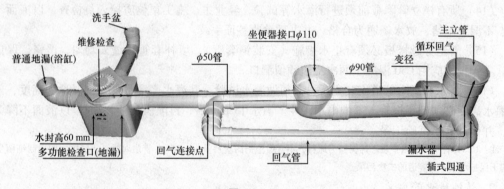

图 4-3-14

七、水地暖安装

（1）在找平层上铺设保温层（如2 cm厚聚苯保温板、保温卷材或进口保温膜等），板缝处用胶粘贴牢固，在地暖保温层上铺设铝箔纸或粘一层带坐标分格线的复合镀铝聚酯膜，保温层要铺设平整。

（2）用乳胶将10 mm边角保温板沿墙粘贴，要求粘贴平整、搭接严密。

（3）分水器用4个膨胀螺栓水平固定在墙面上，安装要牢固，如图4-3-15所示。

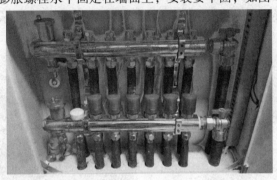

图4-3-15

（4）在铝箔纸上铺设一层$\phi 2$ mm钢丝网，间距为100 mm×100 mm，规格为2 m×1 m，铺设要严整、严密，钢网间用扎带捆扎，不平或翘曲的部位用钢钉固定在楼板上。设置防水层的房间如卫生间、厨房等固定钢丝网时，不允许钉钉，管材或钢网翘曲时，应采取措施防止露出混凝土表面。

（5）按地暖设计要求间距将加热管用塑料管卡固定在苯板上，固定点的间距、弯头处的间距不大于300 mm，直线段的间距不大于600 mm，大于90°的弯曲管段的两端和中点均应固定。管子弯曲半径不宜小于管外径的8倍。安装过程中，要防止管道被污染，每回路加热管铺设完毕，要及时封堵管口。

（6）检查地暖铺设的加热管无损伤、管间距符合设计要求后进行水压试验，从注水排气阀注入清水进行水压试验，试验压力为工作压力的1.5～2倍，但不小于0.6 MPa，稳压1 h内压力降不大于0.05 MPa，且以不渗、不漏为合格。

（7）地暖辐射供暖地板的边长超过8 m或面积超过40 m²时，要设置伸缩缝，缝的尺寸为5～8 mm，高度同细石混凝土垫层。塑料管穿越伸缩缝时，应设置长度不小于400 mm的柔性套管。在分水器及加热管道密集处，管外用不短于1 000 mm的波纹管保护，以降低混凝土热膨胀。在缝中填充弹性膨胀膏（或进口弹性密封胶）。

（8）加热管验收合格后，回填细石混凝土，加热管保持不小于0.4 MPa的压力；垫层应用人工抹压密实，不得用机械振捣，不许踩压已铺设好的管道，细石混凝土接近初凝时，应在表面进行二次拍实、压抹，防止顺管轴线出现塑性沉缩裂缝。表面压抹后应保湿养护14 d以上，垫层达到养护期后，管道系统须带压施工。

（9）对于有地热地板的部位，要从以下几个方面来控制地暖的施工：

①建议项目公司如果条件允许，可将地暖及混凝土保护层先行施工，确保水汽有充分的干燥期。

②注意地暖保护层及地板铺设完成后，各道工序严格按照集团规定的流程操作，严禁在有地热铺设木地板区域的地暖保护层上直接拌制砂灰等，后期木地板保洁时严禁使用拖把，防止多余水分通过地板缝隙进入地板夹层。

③对于交付业主后长期无人居住的精装修空关房，要加强对业主的温馨提醒，必要时可委托物业公司代为通风透气，减少因长期密闭引起的木地板霉变。

④对于在交付时已开通燃气的项目，公司在调试地暖设备时，注意地暖首次使用不宜将温度设置过高，避免水汽过快蒸发、凝结；交付业主前未通气、调试的项目，在通气后应由专业人员负责对地暖的调试，并对业主进行温馨提醒。

⑤各项目在进行地暖地板采购时，应加强质量的把控，确保所使用地板为专用地暖地板，地热地板铺贴工艺如图 4-3-16 所示。

（10）地暖分水器进水处应装设过滤器，如图 4-3-17、图 4-3-18 所示，防止异物进入地板管道环路。

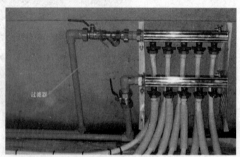

图 4-3-16   图 4-3-17

图 4-3-18

第四节　墙面工程

一、墙面基层（结构）

1. 轻钢龙骨隔墙

（1）适用范围：室内除分户墙之外，装饰面层材料非墙砖、石材等材料的墙体。

（2）作业条件。

①轻钢骨架、石膏罩面板隔墙施工前，应先完成建筑的基础验收工作，石膏罩面板安装应待屋面、顶棚和墙抹灰完成后进行。

②设计要求隔墙混凝土翻边时，应待混凝土翻边施工完毕，并达到设计强度要求后，方可进

行轻钢骨架安装。

③所有材料须有材料检测报告、合格证。

（3）主要材料。

①轻钢龙骨主件：沿顶龙骨、沿地龙骨、竖向龙骨、横撑龙骨应符合设计要求。

②轻钢骨架配件：支撑卡、卡托、角托、连接件、固定件、附墙龙骨、压条等附件应符合设计要求。

③紧固材料：射钉、镀锌自攻螺钉和黏结嵌缝料应符合设计要求。

④填充隔声材料：按设计要求选用。

⑤罩面板材：纸面石膏板规格、厚度由设计人员或按图纸要求选定。

（4）施工工艺流程。

施工工艺流程：隔墙龙骨放线→安装沿顶龙骨和沿地龙骨→竖向龙骨分档→安装竖向龙骨→安装门洞口框→安装横撑卡档龙骨→管线安装→安装单侧石膏罩面板→填充隔声材料（选择项）→安装另一侧石膏罩面板→施工接缝→面层施工。

①隔墙龙骨放线。根据设计施工图，在已完成的地面或混凝土翻边上，放出隔墙位置线、门窗洞口边框线，并放好顶龙骨位置边线，如图4-4-1所示。

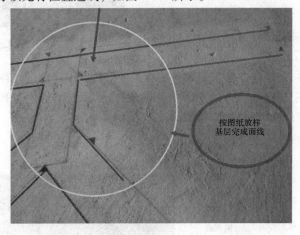

按图纸放样
基层完成面线

图 4-4-1

②安装沿顶龙骨和沿地龙骨。根据已放好的隔墙位置线，安装顶龙骨和地龙骨，用射钉固定于主体上，射钉钉距为600 mm。

③竖向龙骨分档。根据隔墙放线门洞口位置，顶地龙骨安装完成后，按罩面板的规格1 200 mm，龙骨间距尺寸为400 mm，不足模数的分档应避开门洞框边第一块罩面板位置，使破边罩面板不靠洞框处。

④安装竖向龙骨。按分档位置安装竖向龙骨，竖向龙骨上、下两端插入沿顶龙骨及沿地龙骨，调整垂直及定位准确后，用卡钳固定；靠墙、柱边龙骨用射钉与墙、柱固定，钉距为600 mm。

⑤安装门洞口框。放线后，将隔墙的门洞口框进行双层竖向龙骨加固。

⑥安装横撑卡档龙骨。根据设计要求，隔墙高度大于3 m时应加横撑卡档龙骨，采用专用卡件固定。

⑦管线安装。（略）

⑧安装单侧石膏罩面板。检查龙骨安装质量、门洞口框是否符合设计及构造要求，龙骨间距是否符合石膏板宽度的模数。

a. 石膏板宜竖向铺设（曲面墙所用石膏板宜横向铺设），长边（即包封边）接缝应落在竖向龙骨上；安装石膏板时，应从板的中部向板的四边固定，钉帽略埋入板内 0.5 ~ 1 mm，但不得损坏纸面。龙骨两侧的石膏板及龙骨一侧的内、外两层石膏板应错缝排列，接缝不得落在同一根龙骨上；石膏板用自攻螺钉固定。沿石膏板周边螺钉间距不应大于 200 mm，中间部分螺钉间距不应大于 300 mm，螺钉与板边缘的距离应为 10 ~ 15 mm。石膏板宜使用整板，如需对接，应紧靠，但不得强压就位。安装防火墙石膏板时，石膏板不得固定在沿顶、沿地龙骨上，应另设横撑龙骨加以固定。隔墙板的下端如用木踢脚板覆盖，罩面板应离地面 20 ~ 30 mm；用大理石、水磨石踢脚板时，罩面板下端应与踢脚板上口齐平，接缝严密。安装双层纸面石膏板时，第二层板的固定方法与第一层相同，但第二层板的接缝应与第一层错开，不能与第一层的接缝落在同一龙骨上。

图 4-4-2

b. 安装门洞处石膏板。若为双层石膏板隔墙，在安装第一层石膏板时，门洞上口左、右两侧应用 9 厘板（或 12 厘板，具体根据石膏板的厚度确定）裁成 L 形替代石膏板（图 4-4-2），以加强转角的拉结牢固度；若为单层石膏板隔墙，门洞上口左、右两侧石膏板应做成整体的 L 形。轻钢龙骨石膏板吊顶拐弯结构是一样的工艺。

⑨填充隔声材料（选择项）。一般采用矿棉板、岩棉板等作为填充材料，与安装另一侧石膏罩面板板同时进行，填充材料应铺满、铺平并用防火钉逐片固定，以防止矿棉板、岩棉板受重力影响下坠，造成上部隔墙的中间空腔，如图 4-4-3、图 4-4-4 所示。

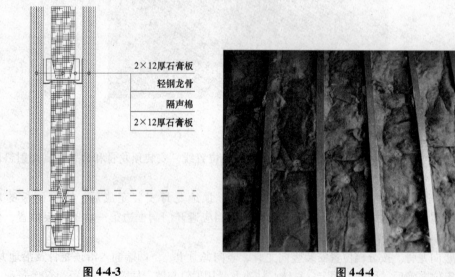

2×12厚石膏板
轻钢龙骨
隔声棉
2×12厚石膏板

图 4-4-3　　　　　　　　　　　　图 4-4-4

⑩安装另一侧石膏罩面板。安装方法同第一侧石膏罩面板，其接缝应与第一侧罩面板错开。

⑪施工接缝。

⑫面层施工。

a. 自攻螺钉防锈处理：用刷子蘸红丹漆满涂自攻螺钉钉帽。

b. 刮防锈腻子：嵌缝腻子调入 10% 红丹漆，拌匀后作为腻子使用，用油灰刀将钉眼刮平。

c. 刮嵌缝腻子：使用专用嵌缝腻子进行嵌缝，板缝应控制为 5 ~ 8 mm，刮嵌缝腻子前，先将接缝内浮土清除干净。当石膏板与切割边拼缝时，应将切割边用墙纸刀裁成 V 形，增加接触面；用小刮刀把腻子嵌满板缝，与板面填实刮平。

d. 粘贴拉结带：将接缝纸带贴在板缝处，用抹刀刮平压实，纸带与嵌缝膏间不得有气泡，为防止接缝开裂，增大接缝受力面，在接缝纸带的垂直方向采用长度为 200 mm 的短接缝纸带进行加固，间距不大于 300 mm；隔墙阳角防护：增加 PVC 或铝合金护角，当设计要求做 PVC 或铝合金护角时，按设计要求的部位、高度，先刮腻子一道，随即用镀锌钉固定护角条，并用腻子刮平。

e. 刮找平腻子：拉结带粘贴干燥后，在表面刮一道宽度为 130 mm、厚度约 1 mm 的找平腻子，使拉结带埋入找平腻子。

f. 刮罩面腻子：先用水石膏将墙面等基层上磕碰的坑凹、缝隙等处分遍找平，干燥后用 1 号砂纸将凸出处磨平，并将浮尘等扫净。刮腻子的遍数可由基层或墙面的平整度来决定，一般情况为 3 遍，腻子的配合比（质量比）为聚醋酸乙烯乳液（即白乳胶）：滑石粉或大白粉：2% 羧甲基纤维素溶液 = 1 : 5 : 3.5。具体操作方法：第一遍用胶皮刮板横向满刮，一刮板紧接着一刮板，接头不得留楂，每刮一刮板最后收头时，要及时收干净；第二遍用胶皮刮板竖向满刮，所用材料和方法同第一遍腻子；第三遍用胶皮刮板找补腻子，用钢片刮板满刮腻子，将墙面等基层刮平刮光。

g. 打磨：借助灯光打磨，第一遍腻子干燥后，用 1 号砂纸打磨，将浮腻子及斑迹磨平磨光，再将墙面清扫干净；第二遍腻子干燥后用 1 号砂纸磨平并清扫干净；第三遍腻子干燥后用细砂纸磨平、磨光，每遍打磨时注意不要漏磨或将腻子磨穿。

（5）质量标准。

①骨架隔墙表面平整光滑、色泽一致、洁净、无裂缝，接缝应均匀、顺直。检验方法为观察或手摸检查。

②骨架隔墙上的孔洞、槽、盒应位置正确、套割吻合、边缘整齐。检验方法为观察。

③骨架隔墙内的填充材料应干燥，填充应密实、均匀、无下坠。检验方法为轻敲检查和检查隐蔽工程验收记录。

④骨架隔墙安装的允许偏差和检验方法应符合规范，如表 4-4-1 所示。

表 4-4-1

项目	允许偏差/mm		检验方法
	纸面石膏板	人造木板、水泥纤维板	
立面垂直度	3	4	用 2 m 垂直检测尺检查
表面平整度	3	3	用 2 m 靠尺和塞尺检查
阴阳角方正	3	3	用直角检测尺检查
接缝直线度	—	3	拉 5 m 线，不足 5 m 拉通线，用钢直尺检查
压条直线度	—	3	拉 5 m 线，不足 5 m 拉通线，用钢直尺检查
接缝高低差	1	1	用钢直尺和塞尺检查

（6）成品保护。

①轻钢龙骨隔墙施工中，工种间应保证已完成工作不受损坏，墙内电线管及设备不得移动、错位及损伤。

②轻钢龙骨、配件及纸面石膏板入场，存放使用过程中应妥善保管，保证不变形、不受潮、不污染、无损坏；纸面石膏板应架空水平、分散放置，减少楼板集中荷载。

③施工部位已安装的门窗预留洞口、地面、墙面、窗台等应注意保护，防止损坏。

④已安装完的墙体不得碰撞，保持墙面不受损坏和污染。

（7）应注意的质量问题。

①竖向龙骨与顶地龙骨未设置间隙，无伸缩空间。隔墙周边应留 3 mm 的空隙，减少因温度和湿度影响而产生的变形与裂缝。

②超过 2 m 宽的墙体无控制变形缝，造成墙面变形。

③嵌缝不饱满、结构不牢固。

④石膏板排版未错缝安装。

⑤门洞上口未采用 L 形整板。

（8）补充要求。

①地面有湿作业的部位，隔墙底部必须有混凝土翻边。

②如安装挂画或电视机等，采用 18 厘多层板加固，如图 4-4-5 所示。

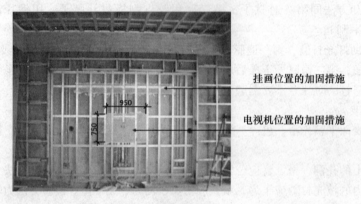

挂画位置的加固措施

电视机位置的加固措施

图 4-4-5

（9）现场图片展示，如图 4-4-6 ~ 图 4-4-9 所示。

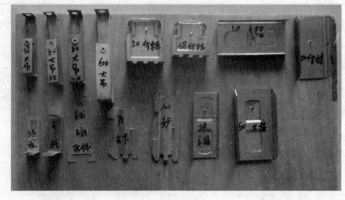

图 4-4-6

图 4-4-7

注：吊杆长度大于 1 500 mm 时，应设置反向支撑或添加转换层。

图 4-4-8

图 4-4-9

　　轻钢龙骨隔墙具有质量小、强度较高、耐火性好、通用性强且安装简易的特性，有防震、防尘、隔声、吸声、恒温等功效，同时还具有工期短、施工简便、不易变形等优点。在工艺上为避免隔墙根部易受潮、变形、霉变等质量问题，隔墙底部需制作地枕基。

　　注：地枕基、带就像枕头一样可架空，如安装的石膏板隔墙有防潮要求，可在地面做 120 mm 高宽度与墙厚相同的混凝土地枕带，再在上面安装隔墙，又如要在地面上直接安装玻璃隔墙，也可先在地面做木质地枕带，再把玻璃插进去。

　　（10）轻钢龙骨隔墙施工示意图。

　　①单层地面轻钢龙骨隔墙施工示意图（表 4-4-2）。

表 4-4-2

项目名称	墙面工程	名　称	单层地面轻钢龙骨隔墙施工示意图
适用范围	室内隔墙部分	备　注	精装修标准 2 000 元/m² 以下

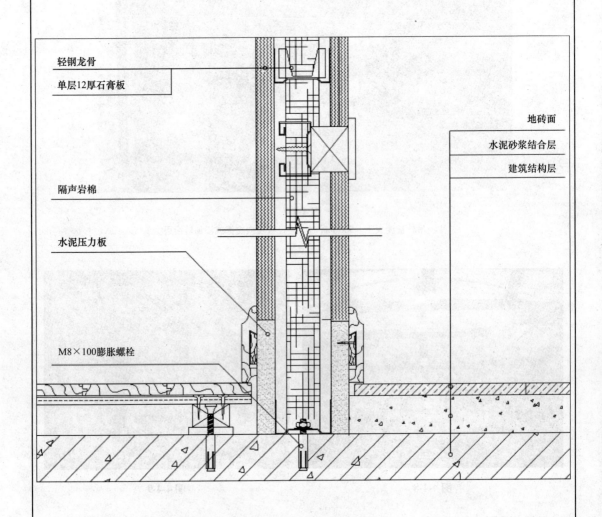

重点说明：

1. 隔墙开关盒处内衬 50 系副龙骨，以便自攻螺钉固定开关盒；

2. 墙面有液晶电视或装饰画等处需内衬 18 mm 厚多层板（内衬板尺寸按照各项目实际情况确定）；

3. 隔墙隔声岩棉按照各项目实际情况确定。

②双层地面轻钢龙骨隔墙施工示意图（表 4-4-3）。

表 4-4-3

项目名称	墙面工程	名　称	双层地面轻钢龙骨隔墙施工示意图
适用范围	室内隔墙部分	备　注	精装修标准 2 000 元/m² 以下

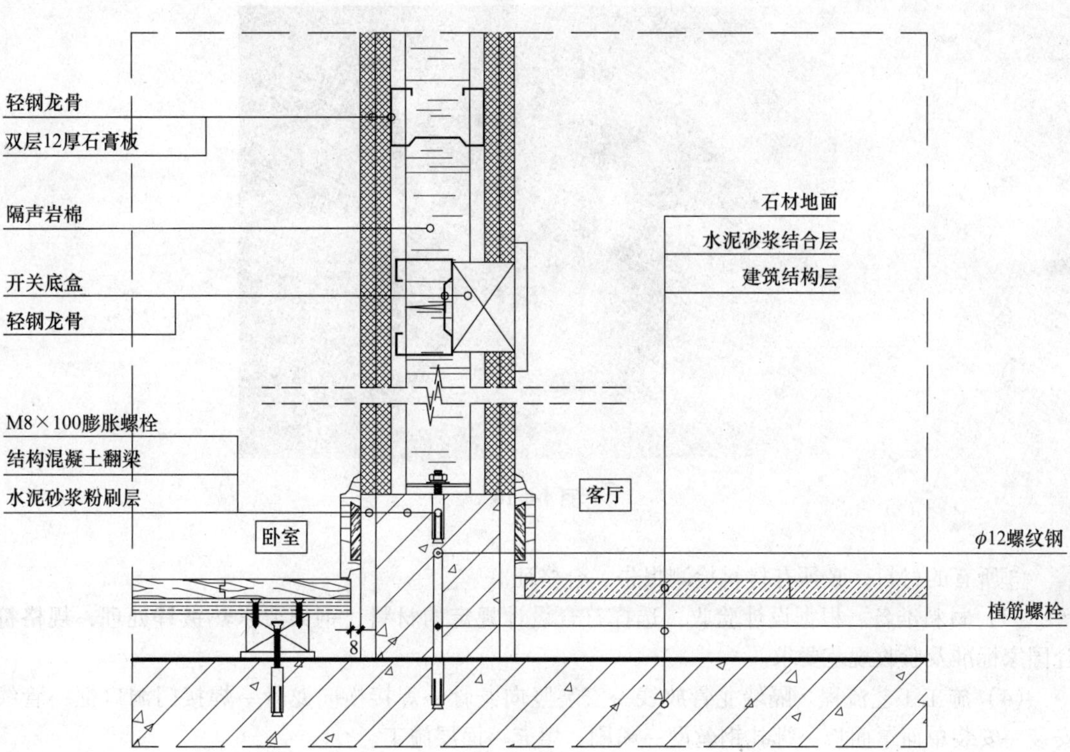

图中标注：
- 轻钢龙骨
- 双层12厚石膏板
- 隔声岩棉
- 开关底盒
- 轻钢龙骨
- M8×100膨胀螺栓
- 结构混凝土翻梁
- 水泥砂浆粉刷层
- 卧室
- 客厅
- 石材地面
- 水泥砂浆结合层
- 建筑结构层
- φ12螺纹钢
- 植筋螺栓

重点说明：

1. 工序：放样→基层处理→钢筋预植→制模→混凝土浇捣→隔墙龙骨安装→一侧石膏板安装→隔声岩棉安装→另一侧石膏板安装。

2. 隔墙开关盒处内衬 50 系副龙骨，以便自攻螺钉固定开关盒；墙面有液晶电视或装饰画等处需内衬 18 mm 厚多层板（内衬板尺寸按照各项目实际情况确定）。

3. 隔墙隔声岩棉按照各项目实际情况确定。

4. 隔墙钢筋混凝土地梁，需按设计图纸要求现场弹线，结构楼面预植 φ12 螺纹钢，间距不大于 450 mm，在顶端处焊接 φ12 螺纹钢连接，制模浇捣翻边，翻边处地面应预先凿毛，采用 C20 细石混凝土浇捣。

2. 钢架隔墙

（1）适用范围：室内精装修工程中局部造型墙面的装饰工程。

（2）作业条件。

①隔墙施工前应先完成基础的交接验收工作。

②设计要求隔墙有混凝土翻边时，应待混凝土翻边施工完毕，并达到设计强度要求后，方可进行钢骨架安装。（注：混凝土翻边一般是遇到洞口或者边缘部分为了防止雨水漏入或者上部设置盖子而做的一种处理。一般在卫生间、厨房四周设置混凝土翻边。楼板四周除门洞外，也应做混凝土翻边，其高度不应小于 200 mm。混凝土强度等级不应小于 C20，如图 4-4-10 所示。）

图 4-4-10

③所有的材料，必须有材料检测报告、合格证。

（3）材料准备。根据设计验收，选择符合设计规定的材料，钢架要求热镀锌处理，规格符合国家标准及验收规范要求。

（4）施工工艺流程。隔墙龙骨放线→安装竖向龙骨→焊接横向龙骨→焊接门洞口框→管线安装→安装单面罩面板→绑扎钢丝网→粉刷、填充→面层施工。

（5）钢架隔墙施工示意图。

①有防水要求钢架隔墙施工示意图（表 4-4-4）。

②无防水要求钢架隔墙施工示意图（表 4-4-5）。

3. 砌筑隔墙

（1）隔墙厚度要求及构造要求。

①隔墙厚度要求。

a. 外墙厚度和分户墙一般为 240 mm，砌体材料采用烧结多孔砖，砌筑砂浆强度等级 ≥ M5，包括阳台里面墙、天井等。

b. 内墙厚度一般有 120 mm 和 200 mm 两种，砌体材料采用加气混凝土砌块。

②构造要求。

a. 门窗洞口一侧为混凝土结构的门窗顶过梁均采用现浇钢筋混凝土过梁，应按过梁与柱、墙进行有效连接。过梁在砖墙上的搁置长度每边不小于 120 mm，其余搁置长度能满足设计要求的可采用预制过梁。

表 4-4-4

项目名称	墙面工程	名　称	有防水要求钢架隔墙施工示意图
适用范围	室内石材钢架隔墙	备　注	有防水要求

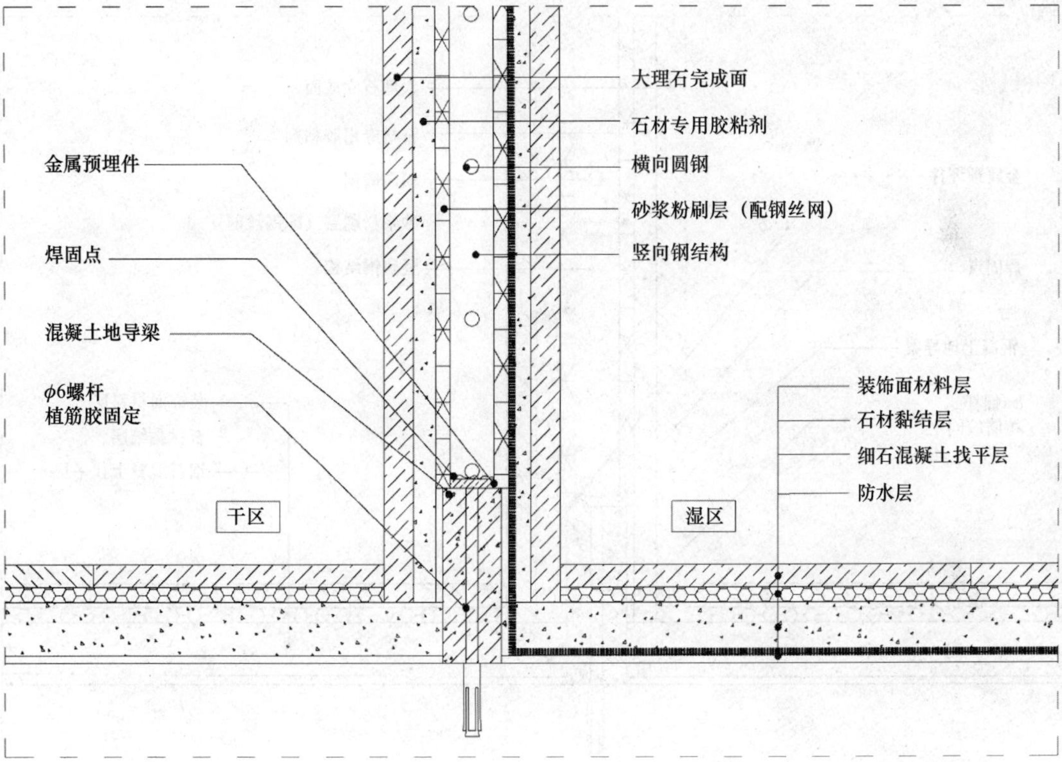

金属预埋件

焊固点

混凝土地导梁

φ6螺杆
植筋胶固定

干区

大理石完成面

石材专用胶粘剂

横向圆钢

砂浆粉刷层（配钢丝网）

竖向钢结构

装饰面材料层

石材黏结层

细石混凝土找平层

防水层

湿区

重点说明：

1. 隔墙内细石混凝土翻边高度应超过地面完成面 100 mm 以上。

2. 有防水要求的部位，应按照要求防水完成后再进行石材铺贴。

3. 有湿作业的部位，钢架隔墙应设置混凝土翻边。

4. 隔墙的钢架应采用热镀锌材质，焊点应做红丹漆两道。

表 4-4-5

项目名称	墙面工程	名　称	无防水要求钢架隔墙施工示意图
适用范围	室内石材钢架隔墙	备　注	无防水要求

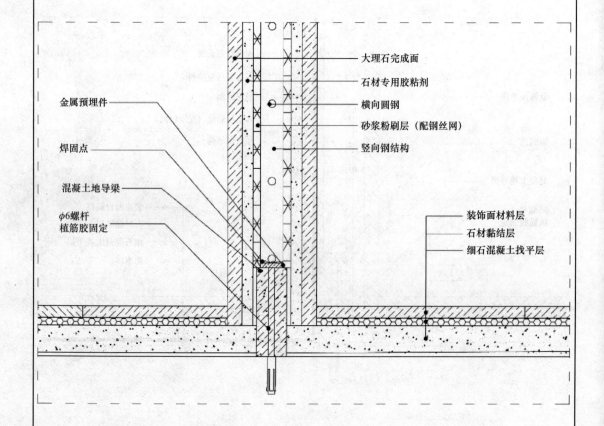

重点说明：

1. 隔墙内细石混凝土翻边高度应超过地面完成面 100 mm 以上；
2. 有防水要求的部位，应按照要求防水完成后再进行石材铺贴。

b. 所有填充墙均应在门窗洞顶标高设置过梁。当墙高≥4.0 m时，在墙高的一半处设一道通长钢筋混凝土圈梁，圈梁宽同墙宽，高120 mm，配筋主筋4φ10、箍筋 φ6@200。圈梁的纵筋应与构造柱、框架柱预留插筋连成整体。

c. 无构造柱处应按规范要求设置钢筋拉结。

d. 当墙体长度≥5.0 m时，应中间设置构造柱。

e. 过梁、圈梁、构造柱混凝土强度等级C20。

f. 外墙填充墙顶部至梁或板底留置一定空间做二次塞缝处理，塞缝从次高层开始从上而下逐层施工，塞缝用斜砖砌筑，斜砖必须逐块敲紧挤实，填满砂浆（注：塞缝楼层最上面一层先不安排施工，以有效控制上部荷载传递因素）。

g. 卫生间、阳台、空调隔板等易积水部位，砖砌墙底部做200 mm高C20钢筋混凝土翻边，厚度同墙体。

h. 粉刷前，两种墙体材料交接处：多孔砖与混凝土墙交接设置大于350 mm宽金属网；加气块与混凝土墙、砖墙交接处贴大于350 mm玻璃丝网格布；配电箱、消火箱墙面背面金属网满铺防止裂缝；配电箱、消火箱墙面留洞，洞深同墙厚，留洞时四边大于孔洞50 mm，背面均做金属网粉刷。

③墙体定位。

a. 定位原则：分户墙240 mm厚墙体按轴线居中布置；户内隔墙厚有120 mm和200 mm两种，具体墙体厚度根据设计要求，确保室内砌体墙面与混凝土墙柱粉刷完成面齐平（混凝土墙柱粉刷厚度按10 mm考虑）。

b. 外墙以面向室内为正手墙面，确保墙面平整度、垂直度满足规范要求。

（2）砌筑工艺。

①原材料控制：砌块强度等级必须符合设计规定，外观质量、块型尺寸允许偏差，砌块尺寸偏差和外观质量指标，如表4-4-6所示。

表 4-4-6

项目			指标
尺寸允许偏差/mm		长度 L	±2
		厚（宽）度 B	±2
		高度 h	±2
缺棱掉角		处数≤	2
		最大、最小尺寸/mm≤	70, 30
平面弯曲/mm≤			3
油污			不得有
裂纹		条数≤	1
		任一面上的裂纹长度不得大于裂纹方向尺寸的	1/3
		贯穿一棱二面的裂纹长度不得大于裂纹所在面的裂纹方向尺寸总和的	1/3
	爆裂、粘模和损坏深度/mm≤		20
	表面疏松、层裂		不允许

②加气块龄期必须达到规范要求，不小于28 d（注：混凝土龄期28 d表示从混凝土中加入水时开始计算时间，达到28 d），材料运输必须有支架整件运输，装卸必须用叉车整件装卸，严禁散件或用塔吊搬运。材料进场应堆置于室内或不受雨雪影响的干燥场所，砌块下应垫支架架

空或其他有效的隔离措施，避免砌块受潮。施工前含水率宜小于等于15%。

③砌块现场搬运必须用平板车，应轻搬、轻放，防止缺棱掉角，按规格大小整齐堆放于楼层施工部位，并避免砌块受潮，严禁使用翻斗车运输。

④砌块砌筑必须使用专用胶粘剂，其产品质量参考胶粘剂技术指标，如表4-4-7所示。

表4-4-7

项目	指标
外观	粉体均匀、无结块
抗压强度/MPa	5.0～12.0
抗折强度/MPa	≥1.7
保水性指标/（mg·cm^{-2}）	≤12
流动度/mm	120～150

⑤轻质隔墙砌块施工。

a. 楼层砌体要求在本层结构混凝土完成28 d后方可施工。

b. 砌筑前，应先按设计要求弹出墙的中线、边线和门洞位置。砌块墙体下部统一做高度不小于200 mm的水泥砖导墙；若遇卫生间、厨房间、阳台有防水要求部位，下部设置高度不小于200 mm的C20钢筋混凝土导墙。

c. 砌筑专用胶粘剂应使用电动工具搅拌均匀，拌和量宜在4 h内用完。

d. 切割砌块应使用手提式机具或相应的机械设备。

e. 使用胶粘剂施工时，不得用水浇湿砌块。

f. 砌筑时应以皮数杆为标志，拉好水准线，并从房屋转角处两侧与每道墙的两端开始。

g. 砌筑每层楼的第一皮砌块前，应先用水湿润基面，再施铺M7.5水泥砂浆，并在砌块底面水平灰缝和侧面垂直灰缝满涂胶粘剂后进行砌筑。

h. 第二皮砌块的砌筑，必须待第一皮砌块水平灰缝的砌筑砂浆凝固后方能进行。

i. 每皮砌块砌筑前，宜先将下皮砌块表面（铺浆面）以磨砂板磨平，并用毛刷清理干净后再铺水平、垂直灰缝处的胶粘剂。

j. 每块砌块砌筑时，宜用水平尺与橡皮锤校正水平、垂直位置，并做到上下皮砌块错缝搭接，其搭接长度不应小于被搭接砌块长度的1/3，且不小于100 mm。

k. 墙体转角和纵横墙交接处应同时砌筑。临时间断处应砌成斜槎。斜槎水平投影长度不应小于高度的2/3。接槎时，应先清理槎口，再铺胶粘剂接砌。

l. 砌块水平灰缝应用刮勺均匀施铺胶粘剂于下皮砌块表面；砌块的垂直灰缝可先铺胶粘剂于砌块侧面再上墙砌筑。灰缝应饱满，并及时将挤出的胶粘剂清除干净，做到随砌随勒。灰缝厚度和宽度应为2～3 mm。

m. 砌上墙的砌块不应随意移动或受撞击。若需校正，应重新铺抹胶粘剂进行砌筑。

n. 墙体砌完后必须检查表面平整度，如有不平整，应用钢齿磨板和磨砂板磨平，使偏差控制在允许范围内。

o. 砌块墙体与钢筋混凝土柱（墙）相接处应设置专用连接件或拉结筋进行拉结，设置间距应为两皮砖的高度。当采用拉结筋时，墙体水平配筋带应预先在砌块水平灰缝面开设通长凹槽，置入钢筋后，应用M7.5水泥砂浆填实至槽的上口平。

p. 砌块墙顶面与钢筋混凝土梁板底面间应预留20～30 mm空隙，空隙内的填充物应在墙体砌筑完成 14 d 后进行，用 M5.0 水泥砂浆嵌填平实。

q. 砌块墙体的过梁可采用与砌块配套的专用过梁，也可采用现浇钢筋混凝土过梁，钢筋混凝土过梁宽度比砌块两侧墙面各凹进 5 ~ 10 mm。

r. 砌筑时，严禁在墙体中留设脚手洞。

s. 墙体修补及孔洞堵塞宜采用专用修补材料；也可用砌块碎屑拌以水泥、石灰膏及适量的建筑胶水进行修补，配合比为水泥: 石灰膏: 砌块碎屑 = 1 : 1 : 3。

⑥砌筑完成后的检查验收及整改。

a. 墙面应平整、干净，灰缝无溢出的胶粘剂。

b. 上、下皮砌块错缝搭接长度小于 100 mm 的面积不得大于该墙体总面积的 20%。

c. 砌块墙体的允许偏差应符合规定，如表 4-4-8 所示。

表 4-4-8

序号	项目			允许偏差/mm	检验方法
1	轴线位置偏移			10	用经纬仪或拉线和尺量检查
2	基础顶面或楼层标高			±15	用水准仪和尺量检查
3	墙体厚度			±2	用尺量检查
4	垂直度	每层		3（轻质隔墙）、5（多孔砖）	用吊线坠和 2 m 托线板检查
		全高	≤10 m	10	用经纬仪或吊线坠和尺量检查
			>10 m	20	
5	表面平整度			6	用 2 m 靠尺或塞尺检查
6	外墙上、下窗口偏移			18	用经纬仪或吊线坠检查
7	门窗洞口（后塞框）	宽度		±5	用尺量检查
		高度		±5	

⑦砌筑成品照片，如图 4-4-11 所示。

图 4-4-11

（3）砌筑隔墙施工示意图（表 4-4-9）。

表 4-4-9

项目名称	墙面工程	名　称	砌筑隔墙施工示意图
适用范围	室内隔墙	备　注	通　用

室内砂加气隔墙

卫生间、厨房砂加气隔墙

重点说明：

　　1. 发泡剂固化后，用刀片割除多余突出墙面的部分，并在其表面抹 1∶2 水泥砂浆一道，以满足防火要求。

　　2. 在防火分区及有防火要求的砌体隔墙部位，使用防火材料填充或用斜砖砌筑。

4. 墙面抹灰工程施工工艺

（1）适用范围：适用于室内精装修墙面水泥砂浆、专用批墙腻子抹灰工程。

（2）材料准备。

①水泥：强度等级为 42.5 的普通硅酸盐或矿渣硅酸盐水泥。

②砂子：中砂 5%，不得含有杂物。

③玻璃丝网格布和金属网：多孔砖与混凝土墙交接设置大于 350 mm 宽金属网；加气块与混凝土墙、砖墙交接处贴大于 350 mm 玻璃丝网格布；配电箱、消火箱墙面背面金属网满铺防止裂缝；配电箱、消火箱墙面留洞，洞深同墙厚，留洞时四边大于孔洞 50 mm，背面均做金属网粉刷。

（3）重点说明：网格布应嵌在抹灰的中间，而不是贴在墙体上，否则会影响效果。在墙体上先批一薄层灰，安装网格布，再批灰，这样才能彻底发挥网格布的作用。

（4）冬期抹灰施工要点。

①进行室内抹灰前，应将窗口封好，门窗口的边缝及脚手眼、孔洞等也应堵好，施工洞口、运料口及楼梯间等处做好封闭保温。在进行室外施工前，应尽量利用外架搭设暖棚；

②施工环境温度不应低于5℃；

③用临时热源（如火炉）供热时，应当随时检查抹灰层的湿度，及时洒水湿润，防止裂纹发生；

④抹灰工程所用的砂浆，应在正常温度的室内或临时暖棚中拌制。砂浆使用时的温度，应控制在5℃以上；

⑤砂浆抹灰层初凝期不得受冻；抹灰工程完成后，在7 d内室（棚）内温度不应低于5℃；

⑦在中午气温较高时，应适当开窗通风，以便潮气挥发；

⑧室内温度应保持均匀，局部过冷或者局部过热，会导致温度变形，产生开裂。

（5）质量标准。抹灰工程质量的允许偏差和检验方法应符合规定，如表4-4-10所示。

表 4-4-10

项目	高级抹灰允许偏差/mm	检验方法
立面垂直度	3	用2 m垂直检测尺检查
表面平整度	3	用2 m靠尺和塞尺检查
阴阳角方正	3	用直角检测尺检查
分格条（缝）直线度	3	拉5 m线，不足5 m拉通线，用钢直尺检查

（6）成品保护。

①抹灰时应使铝合金门窗框的保护膜完整；

②要保护好墙上的预埋件，电线盒、槽和水暖设备等预留孔洞不得遮盖：

③要注意保护好楼地面面层，不得在楼地面上直接拌灰。

（7）内墙面抹灰工程量计算标准。

①内墙面抹灰工程量等于内墙面长度乘以内墙面的抹灰高度以平方米（m²）计算。扣除门窗洞口空圈所占面积不扣除踢脚板、挂镜线、0.3 m²以内洞口和墙与构件交接处的面积，洞口侧壁和顶面也不增加。墙垛和附墙烟囱侧壁面积与内墙面的抹灰工程量合并计算。

②内墙面的抹灰高度（m），根据以下具体情况确定；

a. 无墙裙的，其高度按室内地面或楼面至天棚底面之间的距离计算；

b. 有墙裙的，其高度按墙裙顶至天棚底面之间的距离计算；

c. 钉板条天棚的内墙面高度按室内地面或楼面至天棚底面另加100 mm计算。

③内墙裙抹灰工程量，按内墙裙的净长乘以内墙裙的高度以平方米（m²）计算。扣除门窗洞口和空圈所占的面积，门窗洞口和空圈的侧壁面积不另增加，柱、垛及附墙烟囱的侧壁面积，并入内墙裙的抹灰面积内计算。

二、墙面饰面工程

1. 墙面、柱面贴瓷砖

（1）适用范围：室内墙柱面湿贴釉面砖、玻化砖工程。

（2）作业条件。

①墙面基层清理干净，窗台、窗套等已完成砌筑。

②按面砖的尺寸、颜色进行选砖，并分类存放备用。

③大面积施工前应先放样、弹线做排版图，并做出样板墙，确定施工工艺及操作要点，并向施工人员做好交底工作。样板墙完成后，必须经甲方、监理验收合格后，方可组织班组按样板要求施工。

④有防水要求的墙面，防水施工已经完成，养护时间已经达到。

⑤预留孔洞、上下水管及开关插座管线等应敷设完毕；门窗框、扇须固定牢固，并用1:3水泥砂浆将缝隙堵塞严实；铝合金门窗框边缝所用嵌缝材料应符合设计要求，且塞堵密实，并事先粘贴保护膜。

⑥施工环境温度不应低于5℃。

（3）材料要求。

①水泥：强度等级为42.5的矿渣水泥或普通硅酸盐水泥，应有出厂证明或复试单，若出厂超过三个月，应按试验结果使用；

②胶粘剂：抛光砖或玻化砖，应采用专用胶粘剂，且有相关材料供应商的检测报告、实验数据和合格证明。

③填缝剂：专用填缝剂，颜色符合设计要求。

④砂子：粗砂或中砂，用前过筛，含泥量不得大于3%。

⑤面砖：面砖的表面应光洁、方正、平整；质地坚固，其品种、规格、尺寸、色泽、图案应均匀一致，必须符合设计规定；不得有缺棱、掉角、暗痕和裂纹等缺陷；共性指标均应符合现行国家标准的规定，釉面砖的吸水率不得大于10%。抛光砖或玻化砖的切割、倒角均需工厂加工完成后运至现场。

⑥建筑胶水：901胶水。

（4）施工工艺流程。基层处理→刷界面剂→弹线分格→选砖→浸砖→镶贴面砖→勾缝与擦缝。

①基层处理。基层为混凝土墙面时的操作方法：首先将凸出墙面的混凝土剔平，对光滑的混凝土墙面应凿毛，并用钢丝刷满刷一遍，再浇水湿润。

②刷界面剂。墙面基层满刷一道901胶水。

③弹线分格。按图纸要求分段分格弹线、拉线，再进行面层贴标准点的工作，以控制出墙尺寸及垂直、平整度。

④选砖。釉面砖镶贴前，首先要选砖，剔除缺棱掉角、翘曲等不合格面砖；根据砖的尺寸误差，选出大、中、小三种规格，将砖进行分类摆放。

根据排版图及墙面尺寸，注意砖的排版与开关、插座、龙头等点位的对齐、对缝、对应关系，切割砖的规格不应小于整砖规格的1/3。

⑤浸砖。将砖背面用钢丝刷清扫干净，放入净水中浸泡2~3 h，取出，待表面晾干或擦干净后方可使用，如图4-4-12所示。

图4-4-12

注：要求各项目对瓷砖浸泡集中处理后运往各施工楼层，禁止分散浸泡及瓷砖背面处理。

⑥镶贴面砖。镶贴应自下而上进行，先从最下一层砖的上口位置线稳好靠尺，以此托住第一皮面砖；在面砖外皮上口拉水平通线作为镶贴的标准；在面砖背面宜采用专用胶粘剂镶贴（抛光砖或玻化砖），胶粘剂厚度为6~10 mm，粘贴后用灰铲柄或橡皮锤轻轻敲打，使之附线，再用钢片调整竖缝，并用靠尺通过标准点调整平整和垂直度；铺贴过程中须及时清理砖缝内的及砖

表面的黏结材料。

⑦勾缝与擦缝。面砖铺贴完成后，用专用勾缝剂勾缝，先勾水平缝再勾竖向缝；要求勾缝平整、饱满；面砖勾缝完后，用布或棉丝擦洗干净。

（5）质量标准。

①保证项目。

a. 面砖的品种、规格、颜色、图案必须符合设计要求和现行标准的规定。

b. 面砖镶贴必须牢固，无歪斜、缺棱、掉角和裂缝等缺陷。

②基本项目。

a. 表面平整、洁净，颜色一致，无变色、起碱、污痕，无显著的光泽受损处，无空鼓。

b. 接缝填嵌密实、平直，宽窄一致，颜色一致，阴阳角处压向正确，非整砖的使用部位适宜。

c. 用整砖套割吻合，边缘整齐；墙裙、贴脸等突出墙面的厚度一致。

d. 流水坡向正确，滴水线顺直。

（6）成品保护。

①要及时清理残留在门窗框上的胶粘材料。

②油漆粉刷时，不得将油浆喷滴在已完工的面砖上，如果面砖上部为外涂料或水刷石墙面，宜先做外涂料或水刷石，然后贴面砖，以免污染墙面；必须先做面砖时，完工后应采取贴纸或塑料薄膜覆盖等措施，防止污染。

③后续施工不得碰撞墙面，阳角须用成品护角条保护。

（7）应注意的质量问题。

①冬期施工砂浆易受冻，化冻后容易发生脱落现象，因此在贴面砖操作时，应保证合适的环境气温。

②基层表面平整、垂直度偏差较大，基层处理或施工不当，容易产生空鼓、脱落。

③胶粘材料配比不符合要求；含泥量过大；在同一施工面上采用几种不同的配合比砂浆，因而产生不同的干缩，均会产生空鼓。应在砂浆中加适量901胶水增强黏结。

④有防水要求的墙面铺贴面砖，铺贴前须对防水层完成面上的浮灰进行清洗，增加附着力，防止空鼓、脱落。墙面、柱面贴瓷砖的主要质量问题为空鼓、脱落。

（8）补充要求。瓷砖背面及墙面双面批刮胶粘剂，注意双面批刮的方向应一面水平向批刮、一面垂直向批刮，以达到瓷砖背面及墙面相互咬合、防止空鼓的作用。胶粘层厚度一般为6~10 mm,采用专用的批刮工具纵横拉槽，如图4-4-13~图4-4-16所示。

图 4-4-13

图 4-4-14

图 4-4-15

图 4-4-16

（9）墙面、柱面贴瓷砖施工示意图。

①卫生间壁龛施工示意图（表4-4-11）。

表 4-4-11

项目名称	墙面工程	名　称	卫生间壁龛施工示意图
适用范围	卫生间、厨房墙面瓷砖施工	备　注	通　用

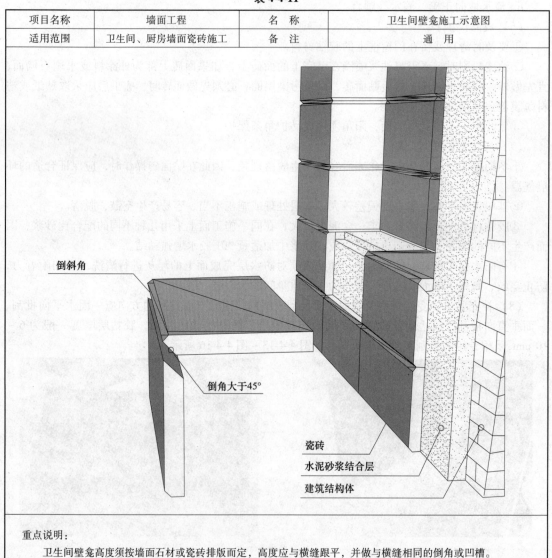

倒斜角

倒角大于45°

瓷砖

水泥砂浆结合层

建筑结构体

重点说明：

卫生间壁龛高度须按墙面石材或瓷砖排版而定，高度应与横缝跟平，并做与横缝相同的倒角或凹槽。

②墙面瓷砖阴阳角收口示意图（表4-4-12）。

表 4-4-12

项目名称	墙面工程	名　称	墙面瓷砖阴阳角收口示意图
适用范围	卫生间、厨房、洗衣房等	备　注	通　用

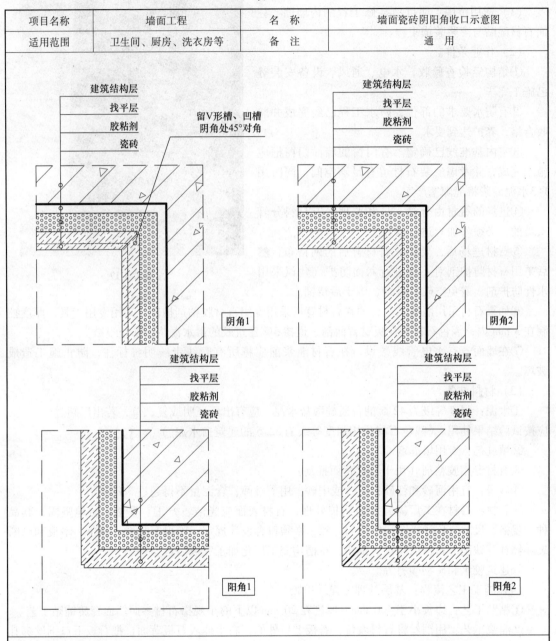

重点说明：

1. 砖墙面有横缝（如 V 形缝、凹槽）时，采用图示阴角 1 做法；

2. 阴角收口均需 45°（角度稍小于 45°，以利于拼接）拼接对角处理，阴角面切应在工厂内加工完成（釉面砖可在现场加工）；无横缝（如 V 形缝、凹槽）时，采用图示阴角 2 做法。

3. 砖墙面有横缝（如 V 形缝、凹槽）时，阴角收口均需 45°（角度稍小于 45°，以利于拼接）拼接对角处理，阴角面切应在工厂内加工完成（釉面砖可在现场加工）。

4. 砖面留槽时深度不大于 5 mm。

③卫生间壁龛装饰效果，如图 4-4-17 所示。

2. 石材湿贴与灌浆工程

（1）适用范围：项目精装修工程的内墙面、柱面石材湿贴与灌浆装饰工程。

（2）作业条件。

①结构经检查验收，水电、通风、设备安装等已施工完毕。

②有防水要求的部位，防水工程已经完成并验收合格，养护达到要求。

③室内基准线已确定。有门窗的墙面门窗框应施工完成，并考虑安装石材留有足够空间，同时用1:3水泥砂浆将缝隙塞严实。

④进场的石材由分管人员和监理（有材料分管人员的，必须参加）进行验收。

⑤石材进场后，要铲去石材背后的网格布，然后采用石材防护剂对石材进行六面防护（建议采用水性防护剂，避免空鼓）处理，晾干后待铺。

图 4-4-17

⑥如果石材采用灌浆工艺，须在石材背后采用专用石材胶粘剂披刮，采用专用工具，厚度控制在 3 mm 内；深色石材可在板材背面刮一道掺 5% 建筑胶的素水泥浆，防止空鼓。

⑦在墙面若有水电管线敷设，在石材灌浆前应将所有管线走线明确标注，防止施工造成破坏。

（3）材料准备。

①水泥：强度等级为 42.5 的普通硅酸盐水泥。应有出厂证明或复试单，若出厂超过三个月，应按试验结果使用。（浅色石材采用强度等级为 32.5 的建筑白水泥。）

②填缝剂：专用填缝剂。

③石材专用胶粘剂（用于石材背面批刮）。

④砂子：宜用河砂和江砂；粗砂或中砂，用前过筛；含泥量不得超过 3%。

⑤石材：石材在工厂需经六面防护处理，石材表面应光洁、方正、平整；质地坚固，其品种、规格、尺寸、色泽、图案应均匀一致，必须符合设计规定。不得有缺棱、掉角、暗痕和已断裂经修补等缺陷。石材的切割、倒角、拉槽均需工厂化加工完成后运至现场。

⑥建筑胶水和矿物颜料等。

（4）施工工艺流程：基层处理→弹线排版。

①粘贴工艺：边长小于 400 mm、厚度在 20 mm 以下的小规格石材参照墙面瓷砖铺贴工艺。

②灌浆工艺：用铜丝将石材就位，石板上口外仰，右手伸入石板背面，把石板下口铜丝绑扎在横筋上。绑时不要太紧，只要把铜丝和横筋拴牢即可。把石板竖起，便可绑石材上口铜丝，并用木楔子垫稳，块材与基层间的缝隙一般为 30~50 mm。用靠尺板检查调整木楔，再拴紧铜丝，依次向另一方向进行。柱面可按顺时针方向安装，一般先从正面开始。第一层安装完毕再用靠尺找垂直、水平尺找平整、方尺找阴阳角方正，在安装石板时如发现石板规格不准确或石板间缝隙不匀，应用垫片垫牢，使石板间缝隙均匀一致，并保持第一层石板上口的平直。找完垂直、平整、方正后，用碗调制熟石膏，把调成粥状的石膏贴在上、下层石板间，使这两层石板结成整体，木楔处也可粘贴石膏，再用靠尺检查有无变形，等石膏硬化后方可灌浆。

分层灌浆：把配合比为 1:2.5 的水泥砂浆放入半截大桶加水调成粥状，用铁簸箕舀浆徐徐倒入，注意不要碰到石材，边灌浆边用小铁棍轻轻插捣，使之密实。第一层浇灌高度为 150 mm，不能超过石板高度的 1/3，隔夜再浇灌第二层，每块板分三次灌浆，第一层灌浆很重要，因要锚固石材板的下口铜丝又要固定石材板，所以要谨慎操作，防止碰撞和猛灌。如发生石板向外错动，应立即拆除重新安装。对于边长大于 400 mm、厚度在 20 mm 以上镶贴高度超过 1 m 的，采用灌浆工艺。

③擦缝、清洁：全部石板安装完毕后，清除所有石膏和余浆痕迹，用麻布擦洗干净，并按石板颜色调制色浆嵌缝，边嵌边擦干净，使缝隙密实、均匀、干净、颜色一致。

（5）质量标准。

①主控项目。

a. 材料的品种、规格、颜色、图案必须符合设计要求。

b. 材料应满足现行的质量标准，饰面板镶贴或安装必须牢固、方正、棱角整齐，不得有空鼓、裂缝等缺陷。

②一般项目。

a. 表面平整、洁净、颜色一致，图案清晰、协调。

b. 接缝嵌填密实、平直、宽窄一致，颜色一致，阴阳角处板的压向正确。

c. 拼角严密，边缘整齐；贴面、墙裙等处上口平顺、凸出墙面厚薄一致。

d. 板材的外露侧面须抛光处理。

（6）技术要求及措施。饰面板的接缝宽度应符合设计要求。饰面板安装应找正吊直，接缝宽度可垫木楔调整，并应确保外表面的平整、垂直及板上口的顺平。灌浆前，应浇水将饰面板背面和基体表面湿润，再分层灌注砂浆。每层灌注高度为 150~200 mm，不得大于板高的 1/3，砂浆应插捣密实，待其初凝后，应检查板面是否位移，若出现移动错位则须拆除重新安装。施工缝应留在饰面板水平接缝以下 50~100 mm 处。冬期施工，砂浆的使用温度不得低于 5 ℃。砂浆硬化，应采取防冻措施。

（7）现场施工图片及相关节点，如图 4-4-18、图 4-4-19 所示。

图 4-4-18

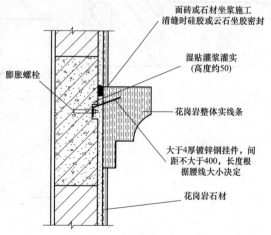

图 4-4-19

（8）石材湿贴与灌浆工程示意图。

①石材灌浆施工示意图（表 4-4-13）。

表 4-4-13

项目名称	墙面工程	名　称	石材灌浆施工示意图
适用范围	室内电梯厅、卫生间、厨房	备　注	通　用

重点说明:

　　1. 墙面石材采用湿挂灌浆工艺,采用铜丝连接。

　　2. 分次灌浆,第一次不得超过石板高度的 1/3,待砂浆初凝后进行第二次灌浆,高度为石板的 1/2。

　　3. 第三层灌浆至低于石板上口 50 mm 处为止。

②墙面石材 U 形凹槽排版示意图（表4-4-14）。

表 4-4-14

项目名称	墙面工程	名 称	墙面石材 U 形凹槽排版示意图
适用范围	室内大厅、电梯厅、卫生间等墙面	备 注	通 用

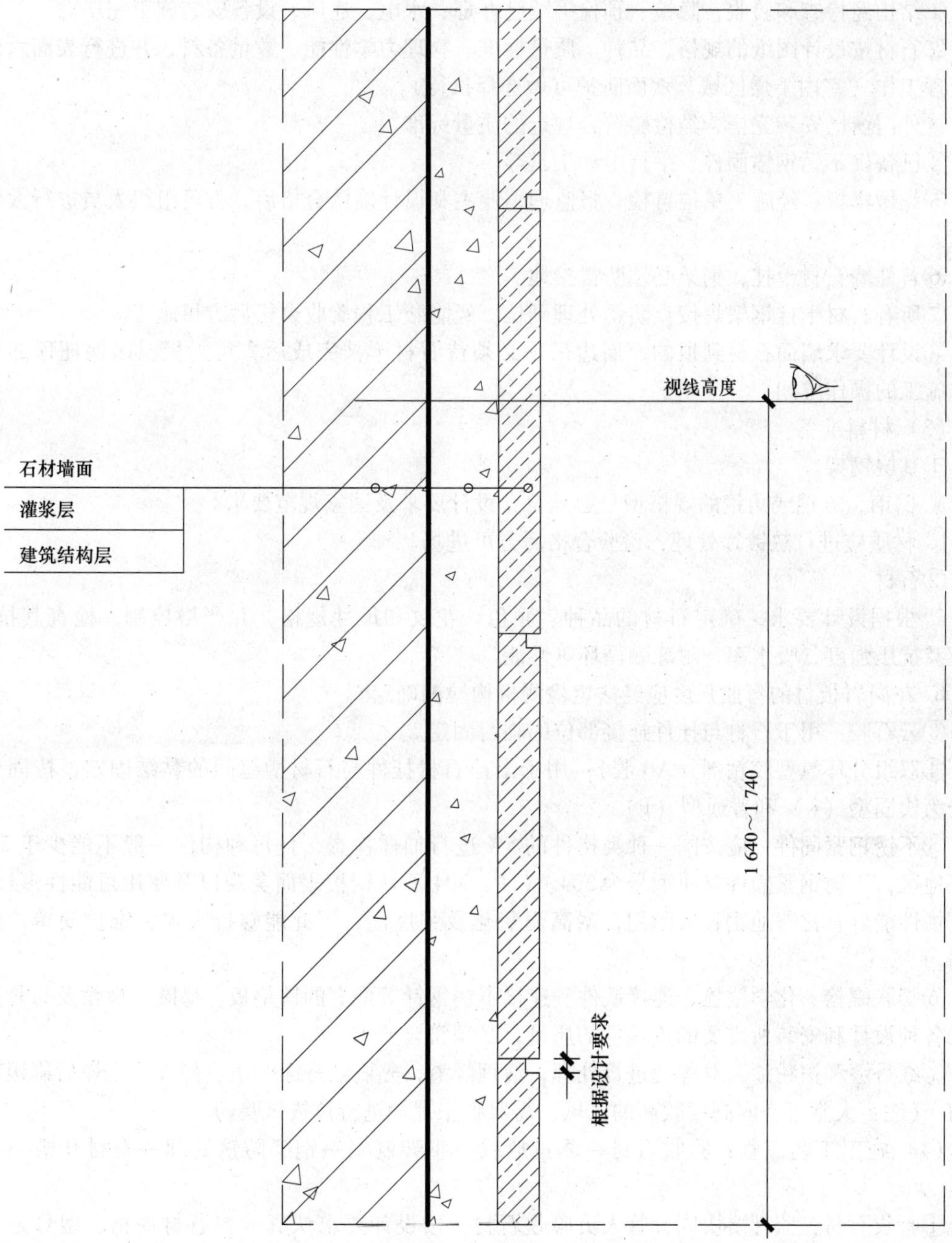

视线高度

1 640~1 740

石材墙面

灌浆层

建筑结构层

根据设计要求

重点说明：

1. 石材墙面横缝，需根据人体的视线高度排布，拼缝尽量避开人体主要视线。

2. 深色石材采用42.5级普通硅酸盐水泥混合中砂或粗砂（含泥量不大于3%）1:3配比；浅色系列石材采用32.5级白水泥砂浆掺白石屑1:3配比。

3. 墙面干挂石材

（1）适用范围。室内外墙面干挂石材饰面板装饰工程。墙面铺贴高度超过 3.5 m，必须采用干挂工艺。

（2）作业条件。

①结构经检查和验收，隐检、预检手续已办理；水电、通风、设备安装施工完毕。

②石材按设计图纸的规格、品种、质量标准、物理力学性能、数量备料，并进行表面六面防护处理工作（室内干燥区域，六面防护可做选择执行）。

③外门窗已安装完毕，经检验符合规定的质量标准。

④已备好不锈钢锚固件、手持电动工具等。

⑤先做样板，经施工单位自检，报监理、业主和设计确认合格后，方可组织人员进行大面积施工。

⑥若外墙石材干挂，钢架必须防雷接地。

⑦所有石材干挂钢架焊接点防锈处理到位，经隐蔽工程验收合格后方可施工。

⑧设计要求墙面石材到顶的，周边吊顶必须待石材干挂完成后方可封板，以保证顶部石材干挂施工的操作空间。

（3）材料准备。

①基层钢架。

a. 槽钢、方钢或角钢的规格型号必须符合设计要求及国家规范要求。

b. 材质应进行热镀锌处理，检验合格后方可进场。

②石材。

a. 根据设计要求，确定石材的品种、颜色、花纹和尺寸规格，并严格控制、检查其抗折、抗拉及抗压强度、吸水率、耐冻融循环等性能。

b. 花岗岩板材的弯曲强度应经法定检测机构检测确定。

③云石胶：用于石材与挂件连接部位的临时固定。

④双组分环氧型胶粘剂（AB胶）：用于干挂石材挂件与石材槽缝间的黏结固定，按固化速度分为快固型（K）和普通型（P）。

⑤不锈钢紧固件：应按同一种类构件的5%进行抽样检查，且每种构件一般不能少于5件；沿海地区，不锈钢紧固件材质型号为304。（注：304不锈钢板表面美观以及使用可能性多样化；耐腐蚀性能好且比普通钢长久耐用；耐高温氧化及强度高，因此能够抗火灾；维护简单，容易清洁。）

⑥膨胀螺栓、化学锚栓、连接铁件、连接不锈钢针等配套的铁垫板、垫圈、螺帽及与骨架固定的各种设计和安装所需要的连接件的质量，必须符合要求。

⑦红丹漆和银粉漆：对焊缝进行处理，清理焊渣，先刷红丹漆一道，待表面干燥后刷银粉漆一道。（注：大堂等空间高度较高的区域，需对膨胀螺栓进行拉拔试验。）

（4）施工工艺流程：验收石材→测量放线→钢架制安→钢架防锈处理→石材开槽→石材安装。

①验收石材：监理要协同分管人员验收石材，按设计要求认真检查石材规格、型号是否正确，与料单是否相符，如发现颜色明显不一致的要单独码放，以便退还厂家。

②测量放线：先将要干挂石材的墙面、柱面、门窗套从上至下找出垂直，同时考虑石材厚度及石材内皮与结构表面的间距。根据石材的高度用水准仪测定水平线并标注在墙上，板缝按照设计要求。弹线要从饰面墙中心向两侧及上下分格，误差要匀分。

③钢架制安：钻孔（验收表），对于轻质墙体，采用对穿螺杆固定钢架。

④钢架防锈处理。

⑤石材开槽：安装石材前先测量准确位置，然后进行钻孔开槽，对于钢筋混凝土或砖墙面，先在石板的两端距孔中心 80～100 mm 处开槽钻孔，孔深 20～25 mm，然后在墙面相对于石材开槽钻孔的位置钻 $\phi 8～10$ mm 的孔，将不锈钢膨胀螺栓一端插入孔中固定，另一端挂好锚固件。对于钢筋混凝土柱梁，由于构件配筋率高，钢筋面积较大，有些部位很难钻孔开槽，在测量弹线时，应先在柱或墙面上避开钢筋位置，准确标出钻孔位置，待钻孔及固定好膨胀螺栓锚固件后，再在石材的相应位置钻孔开槽。

⑥石材安装。

a. 应根据固定在墙面上的不锈钢锚固件位置进行安装，具体操作是将石材孔槽和锚固件固定销对位安装好，利用锚固件的长方形螺栓孔，调节石材的平整，以及方尺找阴阳角方正，拉通线找石材上口平直。

b. 用锚固件将石材固定牢固，并用嵌固胶将锚固件填堵固定。（注：先用 AB 胶将干挂石材挂件与石材槽缝间做黏结固定，再用云石胶将石材与挂件连接部位作临时固定。）

（5）成品保护。

①应及时擦净残留在门窗框、玻璃和金属饰面板上的密封胶、尘土、胶粘剂、油污、手印、水等杂物；

②对已完成的石材阳角采用纸质成品阳角条或夹板护角条进行保护；大面采用塑料薄膜粘贴。

③已完工的干挂石材饰面，在材料运输通道等区域，应设置保护遮挡和标识。石材的标签须及时清理。

（6）施工注意事项。严格按照石材的编号进行安装，确保石材颜色、纹理保持整体统一；为了防止出现饰面石材颜色不一致，施工前应在加工厂事先对石材进行挑选和试拼。施工前应认真按设计图纸尺寸核对结构施工实际尺寸，分段分块弹线要精确细致，并经常拉水平线和吊垂直线检查校正。

（7）质量标准。

①主控项目。

a. 石材墙面工程所用材料的品种、规格、性能和等级，应符合设计要求及国家现行产品标准和工程技术规范的规定。

b. 石材墙面的造型、立面分格、颜色、光泽、花纹和图案应符合要求。

c. 石材孔、槽的数量、深度、位置、尺寸应符合设计要求。

d. 墙角的连接节点应符合设计要求和技术标准的规定。

②一般项目。

a. 石材墙面表面应平整、洁净，无污染、缺损和裂痕；颜色和花纹应协调一致，无明显色差，无明显修痕。

b. 石材接缝应横平竖直、宽窄均匀；阴阳角石板压向应正确，板边合缝应顺直；凹凸线出墙厚度应一致，上下口应平直；石材面板上洞口、槽边应套割吻合，边缘应整齐。

c. 石材饰面板安装的允许偏差应符合《建筑装饰装修工程质量验收规范》（GB 50210—2001）的规定，如表 4-4-15 所示。

表 4-4-15

序号	项目	允许偏差/mm			检验方法
		石材			
		光面	剁斧石	蘑菇石	
1	立面垂直度	2	3	3	用 2 m 垂直检测尺检查
2	表面平整度	2	3	—	用 2 m 靠尺和塞尺检查
3	阴阳角方正	2	4	4	用直角检测尺检查
4	接缝直线度	2	4	4	拉 5 m 线,不足 5 m 拉通线,用钢直尺检查
5	墙裙、勒脚上口直线度	2	3	3	拉 5 m 线,不足 5 m 拉通线,用钢直尺检查
6	接缝高低差	0.5	3	—	用钢直尺和塞尺检查
7	接缝宽度	1	2	2	用钢直尺检查

(8) 石材干挂构件及结构现场图片,如图 4-4-20 ~ 图 4-4-22 所示。

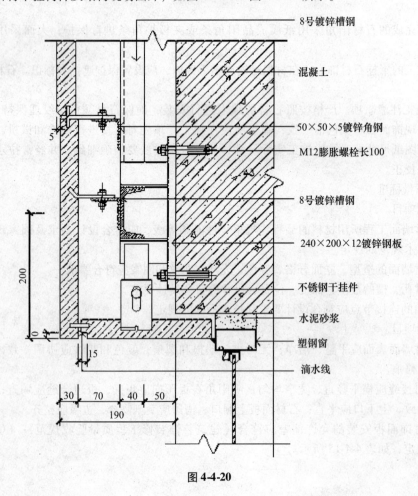

图 4-4-20

图 4-4-21

图 4-4-22

（9）墙面干挂石材示意图。

①石材干挂法施工示意图（表4-4-16）。

表 4-4-16

项目名称	墙面工程	名　称	石材干挂法施工示意图
适用范围	室内大厅、电梯厅等公共空间	备　注	通　用

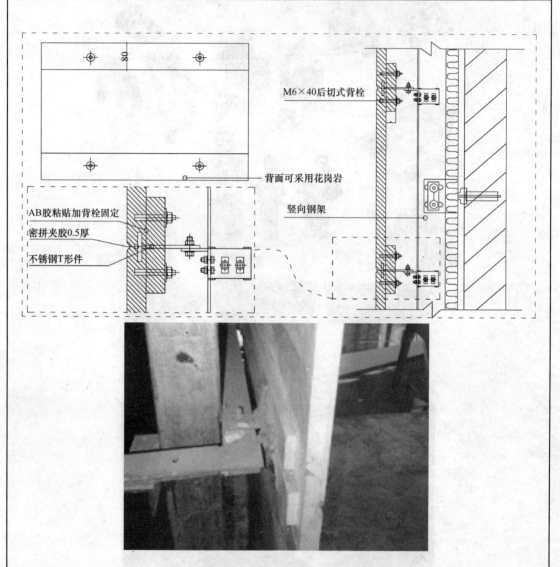

重点说明:

1. 所有型钢规格符合国家标准,热镀锌处理,焊接部位做防锈处理。不锈钢石材挂件钢号为 202 以上、沿海项目采用 304 钢号连接配件。

2. 石材厚度要求在 25 mm 以上,2 500 mm 高以内的墙体,竖向采用 5 号槽钢,横向采用∟40×4 角钢,间距根据石材的横缝排版确定;2 500 mm 高以上的墙体,竖向采用 8 号槽钢,横向采用 50 mm×5 mm 型角钢,间距根据石材的横缝排版确定。

3. 如为轻质墙,则需在竖向主龙骨上增加背穿螺栓,螺栓间距不大于 1.2 m。

4. 挂点设置:石材长度大于 600 mm 以上,每排不少于 3 个挂点。

②石材检修门示意图（表4-4-17）。

表4-4-17

项目名称	墙面工程	名　称	石材检修门示意图
适用范围	室内电梯厅、大厅、走道等	备　注	通　用

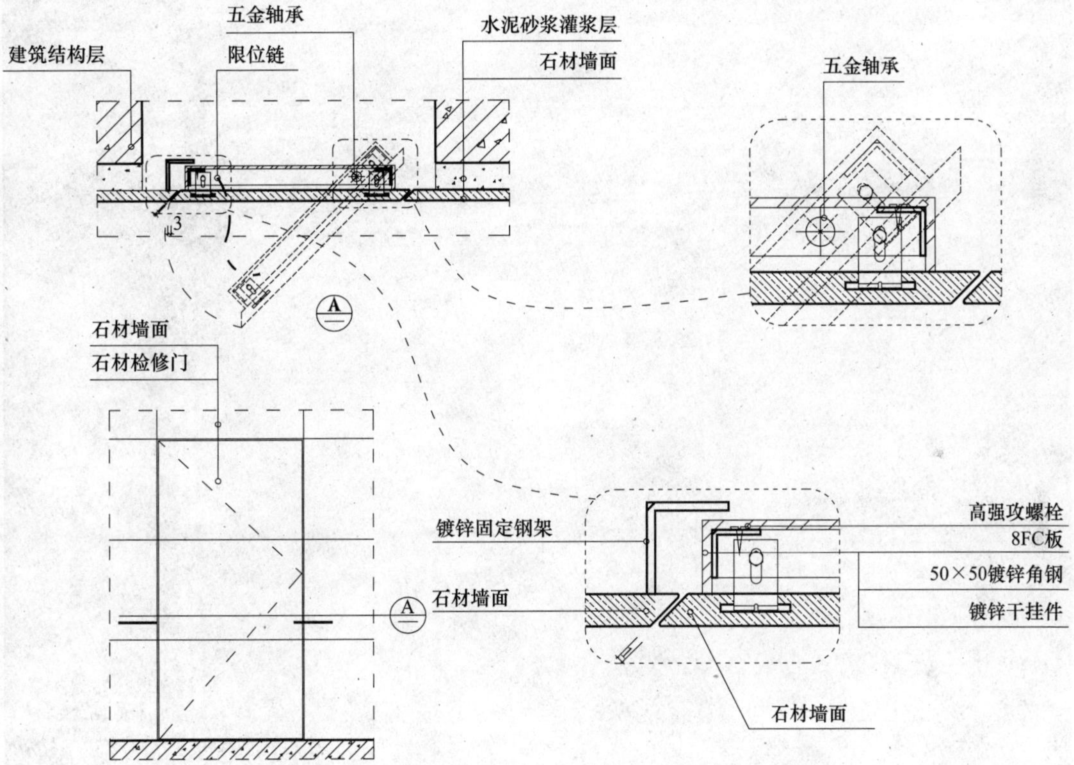

建筑结构层

五金轴承

限位链

水泥砂浆灌浆层

石材墙面

五金轴承

Ⓐ

石材墙面

石材检修门

镀锌固定钢架

石材墙面

高强攻螺栓

8FC板

50×50镀锌角钢

镀锌干挂件

石材墙面

Ⓐ

重点说明：

1. 石材暗门需采用热镀锌角钢，角钢大小及滚珠轴承大小根据门体的自重选定，焊接部位做防锈处理。

2. 石材干挂或安装、门边、框边切割面需抛光处理，钢架面采用防潮板包封。为防止门与边框碰撞使石材破损，需在门与框之间安装限位链。

3. 暗门厚度及旋转开启与墙面装饰面空间关系需在建筑设计时考虑，否则难以实施。

③石材线条施工示意图（表4-4-18）。

表 4-4-18

项目名称	墙面工程	名　称	石材线条施工示意图
适用范围	室内墙面背景	备　注	通　用

重点说明：
1. 钢架基层采用∟40×4镀锌角钢，焊接部位需刷红丹漆、银粉漆各一遍。
2. 钢架间距应450 mm设置一道，顶部横向角钢应与顶部结构楼板做拉结。
3. 石材线条须用AB胶和不锈钢专用干挂件进行固定。
4. 石材线条2 500 mm内宜整根加工，减少拼接。

④壁炉施工示意图（表4-4-19）。

表4-4-19

项目名称	墙面工程	名　　称	壁炉施工示意图
适用范围	室内装饰壁炉	备　　注	通　用

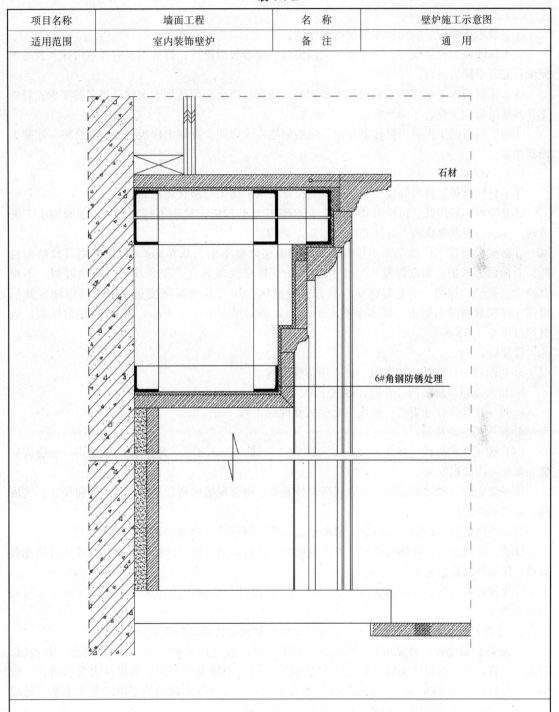

石材

6#角钢防锈处理

重点说明：

装饰壁炉必须有与结构墙体、梁或柱有效连接的钢架基层，钢架需热镀锌处理且焊点需进行防锈处理（钢架按照壁炉的体量和承重要求选择合适的型号）。

4. 木装饰墙面饰面

（1）适用范围：室内干区装饰面层。

（2）作业条件。

①安装木饰面板处的结构或基层必须牢固。

②木饰面板的骨架安装，应在安装完门窗口、窗台板后进行，钉装面板应在室内抹灰及地面完成且充分干燥后进行。

③木饰面板木龙骨应在安装前将面板刨平，防腐、防火必须达到国家规范规定的要求；轻钢龙骨及基层板应平整、牢固。

④施工项目的工程量大且较复杂时，应绘制施工大样图，并做出样板，经检验合格，才能大面积作业。

（3）材料要求。

①木材的树种、材质等级、规格应符合设计要求、施工与验收规范的规定。

②龙骨料一般用红、白松等烘干料，含水率不大于12%，材质不得有腐朽、超断面1/3的节疤、壁裂、扭曲等疵病，并预先经"三防"处理。

③饰面板须在工厂加工，不得现场制作。面层厚度不小于0.6 mm（也可采用其他贴面材质；有曲面要求的，面层厚度不小于0.3 mm），要求纹理顺直、颜色均匀、花纹近似，不得有节疤、裂缝、扭曲、变色等疵病。北方干燥地区基层宜采用高密度板，南方潮湿地区基层宜选用结构致密的多层板。含水率不大于12%，板材厚度不小于9 mm（要求拼接的板面，板材厚度不小于15 mm）。

④辅料。

a. 防潮卷材：油纸、防潮膜，也可用防潮涂料。

b. 防火涂料、胶粘剂、乳胶、冷底子油。

c. 钉子：采用气动射钉，长度应是面板厚度的2~2.5倍。

d. 樟木粉、防腐剂。

（4）施工工艺流程：弹线定位→安装固定件→铺、涂防潮层→龙骨配制与安装→基层板安装和调整→饰面板安装。

①弹线定位。木饰面安装前，应根据设计要求，结合现场标高、平面位置、竖向尺寸、完成面，进行弹线定位。

②安装固定件。根据弹线位置，墙面钻孔，埋置固定件（木楔须防腐、防火处理）。

③铺、涂防潮层：有防潮要求的木饰面位置，在钉装龙骨时应压铺防潮卷材，或在钉装龙骨前进行涂刷防潮层的施工。

④龙骨配制与安装。墙面装饰轻钢龙骨基层（龙骨与墙面的固定采用木楔，须防腐、防火处理后待用）。

a. 局部木护墙龙骨：根据房间大小和高度可预制成龙骨架，整体或分块安装。

b. 全高护墙龙骨：首先量好房间尺寸，根据房间四角和上下龙骨的位置，将四框龙骨找位，钉装平、直，然后按设计龙骨间距要求钉装横竖龙骨。护墙龙骨间距，当设计无要求时，一般横、竖龙骨间距为300 mm。龙骨安装必须找方、找直，骨架与木楔间的空隙应垫以木垫，每块木垫至少用两个钉子固定，在装钉龙骨时预留出板面厚度。

c. 安装扣件：如果木饰面板的厚度小于9 mm，建议在龙骨上增加基层板，基层板的厚度不小于9 mm。木饰面板面积小于0.5 m²时，可以采用专用胶水粘贴；面积大于0.5 m²时，须采用固定件安装。

⑤基层板安装和调整。

a. 基层板安装前，对所有龙骨进行平整与牢固度检查。

b. 基层板安装前，根据龙骨排列方式进行预装、弹线。

c. 基层板与基层龙骨连接必须采用自攻螺钉固定，基层板与基层板拼接时应留 2 ~ 3 mm 膨胀缝隙为宜。

d. 基层板不得直接落地，须与地面完成面留 20 mm 缝隙，防止受潮。

⑥饰面板安装。

a. 饰面板配好后进行试拼，确定面板尺寸、接缝、接头处构造合适，且木纹方向、颜色观感符合要求后，才能进行正式安装。

b. 饰面板接头隐蔽部位，应涂胶与龙骨固定牢固，固定面板的钉子规格应适宜，钉长为面板厚度的 2 ~ 2.5 倍，钉距一般为 100 mm。

c. 钉贴脸（线条）：贴脸（线条）料应进行挑选，花纹、颜色应与框料、面板接近，在工厂完成油漆加工。贴脸（线条）规格尺寸应一致，接挂应顺平、无错槎。

（5）质量标准。

①主控项目。

a. 胶合板、贴脸板等材料的品种、材质等级、含水率和防腐防火措施，必须符合设计、环保要求和施工验收规范的规定。

b. 木制品与基层或木楔、木砖镶钉必须牢固，无松动。

②一般项目。

a. 制作：尺寸正确，表面平直光滑，棱角方正，线条顺直，不露钉帽，无戗槎、刨痕、毛刺和锤印。

b. 安装：位置正确，割角整齐、交圈，接缝严密，平直通顺，与墙面紧贴，出墙尺寸一致。

c. 木饰面油漆要求在工厂完成加工。

（6）油漆质量标准。

①主控项目。

a. 溶剂型涂料涂饰工程所选用涂料的品种、型号和性能应符合设计要求。

b. 溶剂型涂料涂饰工程的颜色、光泽、图案应符合设计要求。

c. 溶剂型涂料涂饰工程应涂饰均匀，粘贴牢固，不得漏涂、透底、起皮和反锈。

d. 溶剂型涂料涂饰工程的基层处理应符合《建筑装饰装修工程质量验收规范》（GB 50210—2001）第 10.1.5 条的要求，即木材基层的含水率不大于 12%；基层腻子应平整、坚实、牢固，无粉化、起皮和裂缝。

②一般项目。

a. 色漆的涂饰质量和检验方法应符合质量验收规范的规定：颜色均匀一致，光泽和光滑均匀一致；无刷纹；裹纹不允许。

b. 清漆的涂饰质量和检验方法应符合《建筑装饰装修工程质量验收规范》（GB 50210—2001）表 10.3.7 的规定：颜色均匀一致；木纹棕眼刮平、平纹清楚；光泽均匀一致、光滑；无刷纹；裹纹不允许。涂层与其他装修材料和设备衔接处应吻合，界面应清晰。

（7）木装饰墙面饰面示意图。

①墙面直板木饰面安装示意图（表 4-4-20）。

表 4-4-20

项目名称	墙面工程	名　称	墙面直板木饰面安装示意图
适用范围	室内干区	备　注	通　用

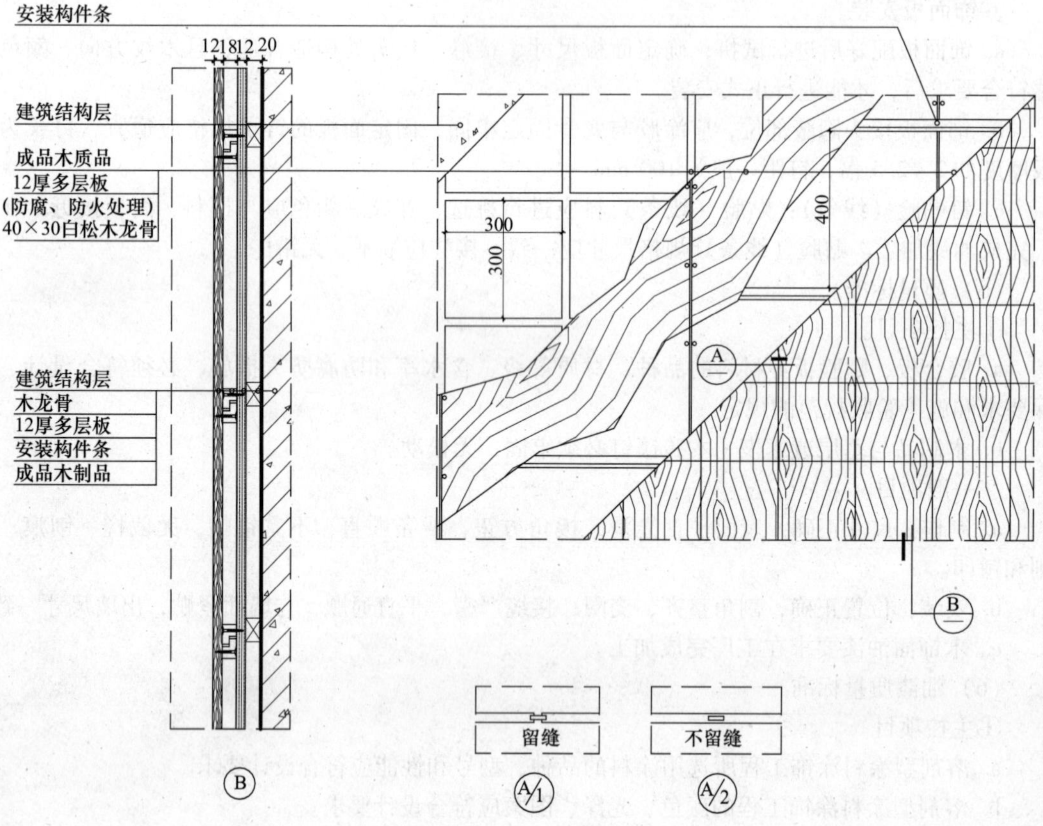

安装构件条

12 18 12 20

建筑结构层

成品木质品
12厚多层板
（防腐、防火处理）
40×30白松木龙骨

300

300

400

建筑结构层
木龙骨
12厚多层板
安装构件条
成品木制品

Ⓐ

Ⓑ

Ⓑ

留缝	不留缝

Ⓐ/1　Ⓐ/2

重点说明：

1. 工序：放样→配料→基层龙骨制作安装→基层多层板制作安装→木饰面工厂加工→现场施工安装。

2. 木饰面必须工厂化加工、现场安装。

3. 木皮厚度：平面应不低于60丝，造型及线条凹槽。卷边处按照实际施工情况定，但不得低于30丝。（注：1丝 = 0.01 mm，60丝 = 0.6 mm。）

4. 覆膜木饰面表面平整、侧光检查无橘纹现象。

5. 基架须采用轻钢龙骨或木龙骨，木龙骨和夹板背面须防火、防潮处理。

6. 木皮饰面背面必须刷防潮漆或贴平衡纸，覆膜饰面背面须完全包覆。

7. 墙面阳角处须在工厂成品加工完成后现场安装。

8. 在北方干燥地区，木皮厚度宜为40丝以内，木作的基层板可为中密度板，视木饰面板厚度、面积取消基层板。

②成品（轻质隔墙）门套施工示意图（表4-4-21）。

表 4-4-21

项目名称	墙面工程	名 称	成品（轻质隔墙）门套施工示意图
适用范围	各种轻质隔墙	备 注	适用精装修标准 3 000 元/m² 及以上产品

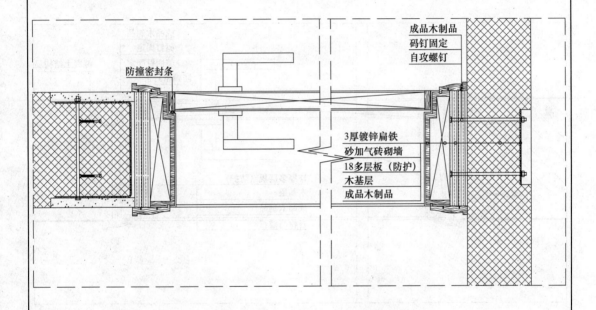

重点说明：

1. 工序：放样→配料→基层制作安装→门扇套工厂加工→现场施工安装。

2. 轻质墙体采用 U 形镀锌扁铁对穿螺栓固定，门框及门扇均按设计要求。现场复核尺寸后，工厂加工制作，现场成品安装。

3. 门框基层采用 18 mm 厚多层板三防处理。

4. 成品门套木皮厚度应不低于 60 丝，油漆须符合环保要求。

5. 成品门套背面必须刷防潮漆或贴平衡纸。

6. 房门均须配置门吸或门阻，安装位置根据现场实际位置确定。门套企口边嵌橡胶防撞条（颜色与木饰面相同）。

7. 木制品制作工厂有浸蜡工艺的，要求在门套根部做蜡封处理（特别是有现场裁切的部位），处理长度不低于 200 mm。

③成品（砖混墙体）门套施工示意图（表4-4-22）。

表4-4-22

项目名称	墙面工程	名　称	成品（砖混墙体）门套施工示意图
适用范围	砖混墙体	备　注	适用 2 000 元/m² 及以上产品标准

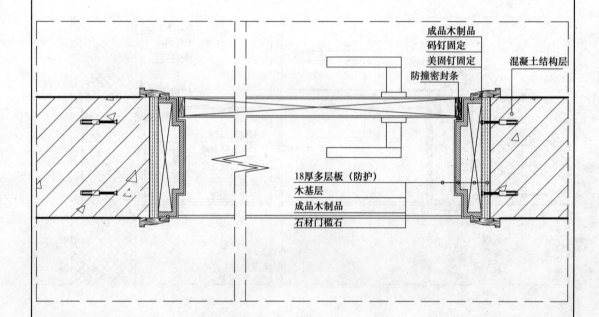

重点说明：

1. 门框及门扇均按设计要求，现场复核尺寸后，工厂加工制作。

2. 门框基层采用18 mm厚多层板防火、防潮处理。

3. 成品门套木皮厚度应不低于60丝，油漆须符合环保要求。

4. 成品门套背面必须刷防潮漆或贴平衡纸。

5. 门套内外门套线双面做收口，以使内外统一、美观。

6. 房门均须配置门吸或门阻，安装位置根据现场实际位置确定。门套企口边嵌橡胶防撞条（色系与木饰面相同）。

7. 木制品制作工厂有浸蜡工艺的，要求在门套根部做蜡封处理（特别是有现场裁切的部位），处理长度不低于200 mm。

5. 马赛克饰面

（1）适用范围：室内墙、地面马赛克饰面的施工。

（2）作业条件。

①顶棚、墙柱面粉刷抹灰施工完毕，地面水泥砂浆找平已经完成。

②墙柱面暗装管线、线盒及门窗安装完毕，并经检验合格。

③安装好的窗台板、门窗框与墙柱之间缝隙用1∶2.5水泥砂浆堵灌密实（铝门窗边缝隙嵌塞材料应由设计确定），铝门窗柜应粘贴好保护膜。

④墙柱面清洁（无油污、浮浆、残灰等），影响马赛克铺贴凸出的墙柱面应凿平，过度凹陷的墙柱面应用1∶2.5水泥砂浆分层抹压找平（先浇水湿润后再抹灰）。

（3）材料准备。

①胶粘剂：专用胶粘剂。

②白水泥：专用填缝剂。

③陶瓷、玻璃马赛克（锦砖）品种、规格、花色按设计规定，并应有产品合格证。

（4）施工工艺流程：基层处理→预排马赛克弹线→贴面→润湿面纸→揭纸调缝→擦缝、清洗。

①基层处理。

②预排马赛克弹线。

a. 按照设计图纸色样要求，一个房间、一整幅墙柱面贴同一分类规格的砖块，砖块排列应自阳角开始，于阴角停止（收口）；自顶棚开始，至地面停止（收口）；女儿墙、窗顶、窗台及各种腰线部位，顶面砖块应压盖立面砖块，以防渗水，引起空鼓。

b. 排好图案变异分界线及垂直与水平控制线。垂直控制线间距一般以5块砖块宽度设一度为宜，水平控制线一般以3块砖块宽度设一度为宜。墙裙及踢脚线顶应弹高度控制线。

③贴面。

a. 待底子灰终凝后（一般隔天），重新浇水湿润，将水泥膏满涂贴砖部位，用木抹子将水泥膏打至厚度均匀一致（厚度以1~2 mm为宜）。

b. 用毛刷蘸水，将砖块表面灰尘擦干净，把白水泥膏用塑料抹子将马赛克的缝填满（也可把适量细砂与白水泥拌和成浆使用），然后贴上墙面；粘贴时要注意图案间花的规律，避免搞错；砖块贴上后，应用塑料抹子用力压实使其粘牢，并校正。

④润湿面纸。马赛克粘贴牢固后（约30 min后），用毛刷蘸水，把纸面擦湿，将纸皮揭去。

⑤揭纸调缝。检查缝大小是否均匀、通顺，及时将歪斜、宽度不一的缝调正并拍实。调缝顺序宜先横后竖。

⑥擦缝、清洗。

a. 清干净揭纸后残留的纸毛及粘贴时被挤出缝的水泥（可用毛刷蘸清水适当擦洗）。

b. 用白水泥将缝填满，再用棉纱或布片将砖面擦干净至不留残浆为止。

（5）质量标准。

①主控项目。

a. 材料品种、规格、颜色、图案必须符合设计要求，质量应符合现行有关标准的规定。

b. 镶贴必须牢固，无空鼓、歪斜、缺棱、掉角和裂缝等缺陷。

②一般项目。

a. 表面：观察检查和用小锤轻击检查。合格的表面基本平整、洁净、颜色均匀，基本无空鼓现象。优良的表面须平整、洁净、色泽一致，无变色、泛碱、污痕和明显的光泽受损，无空鼓现象。

b. 接缝：观察检查。合格的接缝填嵌密实、平直、宽窄均匀，颜色无明显差异；优良的接缝须填嵌密实、平直、宽窄均匀，颜色一致，阴阳角处的板压向正确，非整砖使用部位适宜。

c. 套割：观察或尺量检查。合格套割突出物周围的砖套割基本吻合。其缝隙不超过3 mm，墙裙、贴脸等上口平顺，突出墙面的厚度基本一致；优良套割边缘整齐；墙裙、贴脸等上口平顺、突出墙面的厚度一致。

（6）施工注意事项。

①避免工程质量通病：

a. 空鼓：基层清洗不干净；抹底子灰时基层没有保持湿润；砖块铺贴时没有用毛刷蘸水擦净表面的灰尘；铺贴时，底子灰面没有保持湿润及粘贴水泥膏不饱满、不均匀；砖块贴上墙面后没有用塑料抹子拍实或拍打不均匀。基层表偏差较大，基层施工或处理不当。

b. 墙面脏：揭纸后没有将残留的纸毛、粘贴时被挤出缝的水泥浆及时清干净；擦缝后没有将残留砖面的白水泥浆彻底擦干净。

c. 缝子歪斜，块粒凹凸：砖块规格不一，且无挑选分类使用；铺贴时控制不严，没有对好缝及揭纸后没有调缝；底子灰不够平整，粘贴水泥膏厚度不均匀，砖块贴上墙后没有用塑料抹子均匀拍实。

②成品保护：门窗框上附着的砂浆应及时清理干净；施工过程中，避免碰撞墙柱面的粉刷饰面；对污染的墙柱面，应及时清理干净。

6. 墙纸饰面

（1）适用范围：室内墙纸饰面工程。

（2）作业条件。

①设备及小型工具提前备好：裁纸工作台、钢板尺（1 m长）、墙纸刀、毛巾、水桶、小滚筒、刮板等。

②墙面抹灰完成，且经过干燥，含水率不高于8%。

③门窗安装和木制品油漆已完成。

④水电及设备，顶墙预留埋件已完成。

⑤墙面清扫干净，如有凹凸不平、缺棱掉角或局部面层损坏者，提前修补抹平抹直，干燥，预制混凝土表面，提前刮石膏腻子找平。

⑥如房间较高，应提前准备好活动架；如房间不高，应提前钉设木凳。

⑦将突出墙面的设备部件等卸下收好，待粘贴完后将其重新安装复原。

⑧大面积施工前应先做样板间，经鉴定符合要求后方可组织施工。

⑨墙纸铺贴前，室内窗扇已安装，具备可封闭条件。

（3）材料准备。

①墙纸胶：墙纸胶必须为无机物胶粘剂。

②墙纸：

a. 塑料墙纸：以纸为底层，聚氯乙烯塑料为面层，经过复合、印花、压花等工序而制成。

b. 玻璃纤维贴墙布：中碱性玻璃布，表面涂有耐磨树脂，印有彩色图案，室内使用不变色、不老化、防火、防潮性能好。

c. 无纺贴墙布：采用棉、麻天然纤维或涤纶、腈纶等合成纤维，经过无纺成型，涂树脂，印制彩色花纹而成。（不建议批量精装修项目使用。）

d. 纯纸浆墙纸：在特殊耐热的纸上直接印花压纹的墙纸或者直接套色印刷。

③胶粘剂、嵌缝腻子、玻璃网格布等，根据基层需要提前备齐。若自配墙纸胶粘剂，其配合比为聚醋酸乙烯乳液∶羧甲基纤维素（2.5%溶液）＝60∶40（粘玻璃纤维墙布）；聚醋酸乙烯乳液∶界面剂＝1∶1（粘塑料墙纸）。

（4）施工工艺流程：基层处理→计算用料、弹线→墙纸粘贴→修整清洁。

①基层处理：

a. 装修单位进场后，需与土建单位进行交接验收，如墙面空鼓、平整度、垂直度是否符合要求，丁方、曲尺是否满足装修施工要求；且待土建整改修完成，方可进行墙面施工。轻质砌块墙体，在成品可控的情况下，建议使用满铺5 mm×5 mm玻璃纤维网格布，采用专用薄层灰泥披刮，厚度不宜超过3 mm。

b. 在墙面管线槽部位、砌体开裂部位，先采用专用界面剂处理，再用专用修补砂浆修补并加强处理，如图4-4-23所示；轻质墙体的管线开槽必须采用机具切割，严禁手工开槽，如图4-4-24所示。

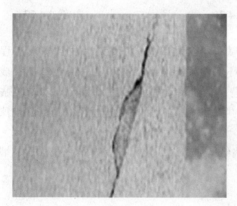

图4-4-23

图4-4-24

c. 在薄层灰泥充分干燥后，开始批刮墙面批灰腻子，首先在墙体阴阳角部位，采用模型石膏粉腻子找方。找方完成后，再进行大面积批灰施工。墙面批灰一般要求3遍：第一遍要求在批灰腻子中调入10%清油，用打浆机搅拌均匀后披刮；第二遍采用普通批灰腻子披刮，如图4-4-25所示，用砂纸进行打磨，修正平整度和垂直度达到横平竖直的要求，墙面平整度用 2 m 靠尺检查，如图 4-4-26 所示，塞尺检测不能超过 2 mm；第三遍主要是大面积的修整和阴阳角的顺直，如图 4-4-27 所示，每遍批灰的厚度都不宜超过 2 mm，腻子层应坚实、牢固、不粉化、不起皮、不裂缝等。腻子层完成经监理单位和工程部验收后，才能进入下道工序。

图 4-4-25　　　　　　　　　　图 4-4-26　　　　　　　　　　图 4-4-27

d. 墙面批灰完成后，要自然风干，刷清油前腻子层含水率应小于 8%（放到抹灰工程中）。清油建议采用醇酸清漆，或使用墙纸专用基膜（环保性好，墙纸二次铺贴易损毁基层，成本较高），稀料稀释后滚涂，风干 24 h 后滚涂第二遍，清油厚度宜控制在 0.3 mm 以内，贴墙纸（布）前要通风 48 h 以上，确保空气中没有油漆的味道。清油风干后须进行打磨，磨除油漆上的流涕、粉刺等，使墙面达到光滑平整。

②计算用料、弹线：提前计算顶面、墙粘贴墙纸的张数及长度，并弹好第一张顶面、墙面墙纸铺贴的位置线。

③墙纸粘贴。

a. 宜在墙上弹垂直线和水平线，以保证墙纸（布）横平竖直、图案正确，粘贴有依据。按已量好的墙体高度放大 10～20 cm，按尺寸裁纸，一般应在案子上裁割，将裁好的纸折好待用。如果采用的是塑料墙纸，由于塑料墙纸遇水胶水会膨胀，因此要用水润湿墙纸，使其充分膨胀后再粘贴；如果采用的是玻璃纤维基材的墙纸（布）等，遇水无伸缩，无须润水。复合纸墙纸和纺织纤维墙纸也不宜润水。裱贴墙纸（布）应采用墙纸胶或墙纸粉。

b. 裱贴玻璃纤维墙布和无纺墙布时，背面不能刷胶粘剂，应将胶粘剂刷在基层清油上。这是因为墙布有细小孔隙，胶粘剂会印透表面而出现胶痕，影响美观。裱贴的胶应涂在墙纸（布）或墙面中间，边缘 30～50 mm 处不宜涂胶，裱贴后，采用刮板赶压，不得留有气泡。接缝、边缘处挤出的胶应及时采用干净的湿软布擦揩干净。如果边缘处有漏胶部位，须即时揭开补胶后刮平。第一幅墙纸应先对准垂直线由上而下、自中间而四周进行赶压粘贴，与挂镜线或弹出的水平线相齐，拼缝到底压实后再刮大面。禁止在阳角处拼缝墙纸（布），要裹过阳角 20 mm 以上拼接。

c. 一般无花纹的墙纸，纸幅间缝可重叠 50 mm，用钢直尺在接缝中间从上而下用墙纸刀切断；有图案花纹的墙纸，一般要采用两幅墙纸图案花纹重叠对好，用刮板在接缝处压实，自上而下切割，将余纸切除。墙纸贴好后应检查是否粘贴牢固，表面颜色是否一致，不得有气泡、空鼓、裂缝、翘边、褶皱和斑污，阴阳角面要垂直挺括。1 000 mm 远斜视无明显接缝。

④修整清洁：糊贴后应认真检查，对墙纸的翘边翘角、气泡、褶皱及胶痕等应及时处理和修整，使之完善；强制接缝处、墙纸与其他装饰材料交界处（如门窗套、踢脚线上口、窗台等），应采用干净的浅色湿毛巾擦除多余胶水。

（5）质量标准。

①主控项目。

a. 墙纸、墙布的种类、规格、图案、颜色和燃烧性能等级必须符合设计要求及国家现行标准的有关规定。

b. 裱糊工程基层处理质量应符合《建筑装饰装修工程质量验收规范》（GB 50210—2001）第 11.1.5 条的要求。

c. 墙纸、墙布应粘贴牢固，不得有漏贴、补贴、脱层、空鼓和翘边。

②一般项目。

a. 裱糊后的墙纸、墙布表面应平整，色泽应一致，不得有波纹起伏、气泡、裂缝、褶皱及斑污，斜视时应无胶痕。

b. 复合压花墙纸的压痕及发泡墙纸的发泡层应无损坏。

c. 墙纸、墙布与各种装饰线、设备线盒应交接严密。

d. 墙纸、墙布边缘应平直整齐，不得有纸毛、飞刺。

e. 墙纸、墙布阴角处搭接应顺光，阳角处应无接缝。

（6）成品保护。

①墙纸裱糊完的房间及时清理干净，不准做料房或休息室，避免污染和损坏。

②后续施工、电气和其他设备等在进行安装时，应注意保护墙纸，防止污染和损坏。

③铺贴墙纸时，必须严格按照规程施工，施工操作时要做到干净利落，边缝要切割整齐，胶痕必须及时清擦干净。

④墙纸铺贴完毕 24 h 内不得开窗通风或使用空调。

⑤阳角处，应使用纸质成品阳角条进行保护，高度不得小于 2 000 mm。

（7）应注意的质量问题：

①对湿度较大的房间和经常潮湿的墙体，不得采用墙纸。

②墙纸修补不得采用局部挖补法，应整幅更换。

③部分墙纸裱糊方向需依据墙纸厂家要求方向进行铺贴。

（8）墙纸饰面需要的材料和构件。网格布如图 4-4-28 所示，构件如图 4-4-29 所示。

图 4-4-28

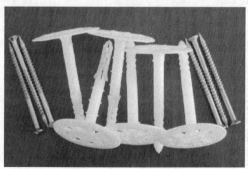

图 4-4-29

（8）墙面墙纸施工示意图。

黏土砖墙面壁纸施工示意图（表 4-4-23）。

表 4-4-23

项目名称	墙面涂料饰面细部构造	名　称	黏土砖墙面壁纸施工示意图
适用范围	室内分隔墙	备　注	通　用

烧结普通砖墙体
砂浆粉刷层
大白腻子抹灰层
醇酸清漆封底
壁纸饰面

烧结普通砖墙体
砂浆粉刷层
大白腻子抹灰层
醇酸清漆封底
壁纸饰面

Ⓐ

Ⓐ

重点说明：

1. 工序：基层处理→喷刷胶水→填补缝隙、局部刮腻子→吊顶拼缝处理→吊直、套方、弹线→满刮腻子→腻子面清漆→计算用料、裁纸→刷胶→裱糊→修整。

2. 墙面批灰基层完成后须刷醇酸清漆（或基膜）2 遍，批灰腻子里须加 10% 的清漆。

3. 对湿度较大的房间和经常潮湿的墙体，不得采用墙纸。

4. 墙纸修补不得采用局部挖补法，应整幅更换。

5. 墙纸铺贴完成 24 h 不得通风开窗或开启空调。

6. 墙面管线槽部位、砌体开裂部位，先采用专用界面剂处理，再用专用修补砂浆修补。

7. 墙面软包饰面

（1）适用范围：室内各类软包、硬包墙面装饰工程，如布艺（含锦缎）、皮革等面料。（注：高档精装修项目，建议采用专业分包，不宜装饰施工单位现场制作。）

（2）作业条件。

①墙面软包基层已完成，基层做法参照木饰面基层要求。

②水电及设备，吊顶墙上预留预埋件已完成。

（3）材料准备。

①软包外饰面用的压条、分格框料和木贴脸等面料采用工厂加工的完成品，含水率不大于12%，厚度应符合设计要求且外观无缺陷，并经防腐处理。

②辅料有防潮纸、乳胶、钉子（钉子长应为面层厚的2~2.5倍）、木螺钉、木砂纸、万能胶等。

③罩面材料和做法必须符合设计图纸要求，并符合建筑内装修设计防火的有关规定。

（4）施工工艺流程。弹线→计算用料、套裁填充料和面料→粘贴面料→安装贴脸或装饰边线、刷镶边油漆→修整软包墙面。

①弹线：根据设计图纸要求，把需软包饰面的造型分割线弹至墙面基层。

②计算用料、套裁填充料和面料。

a. 直接铺贴法：此法操作比较简便，但对基层或底板的平整度要求较高。

b. 预制铺贴镶嵌法：此法有一定的难度，要求横平竖直，不得歪斜，尺寸必须准确等。需对拼块背面做定位标志以利于对号入座，然后按照设计要求进行用料计算和填充料、面料套裁工作。

③粘贴面料：如采取直接铺贴法施工，应待墙面基层装修基本完成、边框油漆达到交活条件，方可粘贴面料；如果采取预制铺贴镶嵌法，则不受此限制，可事先进行粘贴面料工作。首先按照设计图纸和造型的要求粘贴填充料（如泡沫塑料、聚苯板或矿棉、木条、五合板等），按设计用料（粘贴用胶、钉子、木螺钉、电化铝帽头钉、铜丝等）把填充垫层固定在预制铺贴镶嵌底板上，然后把面料按照定位标志找好横竖坐标上下摆正，把上部用木条加钉子临时固定；其次把下端和两侧位置找好后，便可按设计要求粘贴面料。

④安装贴脸或装饰边线、刷镶边油漆：根据设计选择和加工好的贴脸或装饰边线，应按设计要求先把油漆刷好（达到交活条件），把事先预制铺贴镶嵌的装饰板进行安装。首先经过试拼达到设计要求和效果后，便可与基层固定和安装贴脸或装饰边线，最后修刷镶边油漆成活。

⑤修整软包墙面：软包墙面施工安排靠后，修整软包墙面工作比较简单，如果施工插入较早，由于增加了成品保护膜，修整工作量较大，例如增加除尘清理、钉粘保护膜的钉眼和胶痕的处理等。

（5）质量标准。

①主控项目。

a. 软包墙面木框或底板所用材料的树种、等级、规格、含水率和防腐处理，必须符合设计要求和《木结构工程施工质量验收规范》（GB 50206—2012）的规定。软包面料及其他填充材料必须符合设计要求，并符合建筑内装修设计防火的有关规定。

b. 软包木框构造做法必须符合设计要求，钉粘严密、镶嵌牢固。

②一般项目。

a. 表面面料平整，经纬线顺直、色泽一致，无污染；压条无错台、错位；同一房间同种面料花纹图案位置相同。

b. 单元尺寸正确，松紧适度，面层挺秀，棱角方正，周边弧度一致，填充饱满，平整，无褶皱、无污染，接缝严密，图案拼花端正、完整、连续、对称。

（6）软包饰面相关图片及现场装饰图片，如图4-4-30所示。

图 4-4-30

（7）墙面软包饰面施工示意图。

墙面软包饰面施工示意图，如表4-4-24所示。

表 4-4-24

项目名称	墙面涂料饰面细部构造	名 称	墙面软包饰面施工示意图
适用范围	墙面软包饰面工程	备 注	通 用

自攻螺钉或码钉固定
9厚多层板垫块（50×100）
软包（基层9厚多层板）

软包（基层9厚多层板）
9厚多层板垫块（50×100）
12厚多层板
木龙骨
建筑结构层

重点说明：

1. 工序：弹线→计算用料、套裁填充料和面料→粘贴面料→安装贴脸或装饰边线、刷镶边油漆→修整软包墙面。

2. 设计时应考虑皮质软包的尺寸排版，单片尺寸不应大于800 mm×800 mm。

3. 软包板面不允许出现明显的钉印、折痕、褶皱。

4. 注意调整工序和安装位置的匹配性。

8. 镜面玻璃饰面

（1）适用范围。室内墙面装饰工程除电梯轿厢外的墙面装饰工程。

（2）作业条件。基层施工已经完成，基层含水率控制在 12% 内，平整度用 2 m 靠尺进行检查，平整度偏差不得大于 2 mm。

（3）材料准备。镜面玻璃、3M 膜、中性硅酮胶、美纹纸、泡沫双面胶（图 4-4-31）。

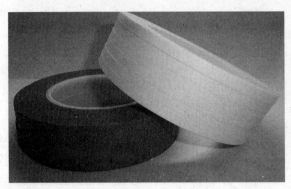

图 4-4-31

（4）施工工艺流程：清理基层→立筋→铺钉衬板→镜面安装。

①清理基层：在砌筑墙、柱时，先埋入木砖，其位置应与镜面的竖向尺寸和横向尺寸相对应，一般木砖间距以 500 mm 为宜。基层的抹灰面上要刷热沥青或其他防水材料，或在墙面与基层板之间满铺防潮膜，形成隔离层。

②立筋：墙筋为 40 mm 见方或 50 mm 见方的小木方，用铁钉固定在木砖上。安装小块镜面多为双向立筋，安装大块镜面可以单向立筋，横、竖墙筋的位置与木砖一致，做到横平竖直，以便衬板与镜面的固定。立筋应用长靠尺检查平整度。

③铺钉衬板：衬板为 15 mm 厚木板或 5 mm 胶合板，钉在墙筋上，钉头应没入板内。板与板的间隙应设在立筋处，板面应无翘曲、起皮，且平整清洁。

④镜面安装：

a. 固定方式：镜面按设计尺寸和形状裁切好后，进行固定。常用的方法有螺钉固定、嵌钉固定、黏结固定、托压固定和黏结支托固定五种。

b. 玻璃固定的方法：在玻璃上钻孔，用镀铬螺钉、铜螺钉把玻璃固定在木骨架和衬板上；用硬木、塑料、金属等材料的压条压住玻璃；用环氧树脂把玻璃粘在衬板上。

（5）注意事项。

②匀面玻璃厚度应为 5~8 mm；

②安装时严禁锤击和撬动，不合适时取下重安；

③如果镜面玻璃采用粘贴方法安装，背面须采用 3M 胶带满贴。固定时须采用玻璃胶点式粘贴。

（6）镜面玻璃安装示意图（表 4-4-25）。

9. 混凝土及抹灰面刷乳胶漆饰面

（1）适用范围：室内精装修混凝土及抹灰面刷乳胶漆饰面的工程。

（2）作业条件。

①墙面应基本干燥，基层含水率不得大于 10%。

表 4-4-25

项目名称	墙面涂料饰面细部构造	名　称	镜面玻璃安装示意图
适用范围	室　内	备　注	通　用

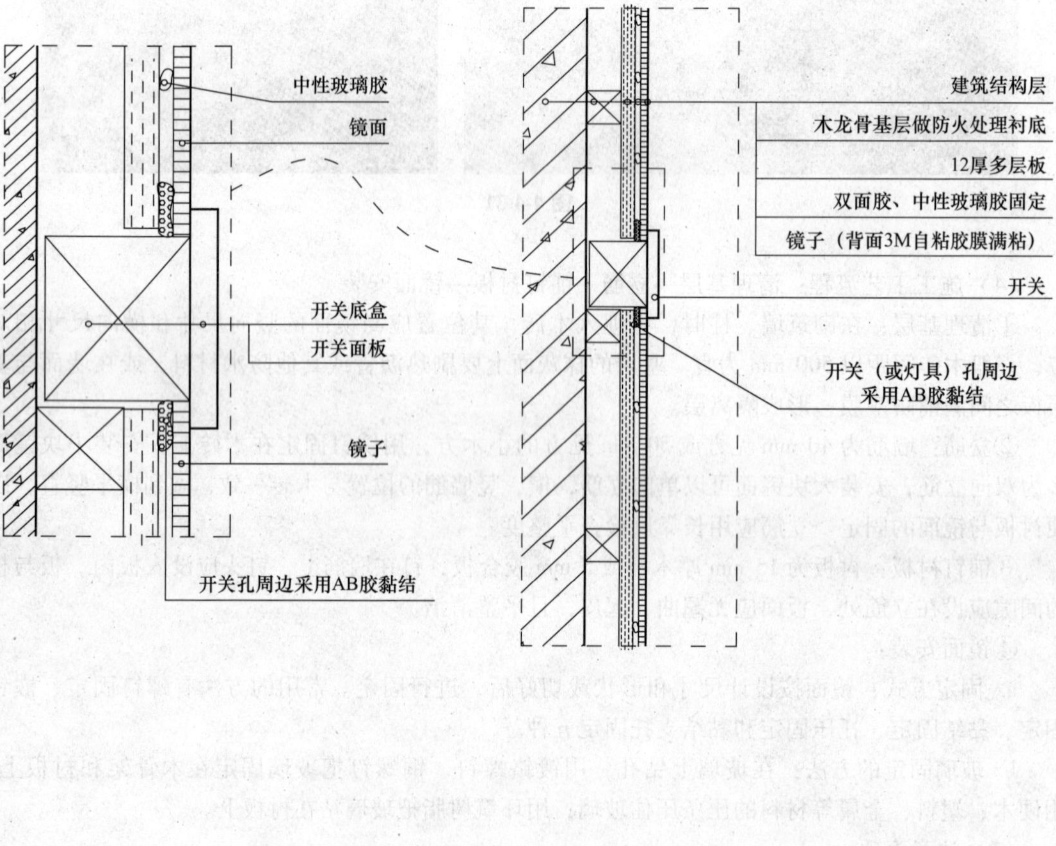

中性玻璃胶

镜面

开关底盒

开关面板

镜子

开关孔周边采用AB胶黏结

建筑结构层

木龙骨基层做防火处理衬底

12厚多层板

双面胶、中性玻璃胶固定

镜子（背面3M自粘胶膜满粘）

开关

开关（或灯具）孔周边
采用AB胶黏结

重点说明：

1. 工序：清理基层→立筋→铺钉衬板→镜面安装。
2. 镜面开孔位置须现场测定，并将所选的开关、插座等终端设备的尺寸一起提供给镜子加工工厂，作为镜面、玻璃开孔位置及尺寸的依据。
3. 为防止镜子开裂，开关四周需用 AB 胶黏结。
4. 镜子背面需用 3M 自粘胶满贴。

②抹灰作业已全部完成，过墙管道、洞口、阴阳角等应提前处理完毕，为确保墙面干燥，各种穿墙孔洞都应提前抹灰补齐。

③门窗玻璃要提前安装完毕。

④地面已施工完毕（塑料地面、木地板、地毯等除外），管道设备安装完毕，试水试压已进行完毕。

⑤大面积施工前应事先做好样板间，经有关质量部门检查鉴定合格后，方可组织班组进行大面积施工。

（3）材料准备。

①涂料：乙酸乙烯乳胶漆、丙烯酸乳胶漆，应有产品合格证、出厂日期及使用说明。

②填充料：大白粉、石膏粉、滑石粉、羧甲基纤维素、聚醋酸乙烯乳液、地板黄、红土子、黑烟子、立德粉等。（或者选择专业厂家生产的墙衬。）

③颜料：各色有机或无机颜料，应耐碱、耐光。

（4）施工工艺流程。基层处理→修补腻子→刮腻子→施涂第一遍乳液薄涂料→施涂第二遍乳液薄涂料→施涂第三遍乳液薄涂料。

①基层处理：先将墙面等基层上起皮、松动及鼓包等清除凿平，再将残留在基层表面上的灰尘、污垢、溅沫和砂浆流痕等杂物清除扫净。

②修补腻子：用水石膏将墙面等基层上磕碰的坑凹、缝隙等处分遍找平，干燥后用1号砂纸将凸出处磨平，并将浮尘等扫净。

③刮腻子：刮腻子的遍数可由基层或墙面的平整度来决定，一般为3遍，腻子的配合比为质量比。

a. 适用于室内的腻子，其配合比为聚醋酸乙烯乳液（即白乳胶）：滑石粉或大白粉：2%羧甲基纤维素溶液 = 1:5:3.5。

b. 适用于外墙、厨房、厕所、浴室有防潮效果的腻子，其配合比为：聚醋酸乙烯乳液：水泥:水 = 1:5:1。

c. 具体操作方法：第一遍用胶皮刮板横向满刮，一刮板紧接着一刮板，接头不得留槎，每刮一刮板最后收头时，收头要干净利落。干燥后用1号砂纸打磨，将浮腻子及斑迹磨平、磨光，再将墙面清扫干净。第二遍用胶皮刮板竖向满刮，所用材料和方法同第一遍腻子，干燥后用1号砂纸磨平并清扫干净。第三遍用胶皮刮板找补腻子，用钢片刮板满刮腻子，将墙面等基层刮平刮光，干燥后用细砂纸磨平磨光，注意不要漏磨或将腻子磨穿。

④施涂第一遍乳液薄涂料：施涂顺序是先刷顶棚后刷墙面，刷墙面时应先上后下。先将墙面清扫干净，再用布将墙面粉尘擦净。乳液薄涂料一般用排笔涂刷，使用新排笔时，注意将活动的排笔毛理掉。乳液薄涂料使用前应搅拌均匀，适当加水稀释，防止头遍涂料施涂不开。干燥后复补腻子，待复补腻子干燥后用砂纸磨光，并清扫干净。

⑤施涂第二遍乳液薄涂料：操作要求同第一遍，使用前要充分搅拌，如不很稠，不宜加水或尽量少加水，以防露底。漆膜干燥后，用细砂纸将墙面小疙瘩和排笔毛打磨掉，磨光滑后清扫干净。

⑥施涂第三遍乳液薄涂料：操作要求同第二遍乳液薄涂料。由于乳胶漆膜干燥较快，应连续迅速操作，涂刷时从一头开始，逐渐涂刷向另一头，要注意上、下顺刷互相衔接，后一排笔紧接前一排笔，避免出现干燥后再处理接头的情况。

（5）质量标准。

①主控项目。

a. 水性涂料涂饰工程所用涂料的品种、型号和性能应符合设计要求。

b. 水性涂料涂饰工程的颜色、图案应符合设计要求。

c. 水性涂料涂饰工程应涂饰均匀、粘贴牢固，不得漏涂、透底、起皮和掉粉。

d. 水性涂料涂饰工程的基层处理应符合《建筑装饰装修工程质量验收规范》（GB 50210—2001）第10.1.5条的要求：木材基层的含水率不得大于12%；基层腻子应平整、坚实、牢固，无粉化、起皮和裂缝。

②一般项目。

a. 涂料的涂饰质量和检验方法应符合质量验收规范中高级涂刷标准的规定。颜色：均匀一致；泛碱、咬色：不允许；流坠、疙瘩：不允许；砂眼、刷纹：无砂眼，无刷纹。

b. 涂层与其他装修材料和设备衔接处应吻合，界面应清晰。

（6）成品保护。

①施涂前应首先清理好周围环境，防止尘土飞扬，影响涂料质量。

②施涂墙面涂料时，不得污染地面、踢脚线、阳台、窗台、门窗及玻璃等已完成的分部分项工程。

③最后一遍涂料施涂完后，室内空气要流通，预防漆膜干燥后表面无光或光泽不足。涂料未干前，不应打扫地面，严防灰尘等沾污墙面涂料。

④涂料墙面完工后要妥善保护，不得磕碰、污染墙面。

（7）应注意的质量问题。

①涂料工程基体或基层的含水率：混凝土和抹灰表面施涂水性和乳液薄涂料时，含水率不得大于10%。

②涂料工程使用的腻子，应坚实牢固，不得粉化、起皮和裂纹。外墙、厨房、浴室及厕所等需要使用涂料的部位和木地（楼）板表面需使用涂料时，应使用具有耐水性能的腻子。

③透底：产生的主要原因是漆膜薄，因此刷涂料时除应注意不漏刷外，还应保持涂料的稠度，不可加水过多。

④接槎明显：涂刷时要上、下顺刷，后一排笔紧接前一排笔，若间隔时间稍长，就容易看出接头，因此大面积施涂时，应配足人员，互相衔接好。

⑤刷纹明显：乳液薄涂料的稠度要适中，排笔蘸涂料量要适当，涂刷时要多理多顺，防止刷纹过大。

⑥分色线不齐：施工前应认真按标高找好并弹画好粉线，刷分色线时要挑选技术好、有经验的油工来操作，例如要会使用直尺，刷时用力要均匀，起落要轻，排笔蘸量要适当，脚手架要通长搭设，从前向后刷等。

⑦涂刷带颜色的涂料时，配料要合适，保证每间或每个独立面和每遍都用同一批涂料，并宜一次用完，确保颜色一致。

（8）混凝土及抹灰面刷乳胶漆施工示意图（表4-4-26）。

10. 铝塑板墙面饰面

（1）适用范围。阳台、公共区域等部位的吊顶（室外工程）。

（2）作业条件。

①装铝塑板饰面的结构面应设预埋件；当设计无规定用预埋件时，可用膨胀螺栓安装骨架。

②木骨架安装应在门窗框安装完成后进行，墙面石板应在墙面抹灰及地面完工后进行。

③木材的干燥要达到规定的含水率，龙骨应在须铺贴面刨平后三面刷防腐剂。

④所需机具安装好，接好电源，并进行试运转。

表 4-4-26

项目名称	墙面涂料饰面细部构造	名 称	混凝土及抹灰面刷乳胶漆施工示意图
适用范围	分户隔墙	备 注	通 用

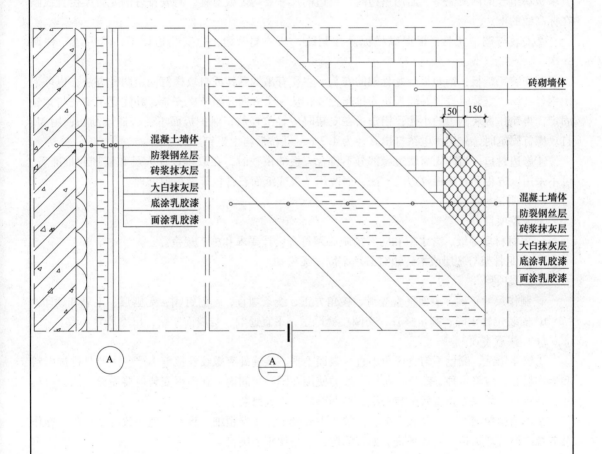

混凝土墙体
防裂钢丝层
砖浆抹灰层
大白抹灰层
底涂乳胶漆
面涂乳胶漆

砖砌墙体
150 150

混凝土墙体
防裂钢丝层
砖浆抹灰层
大白抹灰层
底涂乳胶漆
面涂乳胶漆

A A

重点说明：

1. 工序：基层处理→修补腻子→刮腻子→施涂第一遍乳液薄涂料→施涂第二遍乳液薄涂料→施涂第三遍乳液薄涂料。

2. 不同材料墙体之间须加钢丝网防开裂，钢丝网覆盖墙体每边不少于 150 mm。

⑤大面积施工前应绘制大样图，并先做样板，经检验合格后才能大面积施工。

（3）材料准备。根据设计要求选择铝塑板，确定龙骨间隔尺寸；选择合适的龙骨断面及尺寸。同时铝材进场后须妥善保管，避免变形、划伤。

（4）施工工艺流程：龙骨布置与弹线→安装与调平龙骨→安装铝塑板→修边封口。

①龙骨布置与弹线。

a. 弹线：确定标高控制线和龙骨布置线，如果吊顶有标高变化，应将变截面部分的相应位置确定，接着沿标高线固定角铝。

b. 确定龙骨位置线：根据铝塑板的尺寸规格及吊顶的面积尺寸来安排吊顶骨架的结构尺寸，要求板块组合的图案完整，四周留边时，留边的尺寸要均匀或对称，将安排好的龙骨架位置线画在标高线的上边。

②安装与调平龙骨：根据纵横标高控制线，从一端开始，边安装边调平，然后统一精调一次。

③安装铝塑板：铝塑板与龙骨架的安装，主要有吊钩悬挂或自攻螺钉固定两种方法，也可采用钢丝扎结。安装时按弹好的板块安排布置线，从一个方向开始依次安装，并注意吊钩先与龙骨固定，再钩住板块侧边的小孔；铝塑板在安装时应轻拿轻放，保护板面不受碰撞或刮伤；用 M5 自攻螺钉固定时，先用手电钻打出直径为 4.2 mm 孔位后再上螺钉。

④修边封口：当四周靠墙边缘部分不符合方板的模数时，在取得设计人员和监理的批准后，可不采用以方板和靠墙板收边的方法，而改用条板或纸面石膏板等做吊顶处理。

（5）质量标准。

①主控项目。

a. 木材材质等级、含水率和防腐措施必须符合设计要求和施工规范。

b. 木龙骨架与基层或木砖镶钉必须牢固、无松动。

②基本项目。

a. 制作尺寸正确，表面平直光滑，棱角方正，线条顺直，不露钉帽，无刨痕、毛刺和锤印。

b. 安装位置正确，割角整齐，交圈接缝严密，平直通顺，与墙面紧贴，出墙尺寸一致。

（6）注意事项。

①纹路错乱，颜色不匀，棱角不直，表面不平，接缝处有螺纹及接缝不严。主要是挑选面料和操作粗心，应将木种、颜色、花纹一致的使用在同一房间内，在面板安装前要先设计好分块尺寸，并将每一块找方找直后试装一次，经调整后再正式钉装。

②木墙裙粗细不一，高低不平、劈裂。主要是不注意选粗细一致和颜色一致的木压条，操作前应拉线检查墙裙顶部是否平直。如有问题，要先纠正后装钉。

③接头不平、不严或开裂。主要是木料含水率过大，干燥后收缩而造成，不平的原因是钉子过小、钉距过大和漏涂粉胶剂。

（7）产品保护。

①配料应在操作台上进行，不得直接在没有保护措施的地面上操作。

②操作时要保护好窗台板。墙板安装好后先刷一道底油，以防干裂。

③为避免施工中碰坏污染成品，尤其是出入口处，应及时采取保护措施。

a. 如钉保护条、护角板、盖薄膜等措施。

b. 如有必要，可派专人看管等。

面板采用铝塑板，其厚度不小于设计厚度，而且要求颜色均匀，花纹近似。不得有扭曲、裂缝、变色等疵病。辅料有防潮纸、油毡、乳胶、镀锌铁钉、木螺钉、防火涂料、防腐剂、乳化沥青。

第五节　顶棚工程

一、轻钢龙骨石膏板吊顶

1. 适用范围

轻钢龙骨石膏板吊顶适用于项目精装修工程中吊顶采用轻钢龙骨骨架安装罩面板的顶棚安装工程。

2. 作业条件

（1）建筑外墙施工完成后方可进行石膏板安装。当外墙未完成或窗户未安装完毕前，不宜进行石膏板安装施工。

（2）楼层内各类主要管线，空调、新风等顶面设施设备验收合格后，完成影像记录，方可进行石膏板安装。

（3）接缝施工，现场温度应不低于5 ℃、不高于35 ℃。

3. 材料准备

（1）安装前应核对材料品牌、规格型号，确保无误。

（2）石膏板应干燥、平整，纸面完整无损。受潮、弯曲变形、板断裂、纸面起鼓等石膏板均不得使用。

（3）轻钢龙骨应平整、光滑，无锈蚀、无变形。

（4）嵌缝膏应干燥，无受潮、无板结。

4. 施工工艺流程

（1）普通轻钢龙骨纸面石膏板施工工艺流程：测量放线→固定吊杆→安装边龙骨→安装主龙骨、撑挡龙骨→安装面板→安装压条、收口条，如图4-5-1所示。

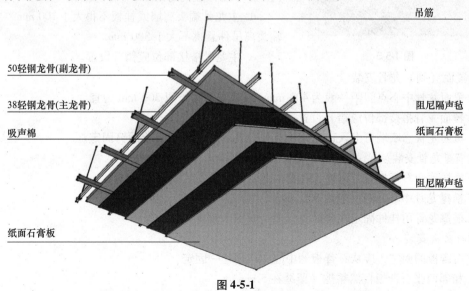

图 4-5-1

①吊顶定位：按照设计，在四周墙面上弹线，标出吊顶位置并在吊顶上弹线，标出吊杆的吊

点位置。

②安装边龙骨：沿墙面安装边龙骨，如图4-5-2、图4-5-3所示。

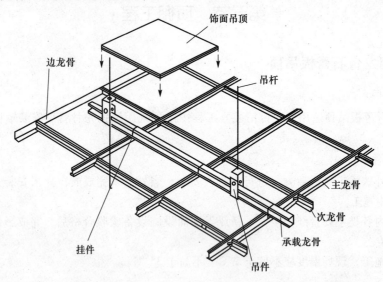

图 4-5-2

图 4-5-3

③安装承载（主）龙骨。

a. 在吊顶上沿弹线安装吊杆，两根吊杆间距不应超过 1 200 mm，建议采用 900 mm。

b. 承载（主）龙骨间距不应超过 1 200 mm，单层宜采用 900 mm，双层石膏板的间距必须采用 900 mm。

c. 承载（主）龙骨中间部位应适当起拱，起拱高度应不小于房间短向跨的 0. 5%。

d. 主龙骨端头离墙或挂板不得大于 100 mm，主龙骨端头离吊件悬挑不大于 300 mm。

e. 主龙骨搭接部位应错开设置。

④覆面（副）龙骨安装。

a. 覆面龙骨中心点间距一般为 400 mm，在潮湿环境下以 300 mm 为宜。

b. 覆面龙骨搭接部位应错开设置。

c. 覆面龙骨靠墙端可卡入边龙骨，或与边（木）龙骨用自攻螺钉固定。

⑤横撑龙骨安装。

a. 根据顶面石膏板排版需要，在覆面龙骨之间应安装横撑龙骨。

b. 横撑龙骨中心间距一般为 600 mm。

c. 横撑龙骨用挂件固定在覆面龙骨上，并用卡钳将挂件紧固。

⑥石膏板安装。

a. 石膏板的固定，应从石膏板的中间向四周逐一固定。

b. 相邻两张石膏板自然靠拢（留缝在 5 mm）。

c. 石膏板边应位于龙骨的中央，石膏板同龙骨的重叠宽度应不小于 20 mm。

d. 自攻螺钉应陷入石膏板表面 0. 5～1 mm 深度为宜，不应切断面纸暴露石膏。

e. 自攻螺钉距包封边 10 ~ 15 mm 为宜，距切断边 15 ~ 20 mm 为宜。

f. 石膏板需错缝安装；石膏板安装应注意将石膏板长度方向平行于主龙骨，防止石膏板受潮后出现波浪状变形。

g. 纸面石膏板周边钉距 150 ~ 170 mm，中间钉距不大于 200 mm。

h. 双层纸面石膏板安装时，第二层石膏板必须与第一层错缝安装；两层石膏板之间必须满涂白乳胶。

防水石膏板如图 4-5-4 所示；普通石膏板如图 4-5-5 所示；石膏板的规格如表 4-5-1 所示。

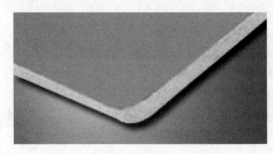
图 4-5-4

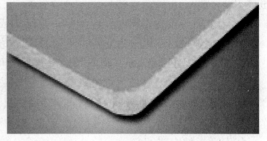
图 4-5-5

表 4-5-1
mm

厚度	宽度	长度
9.5	900/1 200/1 220	1 800/2 400/3 000/2 440
12	900/1 200/1 220	1 800/2 400/3 000/2 440
15	1 200/1 220	2 400/3 000/2 440
18	1 200/1 220	3 000/2 440

⑦点锈处理：钉帽涂防锈漆，腻子掺防锈漆补平。

⑧接缝处理。

a. 石膏板安装完成后 24 h，方可进行接缝处理。

b. 将嵌缝膏填入板间缝隙，压抹严实，厚度以不高出板面为宜。

c. 待其固化后再用嵌缝膏涂抹在板缝两侧的石膏板上，涂抹宽度自板边起应不小于 50 mm。

d. 将接缝纸带贴在板缝处，用抹刀刮平压实，纸带与嵌缝膏间不得有气泡，为防止接缝开裂，增大接缝受力面，在接缝纸带的垂直方向采用长度为 200 mm 的短接缝纸带进行加固，间距不大于 300 mm。

e. 将接缝纸带边缘压出的嵌缝膏刮抹在纸带上，抹平压实，使纸带埋于嵌缝腻子中。

f. 用嵌缝膏将第一道接缝覆盖，刮平，宽度较第一道接缝每边宽出至少 50 mm。

g. 用嵌缝膏将第二道接缝覆盖，刮平，宽度较第二道接缝每边宽出至少 50 mm。

h. 若遇切割边接缝，需将切割边裁成 V 形缝，每道嵌缝膏的覆盖宽度放宽 10 mm。

i. 待其凝固后，用砂纸轻轻打磨，使其同板面平整一致。

注：因材料品牌、性能不一，凝固时间、使用方法详见各厂家产品说明及要求。

（2）卡式龙骨石膏板施工工艺。

①适用范围：卡式龙骨石膏板施工工艺适用于高位吊顶。

②施工工艺流程：弹线放样→固定卡式轻钢龙骨（间距不大于600 mm）膨胀螺栓固定→安装副龙骨（间距400 mm）→面层铺装12 mm厚单层石膏板→自攻螺钉固定。

③龙骨安装。

a. 检查吊顶用龙骨的质量。卡式主龙骨1 mm、副龙骨0.5 mm、边龙骨0.5 mm、吊筋8 mm。（可为龙牌）

b. 根据吊顶的设计在顶面与四周墙面弹线。弹线清晰、准确，水平误差应小于等于2 mm。

c. 主龙骨吊点间距600~800 mm，主龙骨与主龙骨间距800 mm，主龙骨两端距离悬空均不超过300 mm。

d. 当吊筋与设备相遇时，应调整吊点结构或增设吊筋以保证质量。

e. 边龙骨采用专用边角龙骨，不可采用副龙骨替代，应先在墙面弹线，准确固定。

f. 副龙骨间距400 mm，副龙骨、边龙骨之间连接均采用拉铆钉固定。

g. 吊顶长度大于通长龙骨长度时，龙骨应采用龙骨连接件对接固定。

h. 全面校对主、副龙骨的位置与水平，主、副龙骨卡槽无虚卡现象，卡合紧密。紧固所有连接件、吊件与螺母。

④石膏板的安装。

a. 检查石膏板质量。如无特别要求一般采用9 mm纸面龙牌石膏板，板面无破损、掉角。

b. 纸面石膏板的长边（封纸边）应沿纵向龙骨铺设。

c. 自攻螺钉与石膏板边距离，包纸边以10~15 mm为宜，切割边以15~20 mm为宜。

d. 自攻螺钉间距以板边150 mm，板中200 mm为宜。螺钉应与板面垂直，螺母略入板面0.5 mm左右，不打伤板面。

e. 弯曲、变形的自攻螺钉应剔除，并在隔30~50 mm处吊上螺钉。

f. 石膏板边缝处要留4~6 mm"∧"形缝。

g. 石膏板与龙骨固定，应从一块板的中间向板四边固定，不得一块板多点同时作业。

h. 自攻螺钉钉眼应做防锈处理，不可虚点、漏点。

⑤主要配件图与施工示意图，如图4-5-6~图4-5-9所示。

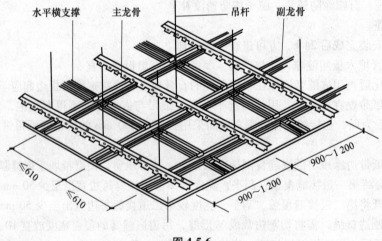

图4-5-6

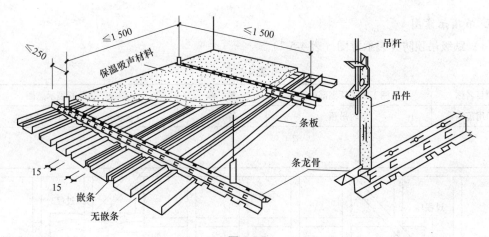

图 4-5-7

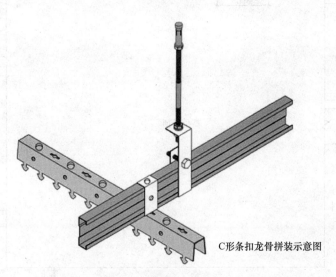

C形条扣龙骨拼装示意图

图 4-5-8

图 4-5-9

5. 吊顶示意图

（1）跌级吊顶防开裂示意图（表4-5-2）。

表 4-5-2

项目名称	顶棚工程吊顶细部构造	名　称	跌级吊顶防开裂示意图
适用范围	室内吊顶	备　注	3 000 元/m² 及以上装修标准

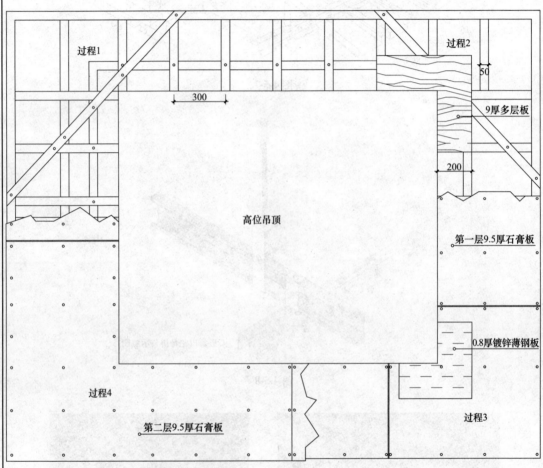

重点说明：

1. 工序：测量放线→固定吊杆→安装边龙骨→安装主龙骨、撑挡龙骨→安装面板→安装压条、收口条。
2. 低位吊顶第一层石膏板转角处，副龙骨面用自攻螺钉固定 0.8 mm 镀锌薄钢板作为拉结；转角部位第一层覆面材料采用 9 mm 多层板，整体裁成 L 形代替石膏板增加拉结强度；龙骨基架造型内口 200 mm 处增加横撑龙骨，用来固定 L 形 9 mm 多层板。
3. 第一层石膏板与第二层石膏板之间须错缝铺贴，两层石膏板之间必须满涂白乳胶。
4. 低跨造型的四个角采用 0.8 mm 镀锌薄钢板做成 L 形铁片，采用卡钳固定，增加拉结强度，防止变形导致开裂。
5. 副龙骨间距 300 mm，造型边框四角须增加斜撑龙骨。

（2）木基层接口制作示意图（表4-5-3）。

表 4-5-3

项目名称	顶棚工程吊顶细部构造	名　称	木基层接口制作示意图
适用范围	室内吊顶造型挂板、假梁基础	备　注	通　用

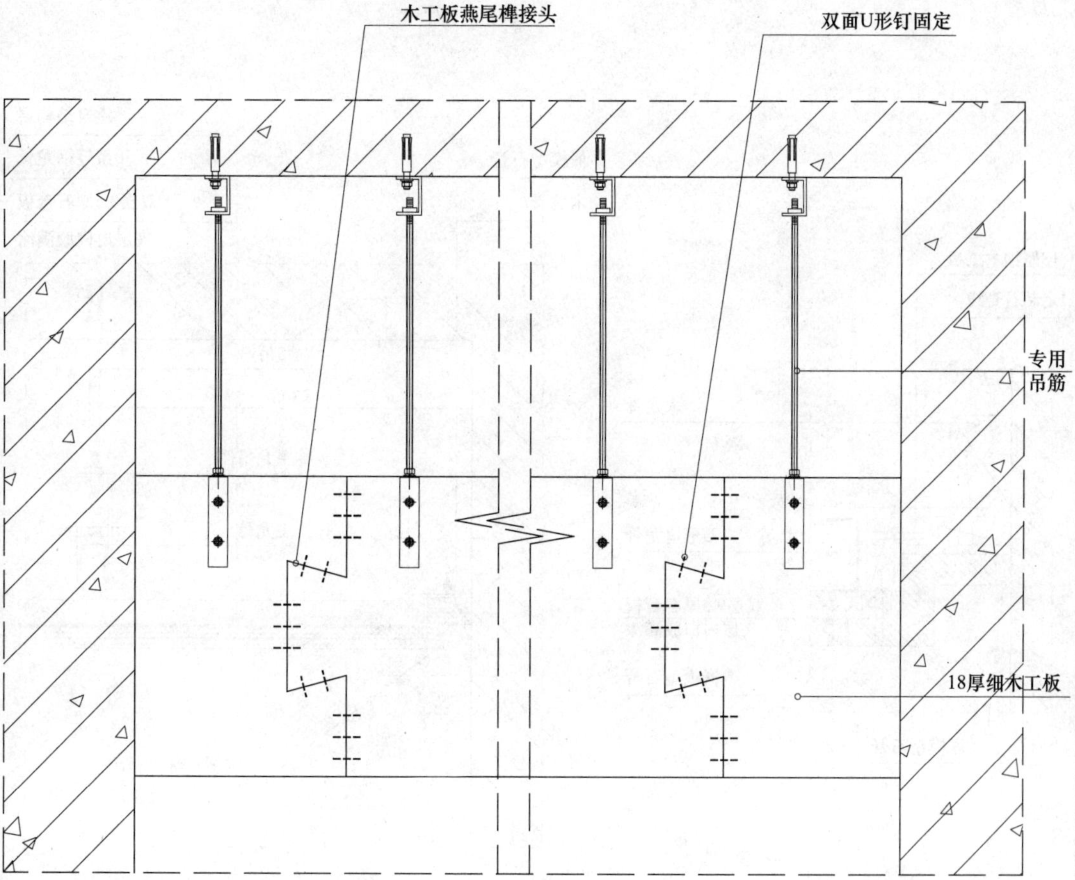

木工板燕尾榫接头

双面U形钉固定

专用吊筋

18厚细木工板

重点说明：

1. 固定木基层结构的吊杆间距不大于600 mm。

2. 窗帘箱细木工板对接连接处需用燕尾榫连接，以增加窗帘箱的抗拉力，背面采用细木工板加固，每段搭接长度不小于200 mm，采用自攻螺钉固定。

3. 细木工板基层外无其他装饰材料施工的，需进行防火处理。

4. 跌级吊顶高度超过大于等于200 mm的侧封板时，应设置燕尾榫。

（3）阴角槽施工示意图（表4-5-4）。

表4-5-4

项目名称	顶棚工程吊顶细部构造	名　称	阴角槽施工示意图
适用范围	室内吊顶	备　注	专用节点

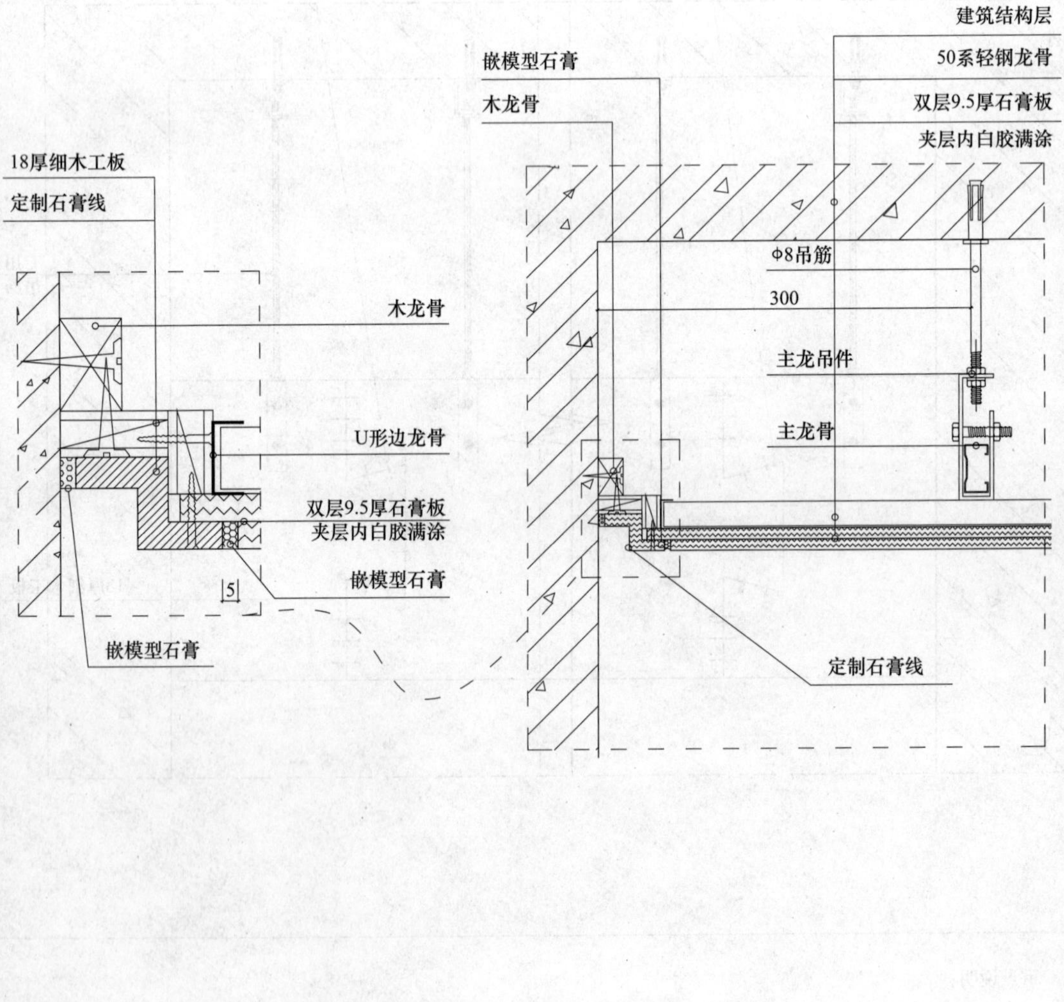

建筑结构层

50系轻钢龙骨

双层9.5厚石膏板

夹层内白胶满涂

嵌模型石膏

木龙骨

Φ8吊筋

300

主龙吊件

主龙骨

定制石膏线

18厚细木工板

定制石膏线

木龙骨

U形边龙骨

双层9.5厚石膏板
夹层内白胶满涂

嵌模型石膏

|5|

嵌模型石膏

重点说明：

1. 吊顶四周设计为凹槽。

2. 石膏板与墙面连接处定制石膏线安装收口，留5 mm缝内嵌模型石膏。

（4）弧形暗光槽施工示意图（表4-5-5）。

表4-5-5

项目名称	顶棚工程吊顶细部构造	名　称	弧形暗光槽施工示意图
适用范围	室内吊顶	备　注	专用节点

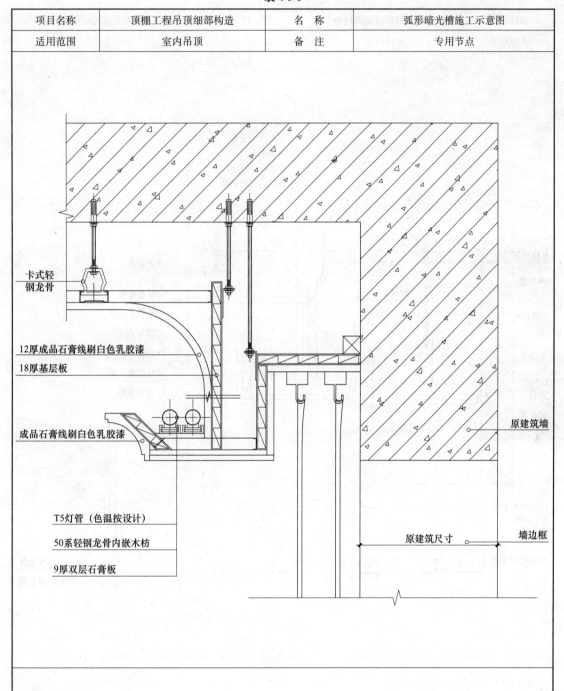

卡式轻钢龙骨

12厚成品石膏线刷白色乳胶漆

18厚基层板

成品石膏线刷白色乳胶漆

原建筑墙

T5灯管（色温按设计）

50系轻钢龙骨内嵌木枋

9厚双层石膏板

原建筑尺寸

墙边框

重点说明：

1. 设计要求暗光灯槽内侧为弧形，其中弧形处须定制石膏成品线用纯石膏粉（或专业胶水）黏结安装。

2. 用不锈钢自攻螺钉进行加固。

3. 灯槽沿口石膏线内衬细木工板与石膏线同角度制作安装，以确保造型的美观及灯光的效果。

（5）跌级吊顶暗光槽施工示意图（表4-5-6）。

表4-5-6

项目名称	顶棚工程吊顶细部构造	名　称	跌级吊顶暗光槽施工示意图
适用范围	室内吊顶	备　注	专用节点

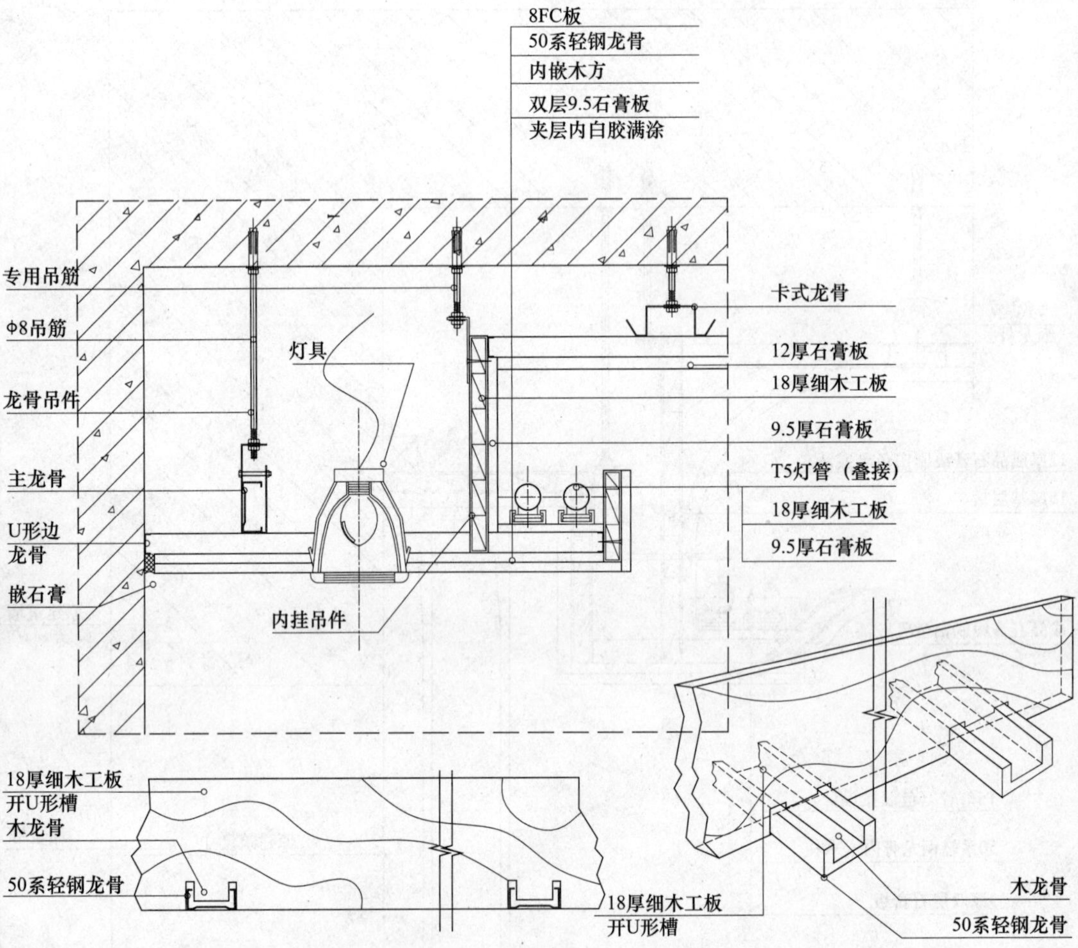

8FC板
50系轻钢龙骨
内嵌木方
双层9.5石膏板
夹层内白胶满涂

专用吊筋
Φ8吊筋
龙骨吊件
主龙骨
U形边龙骨
嵌石膏
灯具
内挂吊件

卡式龙骨
12厚石膏板
18厚细木工板
9.5厚石膏板
T5灯管（叠接）
18厚细木工板
9.5厚石膏板

18厚细木工板开U形槽
木龙骨
50系轻钢龙骨
18厚细木工板开U形槽
木龙骨
50系轻钢龙骨

重点说明：

1. 吊顶灯槽内侧板下口需与副龙骨做平，内侧板背面再用挂件固定，以增加灯槽的受力支撑。

2. 灯槽外口与内口副龙骨内嵌木龙骨连接。

3. 木基层需进行防火处理。

4. 灯槽内应衬垫一层石膏板。

（6）客厅、餐厅吊灯安装示意图（表4-5-7）。

表 4-5-7

项目名称	顶棚工程吊顶细部构造	名 称	客厅、餐厅吊灯安装示意图
适用范围	客厅、餐厅吊顶	备 注	通用节点

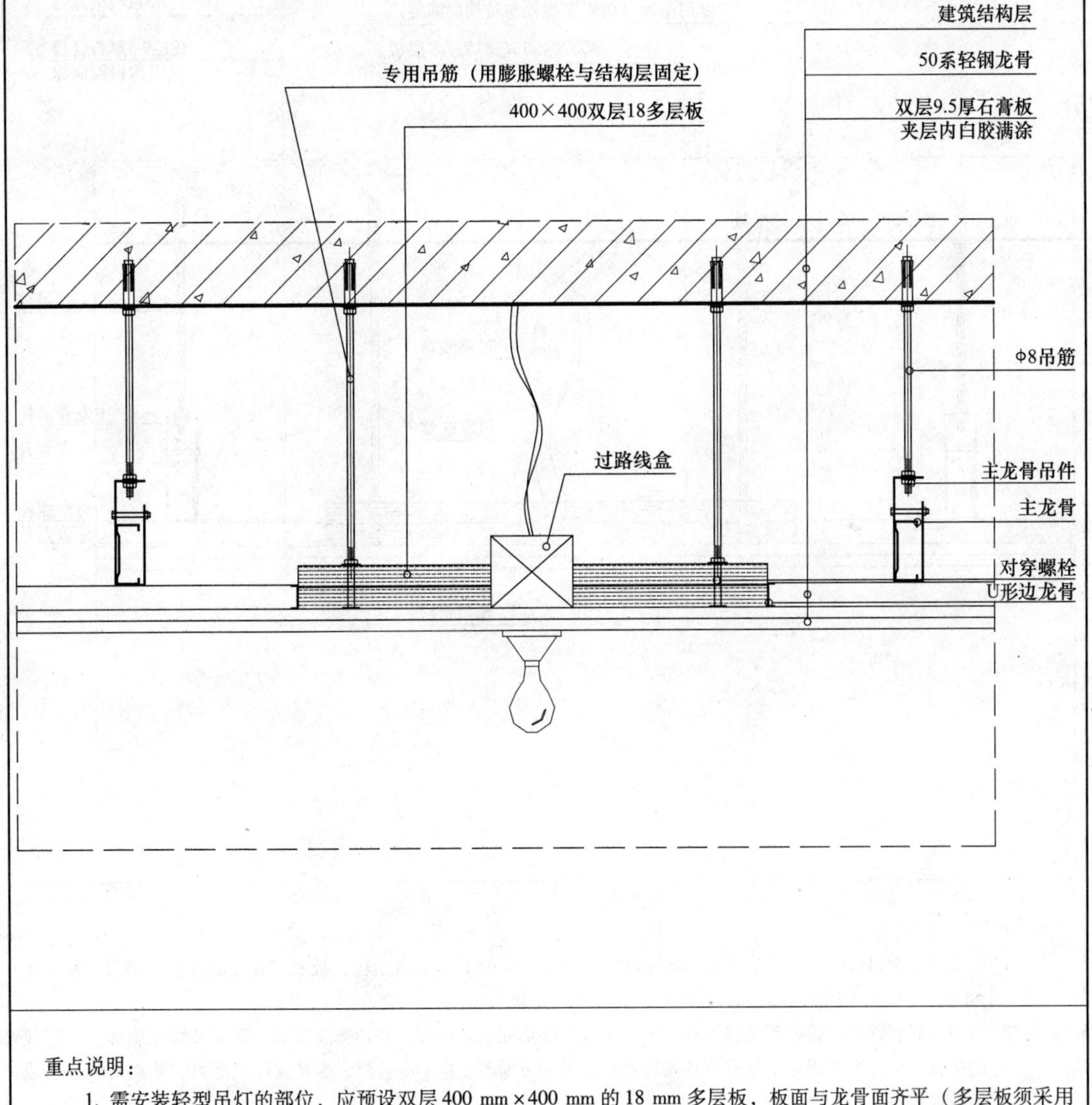

专用吊筋（用膨胀螺栓与结构层固定）

400×400双层18多层板

建筑结构层

50系轻钢龙骨

双层9.5厚石膏板
夹层内白胶满涂

过路线盒

φ8吊筋

主龙骨吊件
主龙骨

对穿螺栓
U形边龙骨

重点说明：

1. 需安装轻型吊灯的部位，应预设双层400 mm×400 mm的18 mm多层板，板面与龙骨面齐平（多层板须采用φ8吊筋固定在结构楼板底面，并与吊顶龙骨固定连接）。

2. 多层板朝下一面对穿螺栓的开孔深度，以能够将螺母埋入即可；不允许超过一层板的深度，否则会变成单板受力，影响承重。

3. 板中心开孔宜为30 mm圆孔。

（7）卧室、书房吊灯安装示意图（表4-5-8）。

表 4-5-8

项目名称	顶棚工程吊顶细部构造	名　称	卧室、书房吊灯安装示意图
适用范围	卧室、书房吊顶	备　注	通用节点

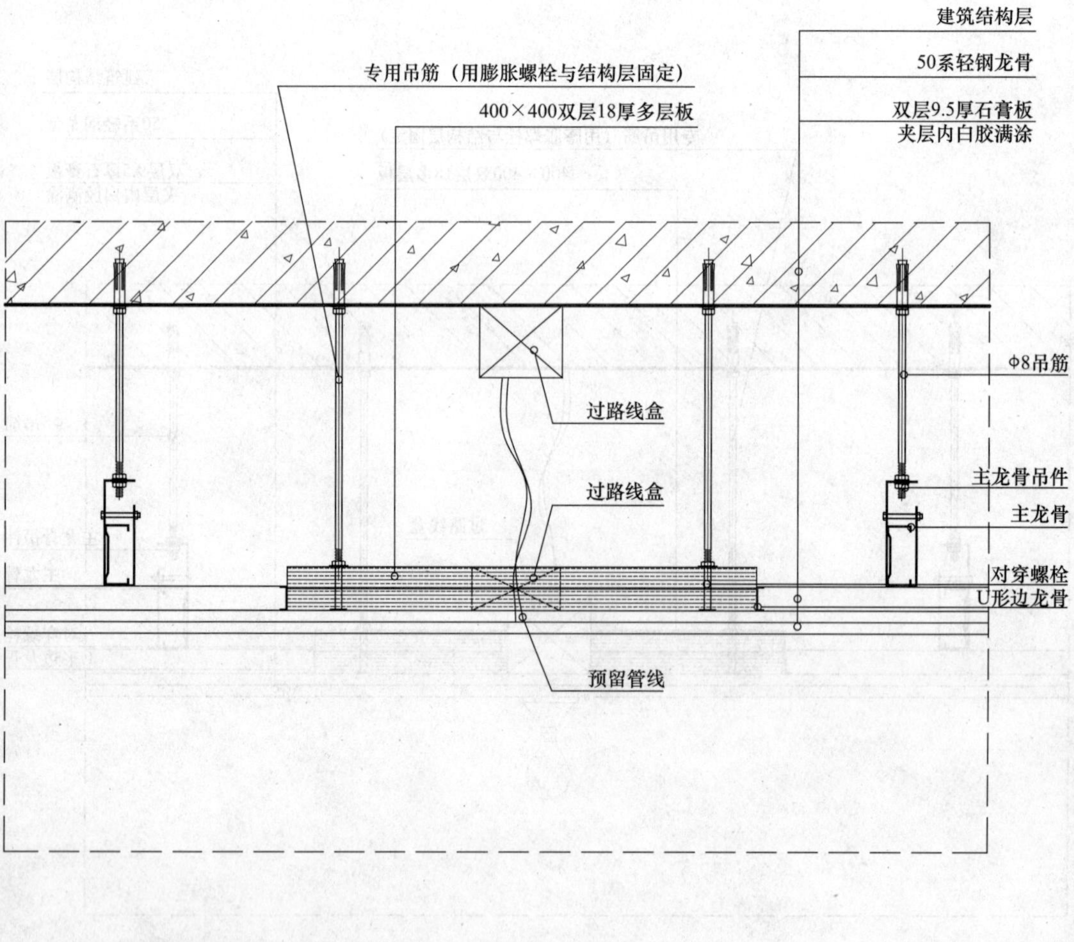

建筑结构层

50系轻钢龙骨

双层9.5厚石膏板
夹层内白胶满涂

专用吊筋（用膨胀螺栓与结构层固定）

400×400双层18厚多层板

Φ8吊筋

过路线盒

过路线盒

主龙骨吊件

主龙骨

对穿螺栓

U形边龙骨

预留管线

重点说明：

1. 需安装轻型吊灯的部位，应预设双层400 mm×400 mm的18 mm多层板，板面与龙骨面齐平（多层板须采用Φ8吊筋固定在结构楼板底面，并与吊顶龙骨固定连接）。

2. 石膏板吊顶部位灯位处预装接线盒，统一按装修要求完成装饰面，并用美纹纸画十字交叉线精确标示出灯线的位置，一方面考虑业主日后灯具安装方便；另一方面若业主不必装灯，撕掉美纹纸即可，不必对装修造成破坏或修补。

3. 多层板朝下一面对穿螺栓的开孔深度，以能够将螺栓帽埋入即可；不允许超过一层板的深度，否则会变成单层板受力，影响承重。

4. 板中心开孔宜为30 mm圆孔。

5. 吊灯基座与龙骨分离。

（8）公共部位、挑高客厅重型吊灯安装示意图1（表4-5-9）。

表 4-5-9

项目名称	顶棚工程吊顶细部构造	名　称	公共部位、挑高客厅重型吊灯安装示意图1
适用范围	公共部位、挑高客厅等	备　注	专用节点

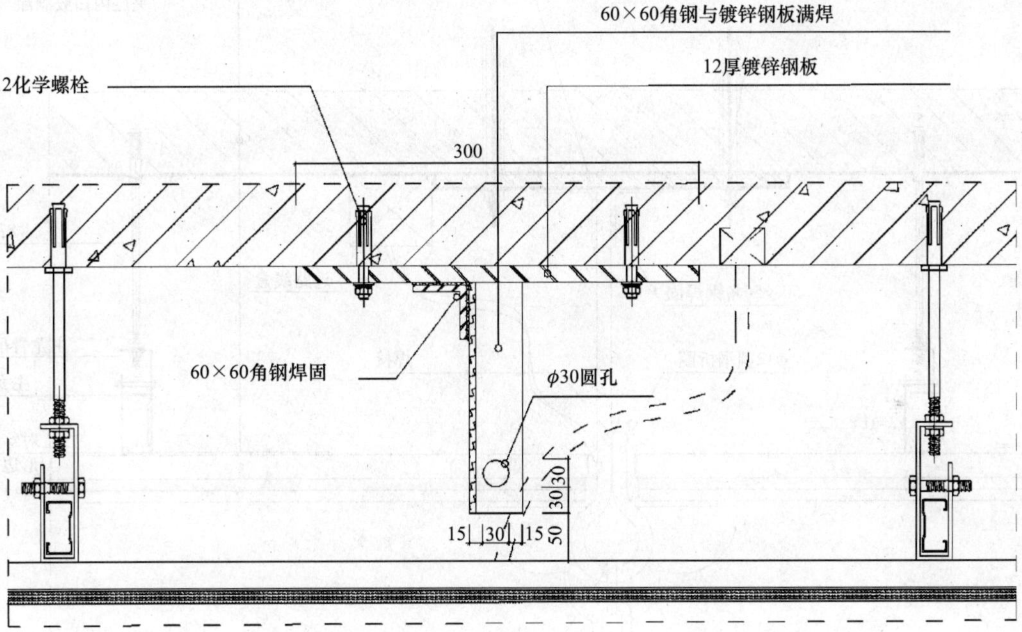

重点说明：

1. 当灯具质量超过 75 kg 以上时，必须按照上图增加预埋铁板和角钢挂钩，铁板固定要求不少于 4 个 $\phi 10$ 的化学螺栓。

2. 石膏板不开孔，并用美纹纸画十字交叉线精确标示出灯线的位置，一方面考虑业主日后灯具安装方便；另一方面若业主不必装灯，撕掉美纹纸即可，不必对装修造成破坏或修补。

（9）公共部位、挑高客厅重型吊灯安装示意图2（表4-5-10）。

表 4-5-10

项目名称	顶棚工程吊顶细部构造	名　称	公共部位、挑高客厅重型吊灯安装示意图2
适用范围	公共部位、挑高客厅等	备　注	专用节点

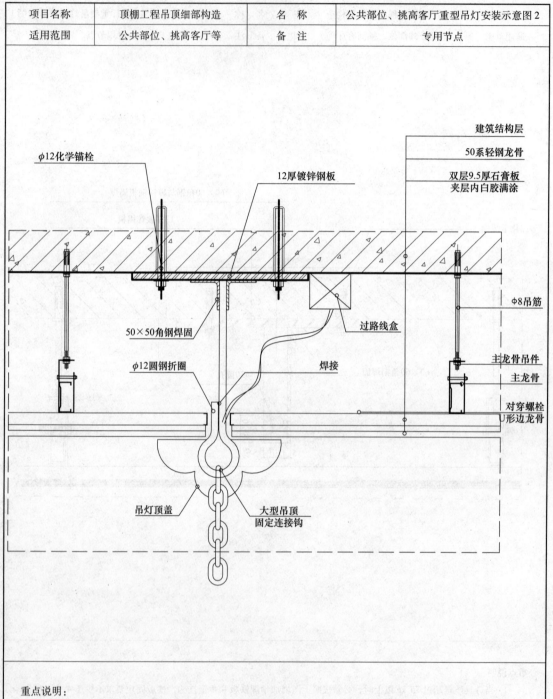

重点说明：

1. 安装重型吊灯，质量超过150 kg时，应要求不少于4个φ12的化学螺栓固定挂钩，并应对连接件、结构楼板（或梁）进行受力计算后方可实施。

2. 根据拟设灯具的质量确定挂钩承载能力。

（10）空调风口安装示意图（侧出底回）（表 4-5-11）。

表 4-5-11

项目名称	顶棚工程吊顶细部构造	名　称	空调风口安装示意图（侧出底回）
适用范围	室内吊顶	备　注	通用节点

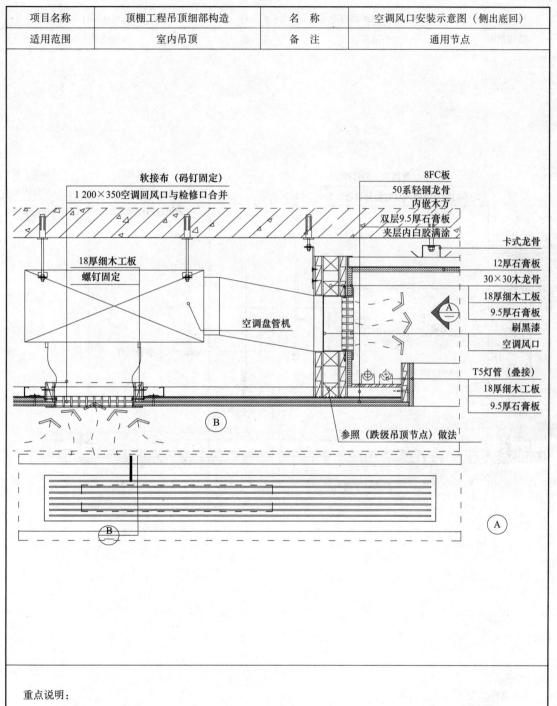

重点说明：

  1. 空调回风口、出风口、换气扇等处要求设置木边框，木边框宽度不小于 50 mm，以便风口及设施安装。

  2. 空调出、回风百叶的尺寸须根据机电安装单位风量计算。

  3. 由于此节点会造成空调在制热运转下影响出风效果，对无地热的项目不宜使用此节点。

（11）空调封口安装示意图（底出底回）（表4-5-12）。

表 4-5-12

项目名称	顶棚工程吊顶细部构造	名　称	空调封口安装示意图（底出底回）
适用范围	室内吊顶	备　注	通用节点

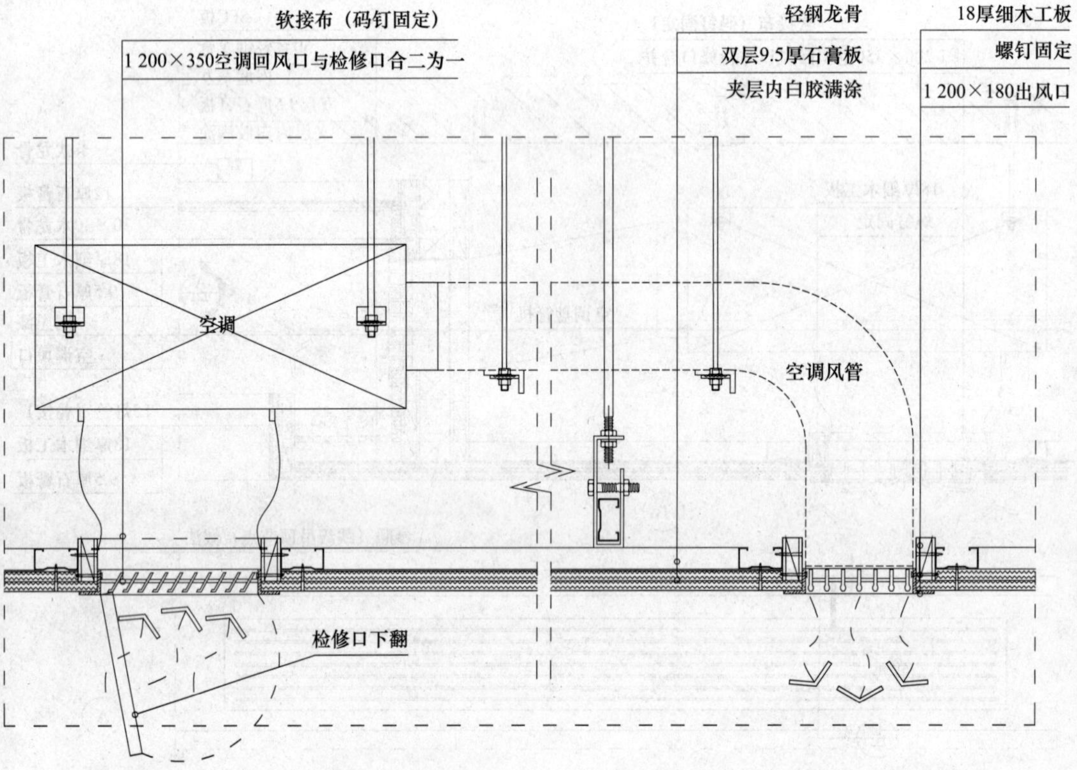

软接布（码钉固定）

1 200×350空调回风口与检修口合二为一

轻钢龙骨

双层9.5厚石膏板

夹层内白胶满涂

18厚细木工板

螺钉固定

1 200×180出风口

空调

空调风管

检修口下翻

重点说明：

1. 空调回风口、出风口、换气扇等处要求设置木边框，以便风口及设施安装。

2. 空调出、回风百叶的尺寸须根据机电安装单位风量计算，出、回风口的间距须符合空调性能要求。

3. 空调回风口应加长与检修口合二为一。

（12）空调风口安装示意图（表4-5-13）。

表 4-5-13

项目名称	顶棚工程吊顶细部构造	名　称	空调风口安装示意图
适用范围	室内吊顶	备　注	通用节点

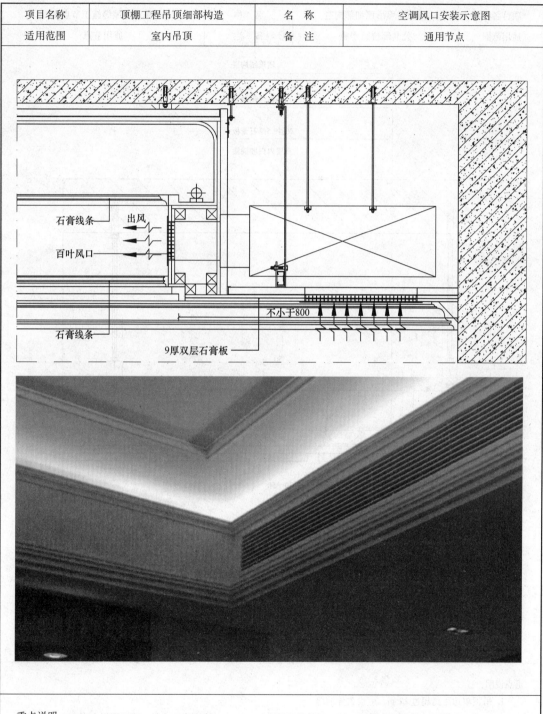

石膏线条
出风
百叶风口
石膏线条
不小于800
9厚双层石膏板

重点说明：

1. 空调回风口、出风口、换气扇等处要求设置木边框，以便风口及设施安装。

2. 空调出、回风百叶的尺寸须根据机电安装单位风量计算。

（13）吊顶伸缩缝施工节点1（表4-5-14）。

表4-5-14

项目名称	顶棚工程吊顶细部构造	名 称	吊顶伸缩缝施工节点1
适用范围	公共部位、走廊	备 注	通用节点

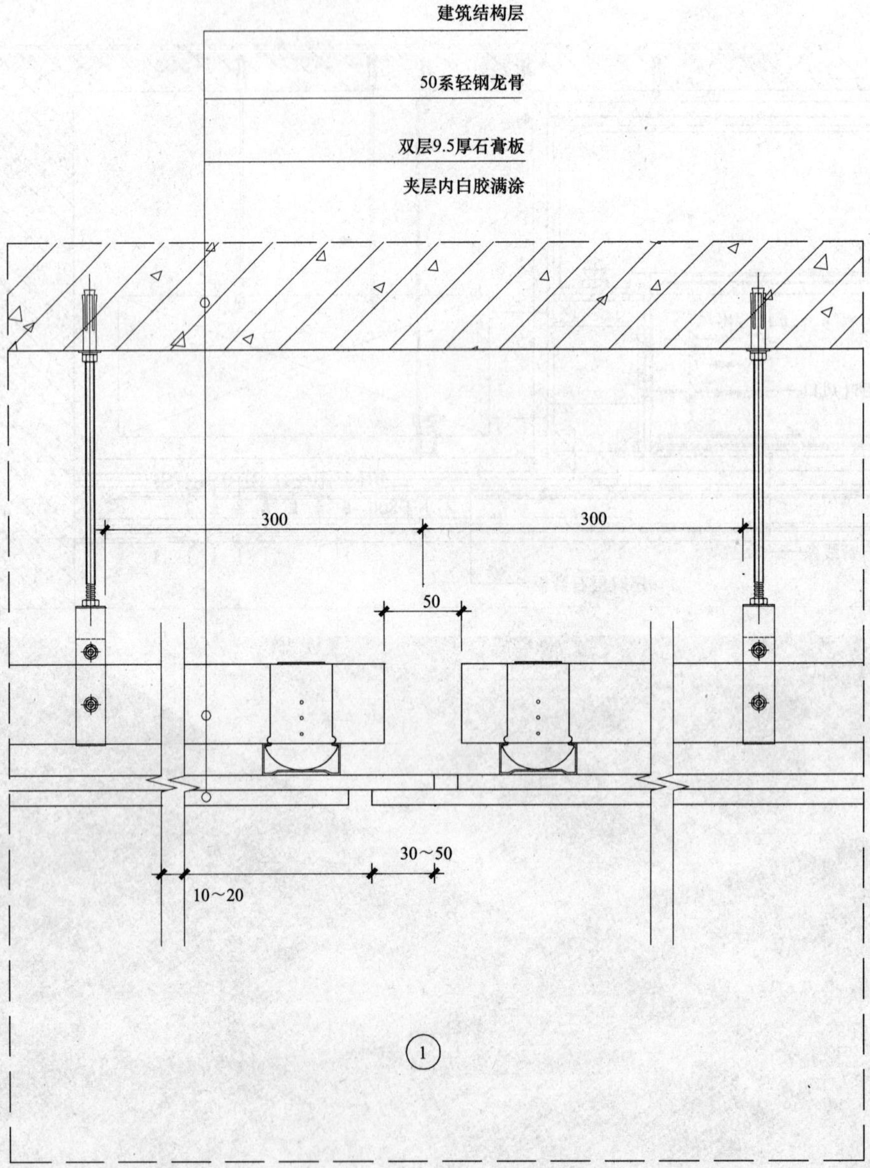

建筑结构层

50系轻钢龙骨

双层9.5厚石膏板

夹层内白胶满涂

300　　　300

50

30～50

10～20

①

重点说明：

　　1. 吊顶单边距离超过12 m，应设置伸缩缝。

　　2. 双层石膏板吊顶需留10～20 mm缝，交接长度为30～50 mm，伸缩缝边沿至吊筋间距不大于300 mm。

　　3. 单层石膏板吊顶上衬细木工板（防火处理）与边龙骨连接，下口留10～20 mm缝。

　　4. 石膏板吊顶跨度大于4 m时应起拱，起拱坡度1%～3%。

（14）吊顶伸缩缝施工节点2（表4-5-15）。

表4-5-15

项目名称	顶棚工程吊顶细部构造	名　称	吊顶伸缩缝施工节点2
适用范围	公共部位、走廊	备　注	通用节点

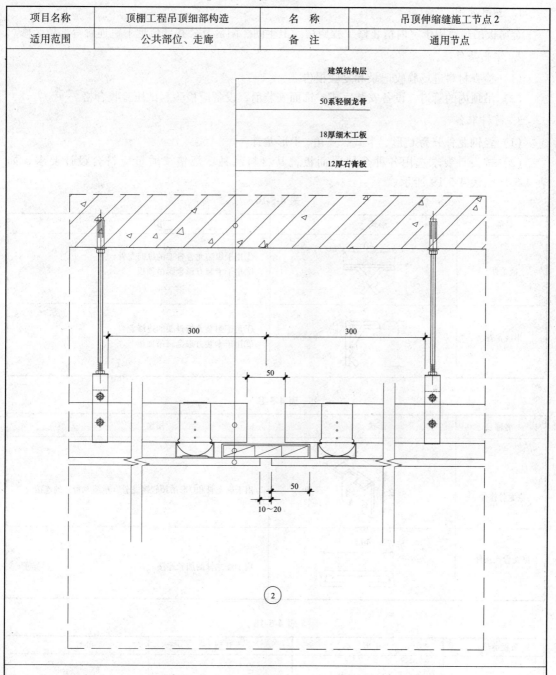

重点说明：

1. 吊顶单边距离超过12 m，应设置伸缩缝。

2. 双层石膏板吊顶需留10～20 mm缝，交接长度为30～50 mm，伸缩缝边沿至吊筋间距不大于300 mm。

3. 单层石膏板吊顶上衬细木工板（防火处理）与边龙骨连接，下口留10～20 mm缝。

4. 石膏板吊顶跨度大于4 m时应起拱，起拱坡度1%～3%。

二、金属板吊顶

1. 适用范围

金属板吊顶适用于室内精装修工程厨房、卫生间、阳台及公共部位地下室连廊等部位装修。

2. 作业条件

（1）检查材料进场验收记录和复验报告。

（2）吊顶内的管道、设备安装完成；饰面安装前，设备应检验、试压验收合格。

3. 材料准备

（1）轻钢龙骨分为 U 形、卡式、三角、T 形龙骨。

（2）按设计要求选用各种金属罩面板，其材料品种、规格、质量应符合设计要求，如表 4-5-16 ~ 表 4-5-19 所示。

表 4-5-16

名称	形式	用途
嵌龙骨	40 26	①用于组装龙骨骨架的纵向龙骨； ②用于卡装方形金属吊顶板
半嵌龙骨	26	①用于组装龙骨骨架的边缘龙骨； ②用于卡装方形金属吊顶板

表 4-5-17

名称	形式	用途
嵌龙骨挂件	60 25 49	用于嵌龙骨和U形吊顶轻钢龙骨（承载龙骨）的连接
嵌龙骨连接件	40.5	用于嵌龙骨的加长连接

表 4-5-18

条板类形	I 型	II 型	III 型
条板形式	0.5 19.5 85	0.5 15 85	85 0.5
配套嵌条	0.325 12.5 (8) 15		0.325 12.5 (8) 15

表 4-5-19

配件名称	形式	用途
条龙骨		用于组装成吊顶龙骨骨架，用于嵌条形金属吊顶板
吊件		用于与吊杆连接，用于与条龙骨连接

4. 施工工艺流程

施工工艺流程：弹线→固定吊杆→安装主、次龙骨与调平→罩面板安装→板缝处理→吊顶的边部处理。

（1）弹线。

①将设计标高线弹至四周墙面或柱面上，吊顶如有不同标高，则应将变截面的位置在楼板上弹出。

②将龙骨及吊点位置弹到楼板底面上。

③弹顶棚标高水平线、画龙骨分档。

（2）固定吊杆。

①双层龙骨吊顶时吊杆常用 $\phi6$ 或 $\phi8$ 钢筋。吊杆与结构连接方式，如图 4-5-10 所示。

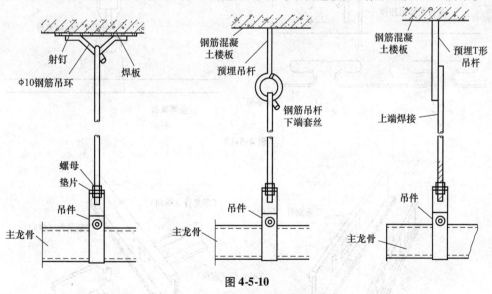

图 4-5-10

②方板、条板单层龙骨吊顶时，吊杆一般分别用 8 号铅丝和 $\phi4$ 钢筋，金属方板单层龙骨吊顶基本构造，如图 4-5-11 所示；金属条板单层龙骨吊顶基本构造，如图 4-5-12 所示。

（3）安装主、次龙骨与调平。

①主、次龙骨安装时宜从同一方向同时安装，按主龙骨（大龙骨）已确定的位置及标高线，先将其大致基本就位。

②龙骨接长一般选用配套连接件，连接件可用铝合金，也可用镀锌钢板，在其表面冲成倒刺，与龙骨方孔相连。T形轻钢龙骨的纵横连接，如图4-5-13所示。

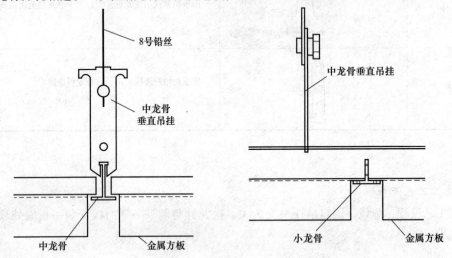

图 4-5-11

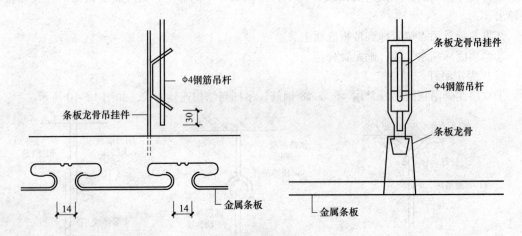

图 4-5-12

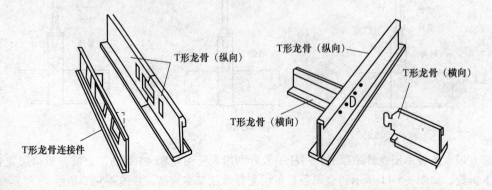

图 4-5-13

③龙骨架基本就位后，以纵、横两个方向满拉控制标高线（十字线），从一端开始边安装边进行调整，直至龙骨调平、调直为止。

④钉固边龙骨：沿标高线固定角铝边龙骨，其底面与标高线齐平。

（4）罩面板安装。

①方板卡入式安装。这种安装方式的龙骨材料为带夹簧的嵌龙骨配套型材，如图4-5-14所示。

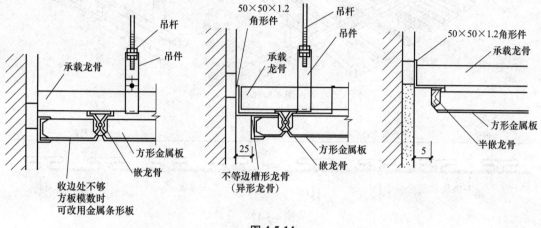

图 4-5-14

②方板搁置式安装。搁置安装后的吊顶面形成格子式离缝效果，如图4-5-15所示。

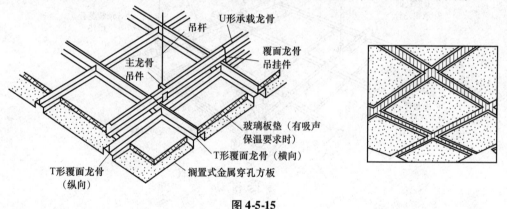

图 4-5-15

③金属条形板安装。基本上无须各种连接件，只是直接将条形板卡扣在特制的条龙骨内，即可完成安装，常被称为扣板，如图4-5-16所示。

（5）板缝处理。金属条形板顶棚有闭缝式和透缝式两种形式，均使用敞缝式金属条板。安装其配套嵌条的即闭缝式，不安装嵌条的即透缝式。闭缝式和透缝式金属条形板顶棚如图4-5-17所示。

（6）吊顶的边部处理。

①方形金属板吊顶的端部与墙面或柱面连接处，有承载龙骨的吊顶装配形式，如图4-5-18所示；方形金属板吊顶与墙、柱等的连接节点构造，如图4-5-18所示。

②条形金属板吊顶的端部与墙面或柱面连接处，其构造处理方式较多，条形金属板吊顶与墙柱面连接处四种常见的构造处理方式，如图4-5-19所示。

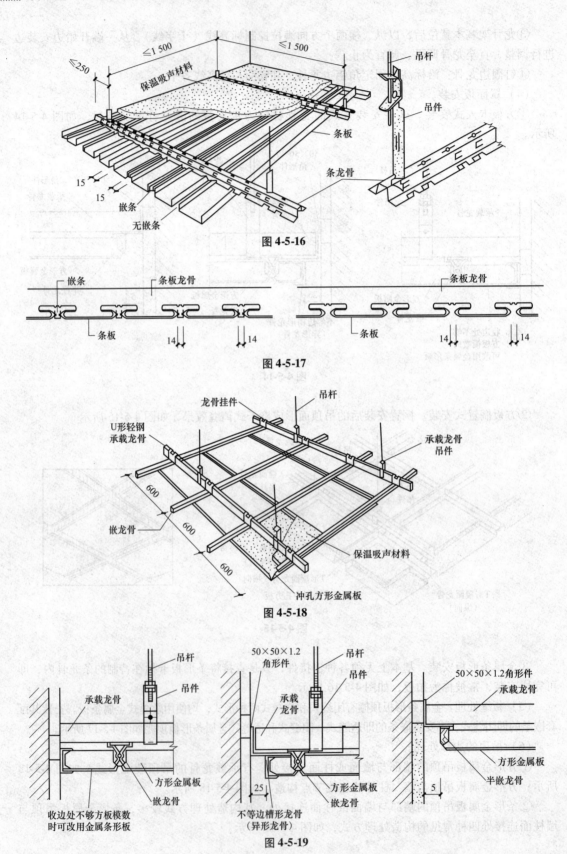

图 4-5-16

图 4-5-17

图 4-5-18

图 4-5-19

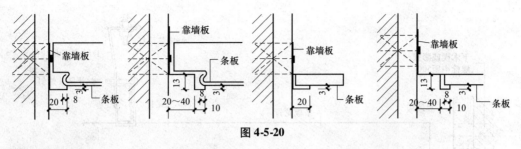

图 4-5-20

5. 质量标准

（1）金属板的吊顶结构必须符合基层工程的有关规定。

（2）吊顶用金属板的材质、品种、规格、颜色及吊顶的造型尺寸，必须符合设计要求和国家现行有关标准的规定。

（3）金属板与龙骨连接必须牢固可靠，不得松动变形。

（4）设备口、灯具的位置应布局合理，按条、块分格对称，美观。套割尺寸准确，边缘整齐，不露缝。排列顺直、方正。检验方法：观察、手扳、尺量检查。

（5）建议金属吊顶采用专业分包单位施工。

6. 成品保护

（1）轻钢骨架及罩面板安装应注意保护顶棚内各种管线。轻钢骨架的吊杆、龙骨不得固定在通风管道及其他设备上。

（2）轻钢骨架、罩面板及其他吊顶材料在入场存放、使用过程中严格管理，保证不变形、不受潮、不生锈。

（3）施工顶棚部位已安装的门窗，已施工完毕的地面、墙面、窗台等应注意保护，防止污损。

（4）已装轻钢骨架不得上人踩踏。其他工种吊挂件，不得吊于轻钢骨架上。

（5）罩面板安装必须在棚内管道、试水、保温、设备安装调试等一切工序全部验收后进行。

（6）安装装饰面板时，施工人员应戴手套，以免污染板面。

7. 施工要点

（1）金属装饰板吊顶骨架的装配形式，一般根据吊顶荷载和吊顶装饰板的种类来确定。

（2）采用 U 形轻钢龙骨主龙骨与 T 形、L 形龙骨或嵌龙骨、条板卡式龙骨相配合的双层龙骨形式，如图 4-5-21、图 4-5-22 所示。

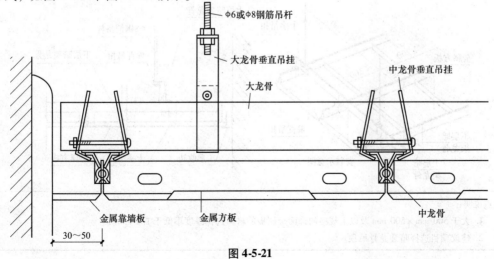

图 4-5-21

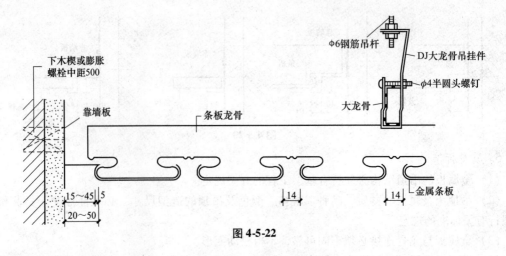

图 4-5-22

8. 暗架式铝板吊顶示意图（表 4-5-20）

表 4-5-20

项目名称	顶棚工程吊顶细部构造	名　称	暗架式铝板吊顶示意图
适用范围	厨房、卫生间、阳台及公共部位地下室连廊	备　注	通用节点

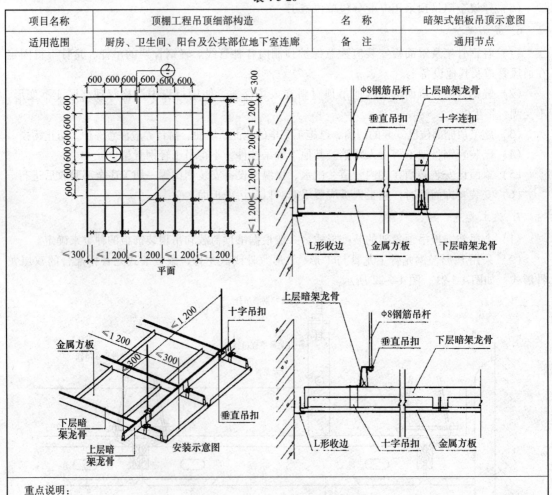

重点说明：

1. 大于 500 mm×500 mm 及以上规格的饰面金属板的材料选择厚度不低于 1.2 mm。

2. 建议项目选择暗装龙骨吊顶。

三、轻钢龙骨矿棉板吊顶

1. 适用范围

轻钢龙骨矿棉板吊顶适用于宾馆、饭店、剧场、商场、办公场所、播音室、演播厅、计算机房及工业建筑等室内精装修。

2. 材料准备

（1）轻钢龙骨分 U 形龙骨和 T 形龙骨（T 形龙骨一般是铝龙骨）。

（2）轻钢骨架主件为主、次龙骨，配件有吊挂件、连接件、插接件。

（3）零配件有吊杆、膨胀螺栓、铆钉。

（4）按设计要求选用各种矿棉板，其材料品种、规格、质量应符合设计要求。

3. 施工工艺流程

施工工艺流程：弹线→安装吊杆→安装主龙骨→安装次龙骨→起拱调平→安装面板→安装矿棉板。

（1）弹线、安装吊杆。根据图纸先在墙上、柱上弹出顶棚标高水平墨线，在顶板上画出吊顶布局，确定吊杆位置，采用 $\phi8$ 膨胀螺栓在顶板上固定，吊杆采用 $\phi6$ 螺杆加工。

（2）安装主、次龙骨。根据吊顶标高安装主龙骨，定位后调节吊挂，再根据板的规格确定中、小龙骨（次龙骨）的位置，中、小龙骨必须和主龙骨底面贴紧，安装垂直吊挂时，应用钳夹紧，防止松紧不一。

（3）起拱调平。主龙骨间距一般为 1 200 mm，龙骨接头相邻位置须错开设置，主龙骨相邻位置也须错开设置，避免主龙骨向一边倾斜。用吊杆上的螺栓上下调节，保证一定起拱度，按照房间短向起拱 0.5%，待水平调整完成后，逐个拧紧螺母，开孔位置处主龙骨须单独加固。

（4）安装面板。施工过程中注意各工种的配合，待顶棚内的风口、灯具、消防管线等施工完毕，通过隐蔽验收后方可安装面板。

（5）安装矿棉板。注意矿棉板的表面色泽必须符合设计要求，矿棉板的几何尺寸需进行核定，偏差在 ±1 mm 以内，安装时注意对缝尺寸。

4. 质量标准

（1）主控项目。

①吊顶标高、尺寸、起拱和造型应符合设计要求。

②饰面材料的材质、品种、规格、图案和颜色应符合设计要求。

③吊杆、龙骨的材质、规格、安装间距及连接方式应符合设计要求。

（2）一般项目。

①饰面材料表面应洁净、色泽一致，不得有翘曲、裂缝及缺损。压条应平直、宽窄一致。

②饰面板上的灯具、烟感器、喷淋头、风口等设备的位置应合理、美观，与饰面板的交接应吻合、严密。

③暗龙骨吊顶工程安装的允许偏差和检验方法应符合《建筑装饰装修工程质量验收规范》（GB 50210—2001）表 6.2.11 的规定。表面平整度：2 mm；接缝直线度：1.5 mm；接缝高低差：1 mm。

5. 应注意的质量问题

（1）吊顶不平。主龙骨安装时吊杆调平不认真，造成各吊杆点的标高不一致；施工时应认真操作，检查各吊点的紧挂程度，并拉通线检查标高与平整度是否符合设计要求和规范标准的规定。

（2）轻钢骨架局部节点构造不合理。吊顶轻钢骨架在留洞、灯具口、通风口等处，应按图纸上的相应节点构造设置龙骨及连接件，使构造符合图纸上的要求，保证吊挂的刚度。

（3）轻钢骨架吊固不牢。顶棚的轻钢骨架应吊在主体结构上，并应拧紧吊杆螺母，以控制固定设计标高；顶棚内的管线、设备件应单独设支架或吊杆，不得吊固在轻钢骨架上。

（4）罩面板分块间隙缝不直。罩面板规格有偏差，安装不正；施工时注意板块规格，拉线找正，安装固定时保证平整对直。

（5）矿棉板吊顶要注意板块的色差，防止颜色不均的质量弊病。

（6）矿棉板在安装过程中，应保持板面的洁净，不得有污染，其插接方式如图 4-5-23、图 4-5-24 所示。

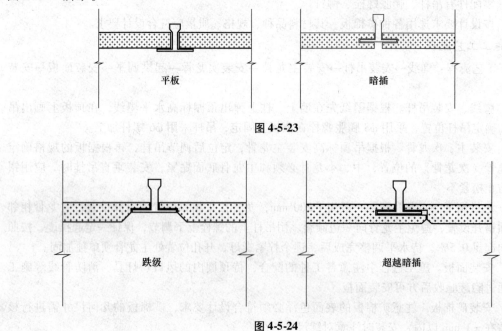

平板　　　　　　　　　暗插

图 4-5-23

跌级　　　　　　　　　超越暗插

图 4-5-24

第六节　地面工程

一、石材地面

1. 适用范围

石材地面适用于精装修石材地面工程。

2. 作业条件

（1）石材进场后，应侧立堆放于室内，底部应加垫木块，并详细核对品种、规格、数量、质量等是否符合设计要求，有断裂、缺棱掉角的不得使用。需要切割钻孔的板材，在安装前加工好，石材需在场外加工。

（2）室内抹灰、水电设备管线等均已完成，有防水要求的部位，防水工程已完成并经验收合格；房内四周墙上弹好水平线。

（3）施工前，石材应按照排版图的编号进行对应试铺。

（4）暗裂纹较多或质地较疏松的地面大理石，铺贴前应在工厂铲除背面网格布，再进行喷砂处理，喷砂厚度不小于3 mm，喷砂应采用石英砂，禁止使用海砂及河砂，干燥后做五面防护工作，石材表面防护剂宜采用水性防护剂。

（5）无暗裂纹或质地致密的地面大理石，为防止空鼓和泛碱，铺贴前应铲除网格布，并涂刷石材防护剂（水性），铺贴前应用专用锯齿状批刀在石材背面刮一层胶粘剂，晾干后再刮一层胶粘剂进行铺贴；浅色石材应采用白色石材专用胶粘剂进行铺贴，胶粘剂为石材专用胶粘剂。

3. 材料准备

（1）石材（现场放样，放样图纸确认后，由石材厂加工的成品）的品种、规格、质量应符合设计和施工规范的要求。

（2）水泥：强度等级为42.5的普通硅酸盐水泥或矿渣硅酸盐水泥，如果铺设的是浅色石材，须准备白水泥、白色珍珠岩。

（3）砂：中砂或粗砂（砂以金黄色为最佳，忌用含泥量大的黑砂）含泥量＜3%，过8 mm孔筛。

（4）石材表面防护剂（建议采用水性防护剂）。

（5）胶粘剂：石材专用胶粘剂。

4. 施工工艺流程

施工工艺流程：基层清理→弹线→试拼→试排→铺砂浆→铺石材→成品保护→晶面处理。

注：阳台、卫生间、厨房间等有防水要求的部位，地面石材施工不得采用干铺法工艺。

（1）基层清理。对铺贴石材区域的地面，将基层清扫干净并洒水湿润，扫素水泥浆一遍。

（2）弹线。在房间的主要部位弹出互相垂直的十字控制线，用建筑线拉出完成面控制线。

（3）试拼。在正式铺设前，对石材（或花岗石）板块，应按编号进行试拼，检查石材的颜色、纹理、尺寸是否符合，然后按编号堆放整齐，如图4-6-1所示。

图4-6-1

（4）试排。在房内的两个相互垂直的方向，铺两条干砂带，其宽度大于板块的宽度，厚度不小于3 cm；根据图纸要求把板块排好，以便检查板块之间的缝隙，核对板块与墙面、柱、洞口等的相对位置。

（5）铺砂浆。根据水平线，定出地面找平层厚度做灰饼定位，拉十字控制线，铺找平层水泥砂浆，找平层一般采用1∶3的干硬性水泥砂浆，干硬程度以手捏成团不松散为宜；砂浆从里往门口处摊铺，铺好后刮大杠、拍实，用抹子找平，其厚度适当高出根据水平线定的找平层的厚度。

（6）铺石材。一般房间应先里后外进行铺设，即先从远离门口的一边开始，按照试拼编号，依次铺砌，逐步退至门口。在铺好的干硬性水泥砂浆上先试铺合适后，翻开石板，在水泥砂浆上浇一层水灰比为0.5的素水泥浆（如果是浅色石材，采用白水泥或石材胶粘剂），然后正式镶铺；安放时应一边着地轻轻放下石材，用铁抹子插入石材板缝调节缝隙；用橡皮锤或木槌轻击木垫板（不得用木槌直接敲击石材板），根据水平线用水平尺找平，铺完第一块向两侧和后退方向顺序镶铺，如发现空隙应将石板掀起用砂浆补实再行安装。有地热项目的地面石材铺贴，板缝间距不小于1.5 mm，开缝深度不小于石材的厚度。

（7）成品保护：根据相关成品保护要求实施。

（8）抛光处理：要求专业厂家进行抛光处理。部分石材特别是吸水率高的大理石，应采用石材晶面处理，根据实际情况请专业厂家进行（不同的石材应采用不同的晶面材料和工艺）。

5. 质量标准

（1）主控项目。

①石材面层所用板块的品种、规格、颜色和性能应符合设计要求。

②石材铺贴不得有空鼓。

③石材板块不得有贯穿性断裂。

（2）一般项目。

①石材面层的表面应洁净、平整、无磨痕，且应图案清晰、色泽一致、接缝均匀、周边顺直、镶嵌正确，板块无裂纹、掉角、缺棱等缺陷。

②石材面层的允许偏差应符合质量验收规范的规定，主要控制数据如下：

表面平整度：2 mm；缝格平直：2 mm；接缝高低：0.5 mm；踢脚线上口平直：2 mm；板块间隙宽度：1 mm（房间长度方向4 500 mm以内为1 mm；以上不得小于1.5 mm；有地热项目的地面石材铺贴，板缝间距不小于2 mm）。

6. 石材六面防护注意事项

涂刷石材的防护必须待石材干透后方可涂刷，如还未干透，工期紧的情况下，可先刷涂正面外的五面防护剂，正面防护在晶面处理时同步完成；石材防护剂的涂刷如处理不当，易将石材内水分封闭，造成后期晶面处理后出现水影，一旦形成水影，非常难处理和修复。

7. 石材晶面处理

（1）石材晶面处理的消耗材料。

①主要材料：K1、K2、K3、K5水晶剂，二合一晶面剂，晶面粉。

②其他材料：清洁剂、云石胶。

（2）石材晶面处理的主要机械设备和工具：切割机、打磨机（局部需用手工打磨机）、擦地机、吸水机、多功能洗地机、吹干机、红色百洁垫、白色抛光垫、水桶、地拖、小抹子、抹布、墙纸刀片等。

（3）施工条件。

①对墙面踢脚线部位，落地卫生洁具等需做好有效的成品保护。

②木饰面安装前应完成石材的粗磨、中磨工作。

（4）操作流程。地面清理→石材缝隙云石胶修补→整体地面研磨→地面干燥→石材面防护→地面晶面处理（K2、K3水晶体）→整体地面养护处理（K1水晶体）→地面清理养护→成品保护。

①地面清理。进行石材地面晶面处理之前，用台式切割机或角向磨光机（图 4-6-2）对石材的铺贴缝逐一进行开槽，深度宜为石材的厚度（一般为 20 mm）。然后对地面进行整体清理，用地拖清理干净，确保地面无砂粒、杂质。

图 4-6-2

②石材缝隙云石胶修补。用云石胶对每块石材表面的毛细孔洞进行修补，石材之间的缝隙用小抹子刮云石胶进行修补、嵌平，再用小块干净抹布对完成部分进行逐块清洁，云石胶应采用进口胶，颜色调制应与石材基本一致。

③整体地面研磨。待云石胶干燥后，进行整体研磨。使用多功能洗地机对整体地面进行打磨。整体横向打磨，重点打磨石材间的嵌缝胶处（石材之间的对角处）以及靠近墙边、装饰造型、异形造型的边缘处，保持整体石材地面平整；完成第一遍的打磨后重新进行云石胶嵌缝，嵌缝完成继续进行第二次打磨。再用角向磨光机配上金刚石水磨片由粗到细，从 150 目→300 目→500 目→1 000 目→1 500 目→2 000 目→3 000 目，共需完成 7 次打磨，最终地面整体平整、光滑，再采用钢丝棉抛光，确保石材之间无明显缝隙。整个打磨过程中，应一边打磨，一边及时用吸水机将石材研磨的浆水抽走。

注：这里的 300 目是指在每英寸（25.4 mm）的长度上有 300 个筛孔。

④地面干燥。用吹干机对整体石材地面进行干燥处理。若工期允许，可采用自然风干。

⑤石材面防护。采用油性防护剂对石材表面进行批刮两遍，第一遍完成后 3 h 进行第二遍，完成后养护至少 48 h，再进行晶面处理。

环氧树脂胶批刮工艺：对质地较疏松、毛孔较多的大理石，在防护完成后挂一道环氧树脂水晶胶，起到固化表面、封闭毛孔的作用。

⑥地面晶面处理。地面边洒 K2、K3 水晶剂，边使用多功能洗地机转磨，使用清洗机配合红色百洁垫，将 K2、K3 水晶剂配合等量的水洒到地面，使用 175 r/min 擦地机负重 45 kg 研磨，热能的作用使晶面材料在石材表面晶化后形成表面结晶。

⑦整体地面养护处理。用洗地机在地面交替完成 K2、K3 水晶剂转磨，即 K2→K3→K2→K3→K2 共 5 遍，再换上白色抛光垫，喷上少量的 K1 水晶剂，重新抛磨一次，以此增加整个地面的晶面硬度。

注：K2 和 K3 系列是最早的石材晶面保养药剂，一般抛磨 1 m² 要 5 min 以上。

⑧地面清理养护。使用抛光垫抛光，使整个地面完全干燥、晶面亮度达到 95° 以上。

⑨成品保护。晶面完成后原则上不允许再有任何的施工作业，若必须进入施工，应做好成品保护，用柔软、干净、干燥的地毯铺在施工作业面和行走通道内进行有效的保护。

8. 石材地面示意图

（1）室内普通地面石材施工示意图（表 4-6-1）。

表 4-6-1

项目名称	地面石材工程细部构造	名　称	室内普通地面石材施工示意图
适用范围	客厅、餐厅、电梯厅、走道	备　注	通用节点

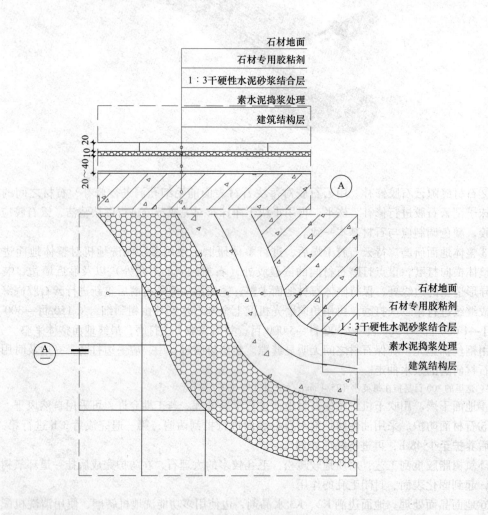

重点说明：

1. 工序：准备工作→弹线→试拼→编号→基层处理→铺水泥浆结合层→刷石材专用胶粘剂→铺地面石材→灌缝、擦缝→晶面处理。

2. 深色石材采用强度等级为 42.5 MPa 的普通硅酸盐水泥混合中砂或粗砂（含泥量不大于 3%），1:3 配比；浅色系列石材采用强度等级为 32.5 MPa 的白水泥砂浆掺白石屑 1:3 配比。

3. 砂严禁使用海砂；浅色石材在做一层石材胶粘剂的防护层后可用普通硅酸盐水泥砂浆直接粘贴。

4. 石材须工厂化六面防护，石材六面防护须纵横各一遍，待第一遍防护干了以后开始刷第二遍防护，干后铺贴；大理石应先铲除背后网格布后进行六面防护（湿贴石材应适用水性防护材料涂刷）。

5. 石材面层铺贴前应用专用的锯齿状批刀背面刮一层胶粘剂，晾干后再刮一层胶粘剂。浅色石材应采用白色石材专用胶粘剂。

（2）室内厨房地面石材施工示意图（表 4-6-2）。

表 4-6-2

项目名称	地面石材工程细部构造	名 称	室内厨房地面石材施工示意图
适用范围	室内无地热设施的卫生间、厨房	备 注	通用节点

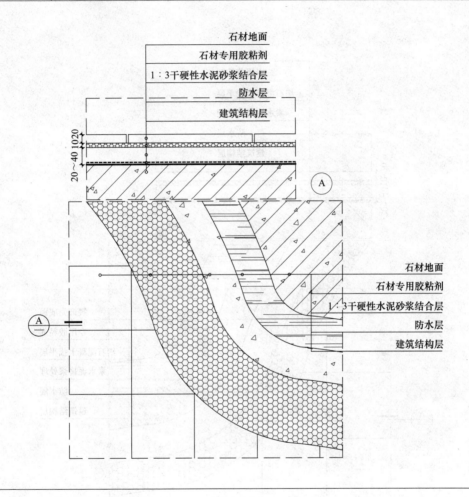

重点说明：

1. 厨卫石材铺贴前，须通过 48 h 蓄水试验。防水应采用柔性防水涂料，须纵横防水各一遍，以保证防水层密封性。防水层未干前严禁进行蓄水试验，如蓄水过程中发现水变浑浊或乳白，说明防水层养护时间不够，防水层已被水溶解、破坏，防水失败，须重做。厨卫湿区（如沐浴房、浴缸）的墙面防水高度不低于 1 800 mm，干区的墙面防水高度不低于 300 mm。

2. 深色石材采用强度等级为 42.5 MPa 的普通硅酸盐水泥混合中砂或粗砂（含泥量不大于 3%），1:3 配比；浅色系列石材采用强度等级为 32.5 MPa 的白水泥砂浆掺白石屑 1:3 配比。浅色石材应采用白色石材专用胶粘剂。

3. 石材需做六面防护，石材六面防护须纵横各一遍，待第一遍防护干了以后开始刷第二遍防护，干后铺贴；大理石应先铲除背后网格布后进行六面防护。

4. 厨房及卫生间台面等易受油污及腐蚀的台面需用油性防护剂涂刷。

5. 石材面层铺贴前用专用锯齿状批刀背面刮一层胶粘剂，晾干后再刮一层胶粘剂进行铺贴。

（3）阳台地面石材施工示意图（表4-6-3）。

表 4-6-3

项目名称	地面石材工程细部构造	名 称	阳台地面石材施工示意图
适用范围	室外阳台、露台、卫生间、淋浴房	备 注	通用节点

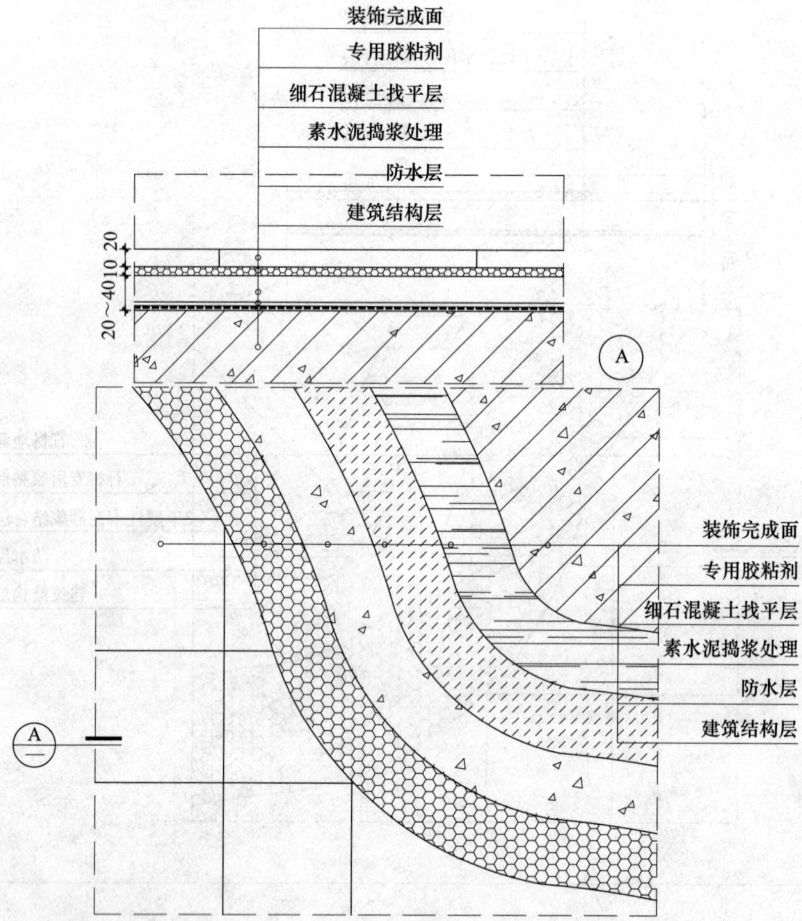

装饰完成面
专用胶粘剂
细石混凝土找平层
素水泥捣浆处理
防水层
建筑结构层

20~40 10 20

A

装饰完成面
专用胶粘剂
细石混凝土找平层
素水泥捣浆处理
防水层
建筑结构层

A

重点说明：

1. 工序：准备工作→弹线→试拼→编号→防水处理→素水泥浆浇捣→细石混凝土找平→刷石材专用胶粘剂→铺地面石材（瓷砖）→灌缝、擦缝→石材晶面处理。

2. 阳台石材（砖）铺贴前，须通过48 h蓄水试验。防水应采用柔性防水涂料，须纵横防水各一遍，以保证防水层的密封性。防水层未干前严禁进行蓄水试验，如蓄水过程中发现水变浑浊或乳白，说明防水层养护时间不够，防水层已被水溶解、破坏，防水失败，须重做。阳台的墙面防水高度不低于300 mm。

3. 地面基层需用细石混凝土进行找平，并做找坡处理，找坡率为0.3%~0.5%。

4. 石材（砖）铺贴时应使用专用锯齿状批刀背面刮专用胶粘剂进行铺贴，黏结层厚度约10 mm。

（4）地面地漏安装示意图（表4-6-4）。

表4-6-4

项目名称	地面石材工程细部构造	名　称	地面地漏安装示意图
适用范围	室外阳台、露台、卫生间、洗衣房	备　注	通用节点

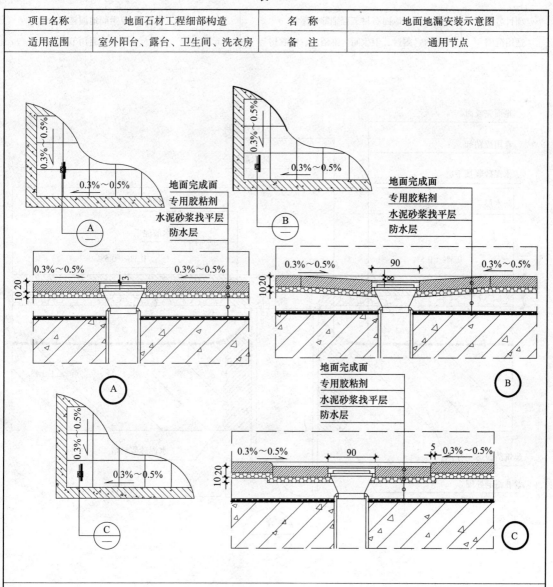

重点说明：

1. 工序：准备工作→现场勘察→安装位置的确定→连接形式的确定→过程跟踪→地漏安装→地漏安装完毕的检验校验→地漏的维护与检修。

2. 地漏定位需提前地面排版，实地放线，尽量设置在靠近下水管处。

3. 地漏、排水管口径需符合排水流量要求，排水管需设置P弯。

4. 地面找坡符合排水要求，找坡率为0.3%～0.5%。

5. 露台面积大于6 m² 或长度超过4 m，或阳台面积大于8 m² 或长度大于5 m时，应设置双地漏。

6. 建筑室内外高差较小的或没有高差层的，建议露台设排水地沟。

7. 地漏配管弯头部位加设检查口。

（5）卫生间地漏施工示意图（表4-6-5）。

表 4-6-5

项目名称	地面石材工程细部构造	名　称	卫生间地漏施工示意图
适用范围	阳台、露台、卫生间、淋浴房、洗衣房等	备　注	通用节点

重点说明：

1. 楼板开孔需大于排水管管径 40～60 mm，孔壁需进行凿毛处理。需用专用模具支撑，浇捣需用细石混凝土（加膨胀剂）分两次以上封堵浇捣密实。

2. 地漏的排水管口标高应根据地漏型号确定，使排水管与地漏连接紧密。

3. 地漏安装时周边的砂浆应填充密实。

4. 地漏、排水管口径需符合排水流量要求，排水管需设置 P 弯（盛水弯）。

5. 地漏配管弯头部位加设检查口。

（6）移门淋浴房石材施工示意图（表4-6-6）。

表4-6-6

项目名称	地面石材工程细部构造	名　称	移门淋浴房石材施工示意图
适用范围	卫生间	备　注	通用节点

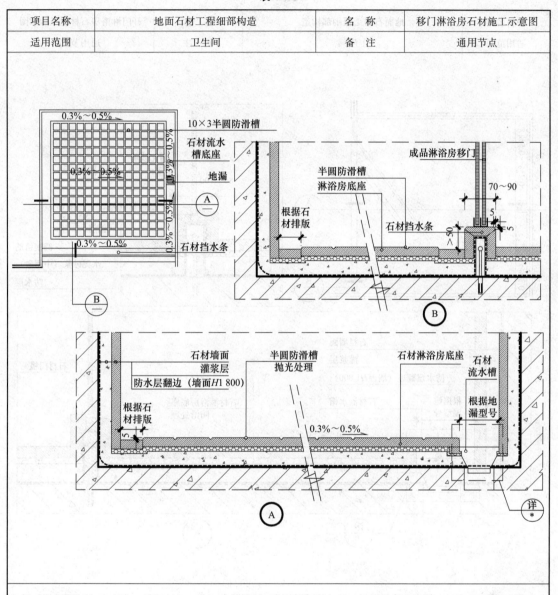

重点说明：

1. 工序：准备工作→弹线→翻边钢筋预植→翻边制模浇捣→防水处理→水泥砂浆结合层→刷专用胶粘剂→铺地面石材→灌缝、擦缝→石材晶面处理。

2. 淋浴房挡水条需按设计图纸要求现场弹线，结构楼面预植 φ6 钢筋，间距不大于300 mm，在顶端处焊接 φ6 圆钢连接，制模浇捣翻边，翻边处地面及样体两侧应预先凿毛，采用细石混凝土浇捣，挡水翻边与墙体交接处应伸入墙体20 mm，并与地面统一做防水处理。

3. 铣槽淋浴房地面石材应选用密实性较高的石材，厚度20 mm以上，防滑槽上口需做小圆角，并抛光处理。

4. 挡水条与墙面交接处需用环氧树脂胶或塑钢土嵌实，地沟宽度应根据地漏规格确定。

5. 地沟宽度应根据地漏规格确定，淋浴房石材需用湿铺工艺铺贴，严禁干铺。

項目施工图深化设计与施工工艺

（7）开门淋浴房石材施工示意图（表4-6-7）。

表 4-6-7

项目名称	地面石材工程细部构造	名 称	开门淋浴房石材施工示意图
适用范围	卫生间	备 注	通用节点

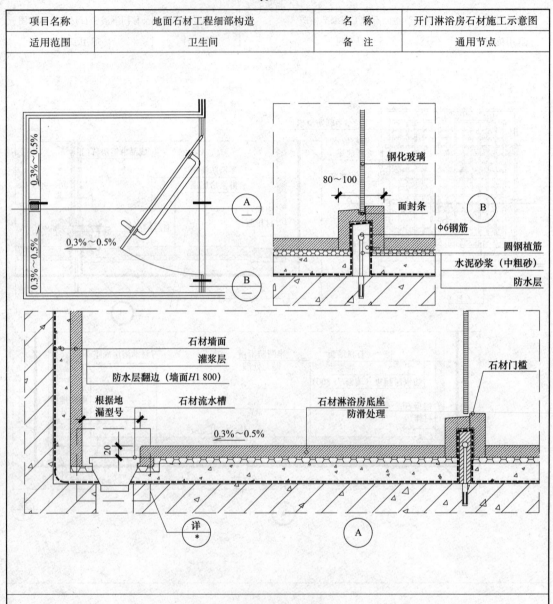

重点说明：

1. 工序：准备工作→弹线→翻边钢筋预植→翻边制模浇捣→防水处理→刷水泥砂浆结合层铺砂浆→刷专用胶粘剂→铺地面石材→灌缝、擦缝→石材晶面处理。

2. 淋浴房挡水条需按设计图纸要求现场弹线，结构楼面预植 Φ6 钢筋，间距不大于 300 mm，在顶端处焊接 Φ6 圆钢连接，制模浇捣翻边，翻边处地面应预先凿毛，采用细石混凝土浇捣，挡水翻边与墙体交接处应伸入墙体 20 mm，并与地面统一做防水处理。

3. 挡水条靠淋浴房侧需做止口及倒坡，挡水条与墙面交接处需环氧树脂胶或塑钢土嵌实。

4. 地沟宽度应根据地漏规格确定，淋浴房石材需用湿铺工艺铺贴，严禁干铺。

（8）移门淋浴房排水沟构造示意图（表4-6-8）。

表 4-6-8

项目名称	地面石材工程细部构造	名 称	移门淋浴房排水沟构造示意图
适用范围	卫生间	备 注	通用节点

重点说明：

1. 为下水通畅，淋浴房四周排水沟应低于中间 15 mm。

2. 淋浴房地面不应使用光面石材，应采用酸洗面或高压水冲面，且应双向拉槽（半圆槽或 U 形槽）。

（9）室内外楼梯地面石材饰面示意图（表4-6-9）。

表 4-6-9

项目名称	地面石材工程细部构造	名　称	室内外楼梯地面石材饰面示意图
适用范围	室内外楼梯	备　注	通用节点

重点说明：
1. 工序：准备工作→弹线→试拼→编号→基层处理→水泥浆结合层→刷石材专用胶粘剂→铺地面石材→灌缝、擦缝→晶面处理。
2. 大理石楼梯施工需按设计图纸要求现场弹线，线型及防滑条的形式需按设计要求施工。
3. 深色石材采用强度等级为42.5 MPa的普通硅酸盐水泥混合中砂或粗砂（含泥量不大于3%）1:3 配比。
4. 浅色石材采用强度等级为32.5 MPa的白水泥砂浆掺白石屑（水洗中砂含泥量不大于1%）1:3 配比。

（10）石材加厚边施工示意图（表4-6-10）。

表 **4-6-10**

项目名称	地面石材工程细部构造	名　称	石材加厚边施工示意图
适用范围	楼梯踏板、洗手台面等	备　注	通用节点

重点说明：

1. 为保证石材色彩、肌理的美观，台面加厚条与台面板同块料中切取。

2. 切割时应从背面向上切割，背面与背面黏结，使得拼缝处密实。

二、实木复合地板地面

1. 适用范围

实木复合地板地面适用于室内精装修工程中非地下室部位的地面工程。

2. 作业条件

（1）地板安装必须在整个精装修工程的最后阶段，避免因交叉施工造成地板漆面损伤。

（2）施工要点：条形木地板的铺设方向应考虑施工方便、牢固和美观的要求。对于走廊、过道等部位，应顺着行走的方向铺设；而室内房间，地板长度方向宜顺光线安装。

（3）超过 6 m×6 m 的室内空间地板铺设要增设伸缩缝。

3. 材料准备

（1）面层材料。

①材质：宜选用耐磨、纹理清晰、有光泽、耐朽、不易开裂、不易变形的国产优质复合木地板，厚度应符合设计要求。

②规格：条形企口板。

③拼缝：企口缝。

（2）基层材料。

①泡沫防潮垫，如图 4-6-3 所示。

图 4-6-3

②夹板（18 mm 厚），环保、防潮性好，板材各层结合牢固，如图 4-6-4 所示。

③普通防潮膜，如图 4-6-5 所示。

图 4-6-4

图 4-6-5

4. 施工工艺流程

施工工艺流程：基层清理→弹线→垫片铺设→铺设防潮基层板→验收、加固→铺设防潮垫→地板进场堆放→选板试铺→铺设木地板→成品保护。

（1）施工单位进场后，按 1 m 线复核建筑地坪的平整度；地板基层铺饰前，须放线定位。

（2）找平垫块的夹板必须干燥，含水率小于等于当地的平均湿度。找平垫块不小于 100 mm × 100 mm，间距中心为 300 mm × 300 mm，垫块用水泥钢钉四角固定。

（3）18 mm 防水基层板背面满涂三防涂料（防霉、防虫、防潮），规格为 600 mm × 1 200 mm，作 45°（与地板铺贴形成 45°）工字法斜铺于找平垫块上，用美固钉固定（夹板之间应留有 5 mm 的间隙）。

（4）完成基层板铺装后，清理干净；伸缩缝处粘贴包装胶带纸封闭，彩条塑料布满铺，周边木条固定保护。

（5）基层板铺设完成后需监理、业主工程师验收合格后方能进入下一道施工工序，基层夹板须检查牢度和平整度，如果踩踏有响声，须局部采用美固钉加固；平整度用 2 m 靠尺检查，高低差应控制在 2 mm 范围内。

（6）地板安装前，应将原包装地板先放置在需要安装的房子里 24 h 以上，地板要开箱，使地板更适应安装环境。地板需水平放置，不宜竖立或斜放。

（7）地板铺装前，拆除基层彩条保护，清扫干净，铺装珍珠防潮薄膜。薄膜拼接处用胶带纸粘合，以杜绝水分侵入。

（8）地板铺装时，地板与四周墙壁间隔 10 mm 左右的预留缝，地板之间接口处可用专用防水地板胶或直钉固定。为有效解决地板变形，在有条件的情况下，建议地板与四周墙壁 10 mm 预留缝处设置弹簧固定。

（9）所有地板拼接时，应纵向错位（工字法）进行铺装。

（10）地板铺设前应进行预铺，剔除色差明显的地板，对于地板颜色偏差较大的在排版时确定铺设于次要部位，如卧室的床底、客厅的沙发底等部位，并对房间方正偏差进行纠偏措施。

（11）每一片地板拼接后，以木槌和木条轻敲，以使每片地板公母榫企口密合。

（12）在铺钉时，钉子要与表面成一定角度，一般常用 45°或 60°斜钉入内。

（13）如果铺装完成后，室内的窗帘未安装，须采用遮光措施，避免阳光直射造成漆面变黄。

5. 施工注意事项

（1）按设计要求施工，材料应符合设计标准。

（2）木地板靠墙处要留出 10 mm 空隙，以利热胀冷缩；在地板和踢脚板相交处，如安装封闭木压条，则应在木踢脚板上留通风孔。

（3）在常温条件下，细石混凝土垫层浇灌含水率小于 10%，方可铺装复合木地板面层。

（4）以房间内光线进入方向为木地板的铺设方向。

（5）有地热区域在地板铺贴时，基层不应铺设防潮膜。

6. 质量标准

（1）主控项目。

①复合地板面层所采用的条材和块材，其技术等级和质量要求应符合设计要求。

②面层铺设应牢固，踩踏无空鼓。

（2）一般项目。

①实木复合地板面层图案和颜色应符合设计要求，图案清晰，颜色一致，板面无翘曲。

②面层的接头位置应错开、缝隙严密、表面洁净。

（3）检验方法：板面缝隙宽度 2 mm 用钢尺检查；表面平整度 2 mm 用 2 m 靠尺及楔形塞尺检查；踢脚线上口平齐 3 mm；板面拼缝平直 3 mm 拉 5 m 通线，不足 5 m 拉通线或用钢尺检查；相邻板材高差 0.5 mm 用尺量和楔形塞尺检查；踢脚线与面层的接缝 1 mm 用楔形塞尺检查。钢尺、靠尺、楔形塞尺等测量工具，如图 4-6-6 ~ 图 4-6-8 所示。

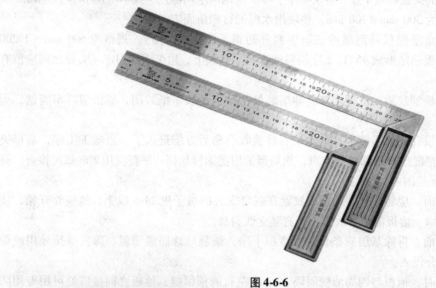

图 4-6-6

图 4-6-7

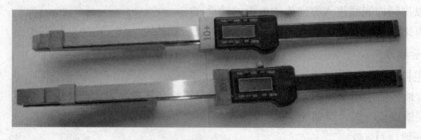

图 4-6-8

7. 实木复合地板面板示意图

(1) 实木复合地板铺装示意图 1 (表 4-6-11)。

表 4-6-11

项目名称	木地板地面细部构造	名　称	实木复合地板铺装示意图 1
适用范围	室内干区客厅、卧室、书房等	备　注	低端无地热项目

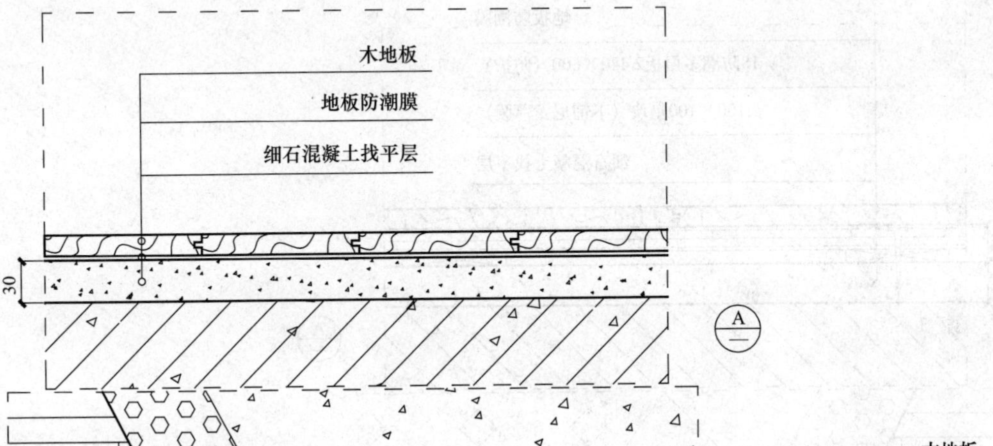

木地板

地板防潮膜

细石混凝土找平层

木地板

地板防潮膜

细石混凝土找平层

重点说明:

1. 工序: 基层处理→标高定位→套浆处理→细石混凝土浇捣、找平→铺贴防潮膜→铺实木地板。

2. 地面找平后平整度需符合国家规定的有关要求,且达到一定的干燥度方可铺贴。

3. 基层板铺设时应在建筑地面上铺塑料防潮薄膜,接口处互叠用胶布粘贴,防止水汽进入。

4. 建议此铺装形式铺装小规格地板时运用,以防基层不平整带来的起灰。

（2）实木复合地板铺装示意图2（表4-6-12）。

表4-6-12

项目名称	木地板地面细部构造	名　称	实木复合地板铺装示意图2
适用范围	室内干区客厅、卧室、书房等	备　注	无地热项目

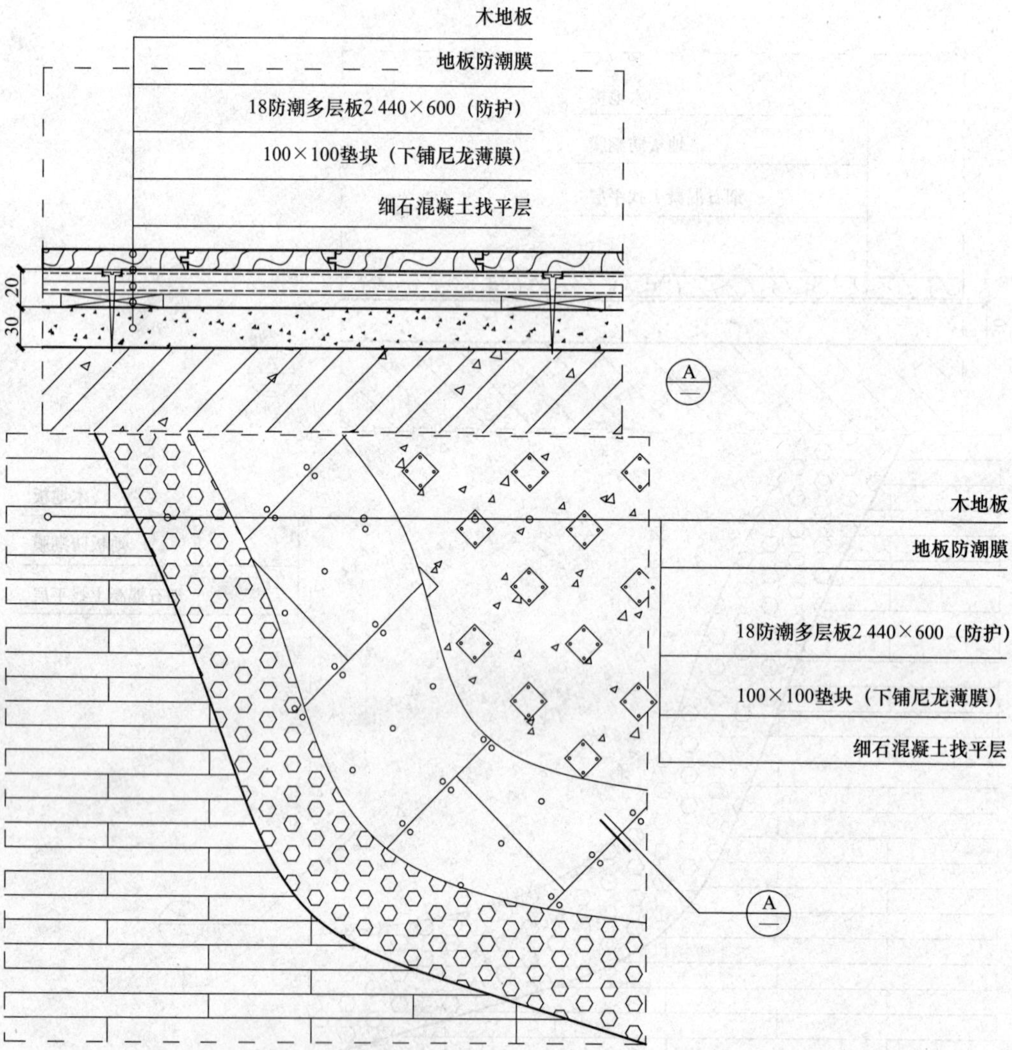

木地板
地板防潮膜
18防潮多层板2 440×600（防护）
100×100垫块（下铺尼龙薄膜）
细石混凝土找平层

木地板
地板防潮膜
18防潮多层板2 440×600（防护）
100×100垫块（下铺尼龙薄膜）
细石混凝土找平层

重点说明：

1. 工序：基层处理→标高定位→套浆处理→细石混凝土浇捣、找平→铺贴防潮膜→铺实木地板。

2. 基层板铺设时应在建筑地面撒上防蛀粉、铺塑料防潮薄膜，上部垫块用水泥钢钉四角固定。

3. 18 mm多层板背面满涂三防涂料（防火、防潮、防虫），规格为610 mm×2 440 mm，做45°工字法斜铺，用美固钉加固（有地热取消基层板）。

4. 地板下须铺设防潮膜，接口处互叠用胶布粘贴，防止水汽进入（有地暖的取消防潮膜）。

（3）实木复合地板铺装示意图 3（表 4-6-13）。

表 4-6-13

项目名称	木地板地面细部构造	名　称	实木复合地板铺装示意图 3
适用范围	室内干区客厅、卧室、书房等	备　注	有地热项目

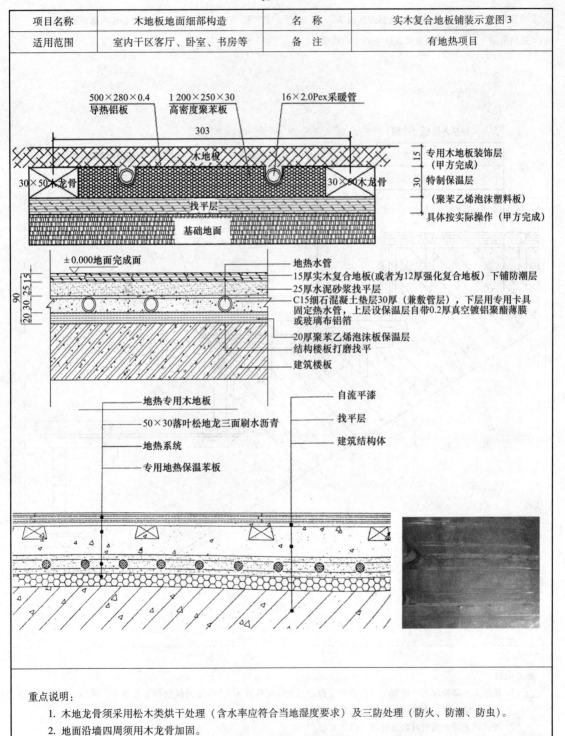

重点说明：

　　1. 木地龙骨须采用松木类烘干处理（含水率应符合当地湿度要求）及三防处理（防火、防潮、防虫）。

　　2. 地面沿墙四周须用木龙骨加固。

　　3. 地龙骨可使用室外用防腐木来替代，这样可保证地龙骨在受潮后不变形且降低人工成本。

（4）楼梯地面木地板饰面示意图（表4-6-14）。

表4-6-14

项目名称	木地板地面细部构造	名　称	楼梯地面木地板饰面示意图
适用范围	单面或双面挑空的室内楼梯	备　注	通用节点

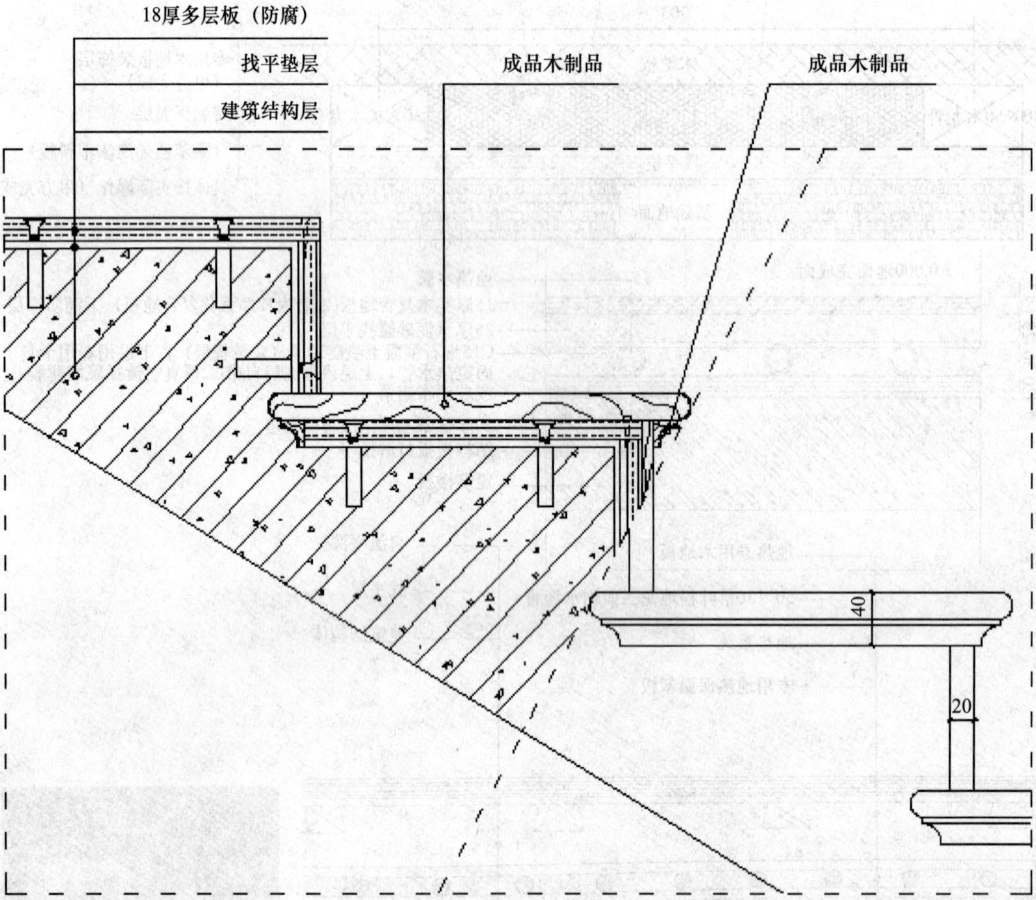

18厚多层板（防腐）

找平垫层

建筑结构层

成品木制品

成品木制品

40

20

重点说明：

1. 楼梯实木踏板应工厂化加工（含水率应符合当地的湿度要求），油漆面符合耐磨性要求，采用AB胶与木基层板黏结固定，木基层板做三防处理（防火、防潮、防虫）。

2. 楼梯踏板背面须用封底漆封闭，以防变形。

3. 楼梯踏板收口线型应避免方角，以防使用磨损。

三、防滑地砖地面

1. 适用范围

防滑地砖适用于精装修工程地下室、下沉式庭院及室内厨房间、工人房等部位的地面装饰施工。

2. 作业条件

（1）墙上四周弹好 1 m 水平线。

（2）地面防水层已经做完，室内墙面湿作业已经做完。

（3）穿楼地面的管洞已经堵严塞实。

（4）楼地面垫层已经做完。

（5）板块应预先用水浸湿，并码放好，铺时达到表面无明水。

（6）复杂的地面施工前，应绘制施工大样图，并做出样板间，经检查合格后，方可大面积施工。

3. 材料准备

（1）水泥：强度等级为 42.5 MPa 以上普通硅酸盐水泥或矿渣硅酸盐水泥，专用填缝剂。

（2）砂：粗砂或中砂，含泥量不大于 3%，过 8 mm 孔筛。

（3）瓷砖：进场验收合格后，在施工前应进行挑选，将有质量缺陷（主要是平整度和曲翘度等）的先剔除，然后将面砖按大、中、小三类挑选后分别码放在垫木上。

4. 施工工艺流程

施工工艺流程：基层处理、找标高→弹线、排砖→铺贴瓷砖→勾缝、擦缝→养护。

（1）基层处理、找标高。

①将基层表面的浮土或砂浆铲掉，清扫干净，有油污时，应用 10% 火碱水刷净，并用清水冲洗干净。

②根据 1 m 水平线和设计图纸找出板面标高。

（2）弹线、排砖。

①根据排砖图确定铺砌的缝隙宽度，一般为：缸砖 11 mm；卫生间、厨房通体砖 2 mm；房间、走廊通体砖 2 mm。

②根据排砖图及缝宽在地面上弹纵、横控制线；注意该十字线与墙面抹灰时控制房间方正的十字线是否对应平行，同时注意开间方向的控制线是否与走廊的纵向控制线平行，不平行时应调整至平行。避免门口位置的分色砖出现大小头。

③排砖原则。

a. 开间方向要对称（垂直门口方向分中）。

b. 切割块尽量排在远离门口及隐蔽处，如暖气罩下面。

c. 与走廊的砖缝尽量对上，对不上时可以在门口处用石材门槛分隔。

d. 有地漏的房间应注意坡度、坡向。

（3）铺贴瓷砖。找好位置和标高，从门口开始，纵向先铺 2~3 行砖，以此为标准拉纵、横水平标高线，铺时应从里向外退着操作，人不得踏在刚铺好的砖面上，每块砖应跟线，操作程序如下：

①铺砌前将砖板块放入半截水桶中浸水湿润，晾干后表面无明水时，方可使用。

②找平层上洒水湿润，均匀涂刷素水泥浆（水灰比为0.4~0.5），涂刷面积不要过大，铺多少刷多少。

③结合层一般采用水泥砂浆结合层，厚度为10~25 mm；铺设厚度以放上面砖时高出面层标高线3~4 mm为宜，铺好后用大杠尺刮平，再用抹子拍实找平（铺设面积不得过大）。

④结合层拌和：干硬性砂浆，配合比为1:3（体积比），应随拌随用，初凝前用完，防止影响黏结质量；干硬性程度以手捏成团，落地即散为宜。

⑤铺贴时，砖的背面朝上抹黏结砂浆，铺砌到已刷好的水泥浆：找平层上，砖上棱略高出水平标高线，找正、找直、找方后，砖上面垫木板，用橡皮锤拍实，顺序从内退着往外铺贴，做到面砖砂浆饱满，相接紧密、结实，与地漏相接处，用云石机将砖加工成与地漏相吻合。厨房、卫生间铺地砖时最好一次铺一间，大面积施工时，应采取分段、分部位铺贴。

⑥拨缝、修整：铺完2~3行，应随时拉线检查缝格的平直度，如超出规定应立即修整，将缝拨直，并用橡皮锤拍实。此项工作应在结合层凝结之前完成。

（4）勾缝、擦缝。

①勾缝：用1:1水泥细砂浆勾缝，缝内深度为砖厚的1/3，要求缝内砂浆密实、平整、光滑；随勾随将剩余水泥砂浆清走、擦净。

②擦缝：如设计要求缝隙很小，则要求接缝平直，在铺实修好的面层上用浆壶往缝内浇水泥浆，然后用干水泥撒在缝上，再用棉纱团擦揉，将缝隙擦满；最后将面层上的水泥浆擦干净。面层铺贴应在24 h后进行勾缝、擦缝的工作，并应采用专门的嵌缝材料。

（5）养护：铺完砖24 h后，洒水养护，时间不应少于7 d。

5. 质量标准

（1）主控项目。

①面层所有的板块的品种、质量必须符合设计要求。

②面层与下一层的结合（黏结）应牢固，无空鼓。

（2）一般项目。

①砖面层的表面应洁净、图案清晰，色泽一致，接缝平整，深浅一致，周边顺直。板块无裂纹、掉角和缺棱等缺陷。

②面层邻接处的镶边用料及尺寸应符合设计要求，边角整齐、光滑。

③楼梯踏步和台阶板块的缝隙宽度应一致、齿角整齐，防滑条顺直。

④面层表面的坡度应符合设计要求，不倒泛水、不积水，与地漏、管道结合处应严密牢固，无渗漏。

⑤砖面层的允许偏差：

表面平整度：2 mm；缝格平直：3 mm；接缝高低：0.5 mm；踢脚线上口平直：3 mm；板块间隙宽度：2 mm，如图4-6-9所示。

6. 成品保护

（1）在铺贴板块操作过程中，对已安装好的门框、管道都要加以保护，如门框钉装保护薄钢板，运灰车采用窄车等。

（2）切割地砖时，不得在刚铺贴好的砖面层上操作。

（3）新铺贴的砂浆抗压强度达1.2 MPa时，方可上人进行操作，但必须注意油漆、砂浆不得存放在地砖上，钢管等硬器不得碰坏砖面层，喷浆时要对面层进行覆盖保护。

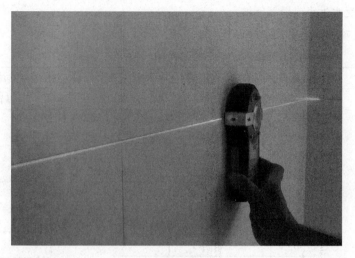

图 4-6-9

7. 应注意的质量问题

（1）地砖空鼓（图 4-6-10）：基层清理不净、洒水湿润不均、砖未浸水、水泥浆结合层刷的面积过大、风干后起隔离作用、上人过早影响黏结层强度等因素都是导致空鼓现象的原因。

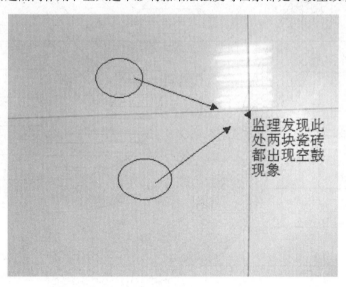

监理发现此处两块瓷砖都出现空鼓现象

图 4-6-10

（2）地砖表面不洁净：主要是做完面层之后，成品保护不够，油漆桶放在地砖上、在地砖上拌和砂浆、刷浆时不覆盖等，都造成层面被污染。

（3）有地漏的房间倒坡：做找平层砂浆时，没有按设计要求的泛水坡度进行弹线找坡；因此必须在找标高、弹线时找好坡度，抹灰饼和标筋时，抹出泛水。

（4）地面铺贴不平，出现高低差：对地砖未进行预先挑选，砖的薄厚不一造成高低差，或铺贴时未严格按水平标高线进行控制。

（5）地面标高错误：多出现在厕浴间，原因是防水层过厚或结合层过厚。

（6）厕浴间泛水过小或局部倒坡。

8. 地面铺瓷砖施工示意图（表4-6-15）

表 4-6-15

项目名称	瓷砖地面细部构造	名　称	地面铺瓷砖施工示意图
适用范围	卫生间、阳台	备　注	通用节点

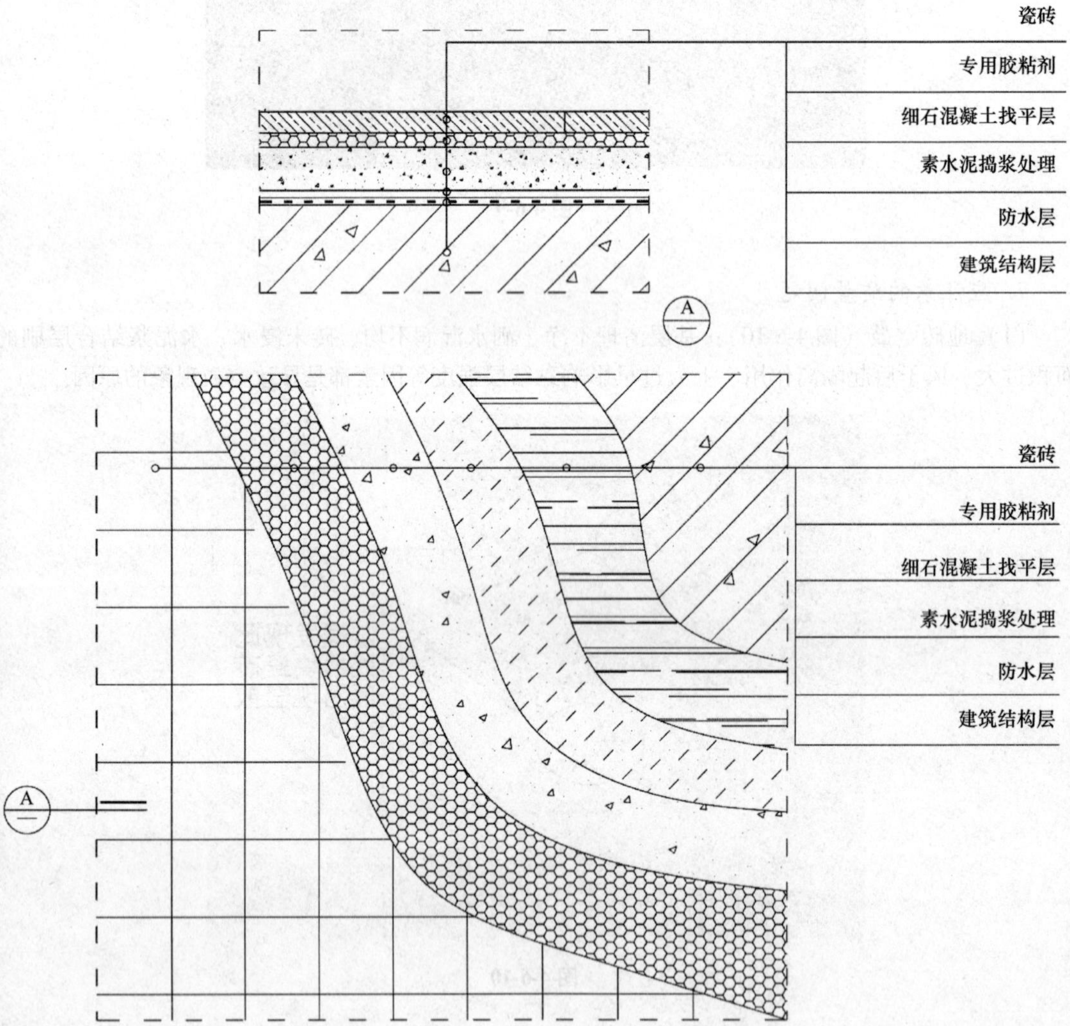

瓷砖
专用胶粘剂
细石混凝土找平层
素水泥捣浆处理
防水层
建筑结构层

瓷砖
专用胶粘剂
细石混凝土找平层
素水泥捣浆处理
防水层
建筑结构层

重点说明：
1. 工序：基层处理、找标高→弹线、排砖→铺贴瓷砖→勾缝、擦缝→养护。
2. 卫生间、阳台区域必须湿铺，禁止干铺。

四、地毯地面

1. 编织地毯

（1）适用范围：室内精装修工程中地面材料为满铺地毯的工程。

（2）作业条件：地面基层平整、洁净、干燥（含水率控制在8%以内），并达到设计强度；室内无其他施工作业内容。

（3）材料准备。

①地毯：阻燃地毯。

②地毯胶粘剂、地毯接缝胶带、麻布条。

③地毯木卡条（倒刺板）、铝压条（倒刺板）、锑条、铜压边条等。

（4）施工工艺流程。清理基层→裁剪地毯→钉卡条、压条→接缝处理→铺接工艺→修整、清理。

①清理基层。

a. 铺设地毯的基层要求具有一定的强度。

b. 基层表面必须平整，无凹坑、麻面、裂缝，并保持清洁干净；若有油污，须用丙酮或松节油擦洗干净，高低不平处应预先用水泥砂浆填嵌平整。

②裁剪地毯。

a. 根据房间尺寸和形状，用墙纸刀从长卷上裁下地毯。

b. 每段地毯和长度要比房间长度长约20 mm，宽度要以裁出地毯边缘后的尺寸计算，弹线裁剪边缘部分；要注意地毯纹理的铺设方向与设计一致。

③钉卡条、压条。

a. 采用木卡条（倒刺板）固定地毯时，应沿房间四周靠墙脚1～2 cm处，将卡条固定于基层上。

b. 在门口处，为不使地毯被踢起和边缘受损，达到美观的效果，常用铝合金卡条、锑条固定。卡条、锑条内有倒刺扣牢地毯。锑条的长边与地面固定，待铺上地毯后，将短边打下，紧压住地毯面层。

c. 卡条和压条可用钉条、螺钉、射钉固定在基层上。

④接缝处理。

a. 地毯背面接缝。接缝是将地毯翻过来，使两条缝平接，用线缝后，刷白胶，贴上牛皮胶纸，缝线应较结实，针脚不必太密。

b. 烫带黏结，即先将烫带按地面上的弹线铺好，两端固定，将两侧地毯的边缘压在烫带上，然后用电熨斗在烫带的胶面上熨烫，使胶质熔化，随着电熨斗的移动，用扁铲在接缝处碾压平实，使之牢固地连在一起。

c. 用剪刀修葺地毯接口处正面不齐的绒毛。

⑤铺接工艺。

a. 先用钉条固定室内长边一边，再用张紧器或膝撑将地毯在相交方向逐段推移伸展，使之拉紧、平伏，以保证地毯在使用过程中遇到一定的推力而不隆起。张力器底部小刺，可将地毯卡紧而推移，推力应适当，过大易将地毯撕破，过小则推移不平，推移应逐步进行。

b. 用张紧器张紧后，地毯四周应挂在卡条上或铝合金条上固定。

⑥修整、清理。地毯完全铺好后，用搪刀裁去多余部分，并用扁铲将边缘塞入卡条和墙壁之间的缝中，用吸尘器吸去灰尘等。

（5）施工注意事项。

①凡能被雨水淋湿、有地下水侵蚀的地面，特别是潮湿的地面，不能铺设地毯。

②在墙边的踢脚处以及室内柱子和其他突出物处，地毯的多余部分应剪掉，再精细修整边缘，使之吻合服帖。

③地毯拼缝应尽量小，不使缝线露出，要求在接缝时用张力器将地毯张平服帖后再进行接缝。接缝处要考虑地毯上花纹、图案的衔接。

④铺完后，地毯应达到毯面平整服帖，图案连续、协调，不显接缝，不易滑动，墙边、门口处连接牢靠，毯面无脏污、损伤。

（6）质量标准。

①主控项目：地毯的品种、规格、颜色、花色、胶料和辅料及其材质必须符合设计要求和国家现行地毯产品标准的规定。地毯表面应平伏、拼缝处粘贴牢固、严密平整、图案吻合。

②一般项目：地毯表面不应起鼓、起皱、翘边、卷边、显拼缝、露线和无毛边，绒毛顺光一致，毯面干净，无污染和损伤。地毯同其他面层连接处、收口处和墙边、柱子周围应顺直、压紧。

2. 方块地毯

（1）适用范围。适用于室内精装修工程中地面材料为方块地毯的工程。

（2）作业条件。地面基层平整洁净、干燥（含水率控制在8%以内），并达到设计强度；室内无其他施工作业内容。

（3）材料准备。

①地毯：块状阻燃地毯。

②辅料地毯胶粘剂、地毯接缝胶带、麻布条。

（4）施工工艺流程。基层地面处理→实量放线→裁割地毯→刮胶晾置→铺设→清理、保护。

①在铺装前必须进行实量，测量墙角是否规方，准确记录各角角度。根据计算的下料尺寸在地毯背面弹线、裁割。

②接缝处应用胶带在地毯背面将两块地毯粘贴在一起，要先将接缝处不齐的绒毛修齐，并反复揉搓接缝处绒毛，至表面看不出接缝痕迹为宜。

③黏结铺设时，刮胶后晾置5～10 min，待胶液变得干粘时铺设。

④地毯铺平后用毡辊压出气泡。

⑤多余的地毯边裁去，清理拉掉的纤维。

⑥裁割地毯时，应沿地毯经纱裁割，只割断纬纱，不割断经纱，对于有背衬的地毯，应从正面分开绒毛，找出经纱、纬纱后裁割。

（5）质量标准。

①主控项目。

a. 各种地毯的材质、规格、技术指标必须符合设计要求和施工规范规定。

b. 地毯与基层固定必须牢固，无卷边、翻起现象。

②一般项目。

a. 地毯表面平整，无打皱、鼓包现象。

b. 拼缝平整、密实，在视线范围内不显拼缝。

c. 地毯与其他地面的收口或交接处应顺直。

d. 地毯的绒毛应理顺，表面洁净，无油污物等。

（6）注意事项。

①注意成品保护，用胶粘贴的地毯，24 h 内不许随意踩踏。

②地毯铺装对基层地面的要求较高，地面必须平整、洁净，含水率不得大于 8%，并已安装好踢脚板，踢脚板下沿至地面间隙应比地毯厚度大 2～3 mm。

③准确测量房间尺寸和计算下料尺寸，以免造成浪费。

④有规格建材，排版后铺装。

（7）地毯与其他结构材料的收口，如图 4-6-11～图 4-6-13 所示。

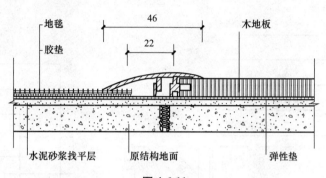

图 4-6-11

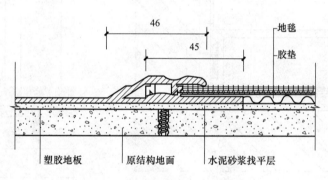

图 4-6-12

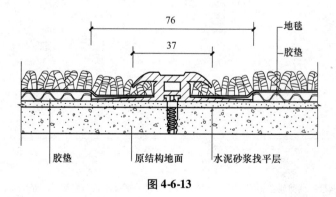

图 4-6-13

3. 地毯地面示意图

（1）地毯与踢脚线收口节点（表 4-6-16）。

表 4-6-16

项目名称	细部收口工程	名　称	地毯与踢脚线收口节点
适用范围	各种地毯铺设部位	备　注	通用节点

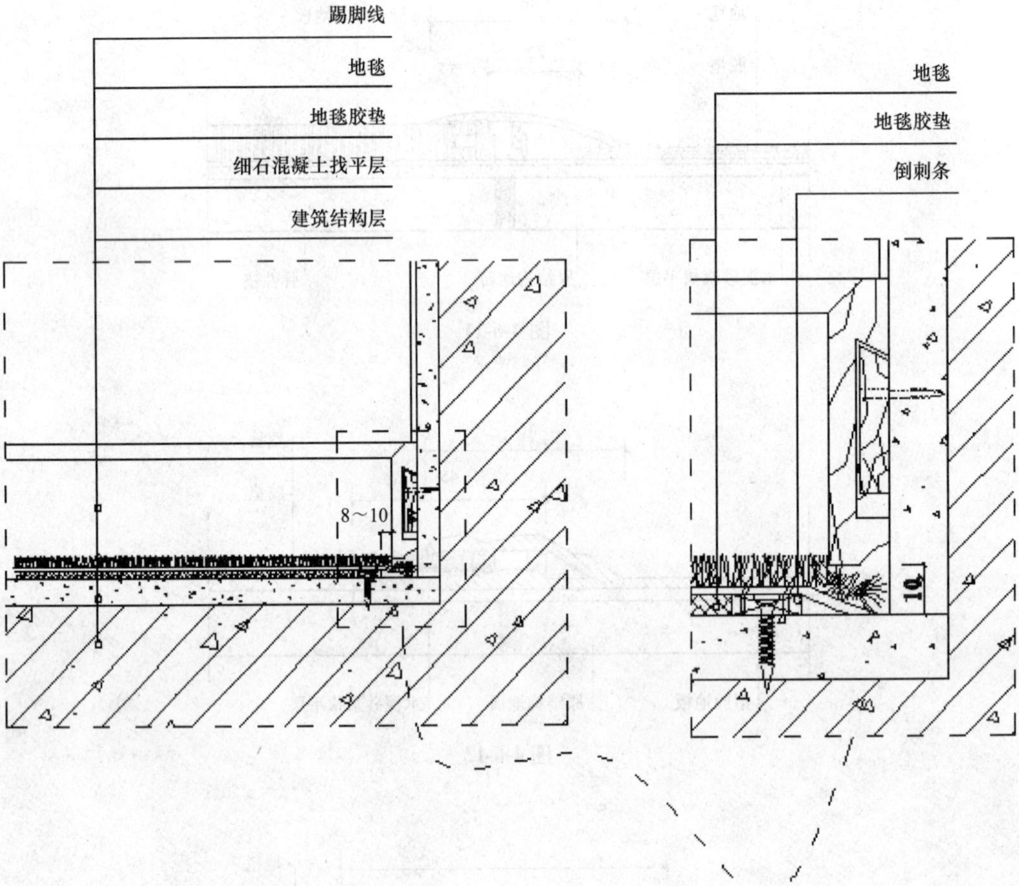

踢脚线

地毯

地毯胶垫

细石混凝土找平层

建筑结构层

8~10

地毯

地毯胶垫

倒刺条

10

重点说明：

　1. 工序：清理基层→裁剪地毯→钉卡条、压条→接缝处理→铺接工艺→修整、清理。

　2. 地毯地面须采用水泥砂浆找平处理，待完全干透后，方可铺设地毯。

　3. 踢脚线根部须预留 8~10 mm 的缝隙（根据地毯的厚度确定），地毯胶垫须符合室内环保及防火要求。

（2）地面地毯与石材拼铺界面节点（不锈钢条分缝拼铺方式）示意图（表4-6-17）。

表 4-6-17

项目名称	细部收口工程	名 称	地面地毯与石材拼铺界面节点（不锈钢条分缝拼铺方式）示意图
适用范围	地毯与石材、木地板与石材等交接部位	备 注	通用节点

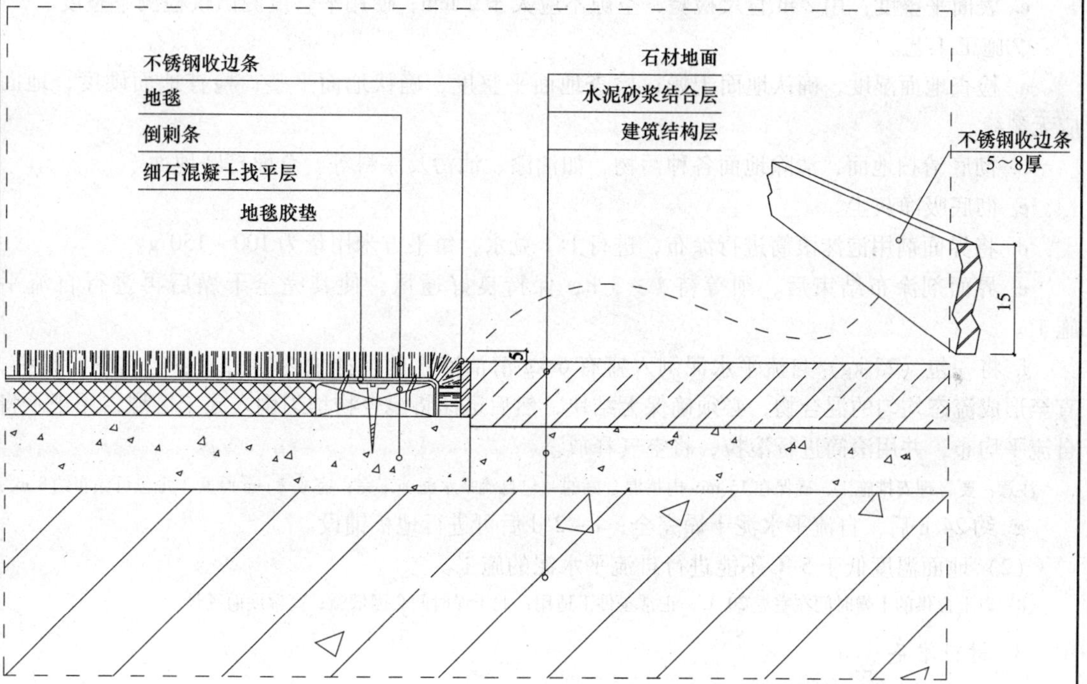

重点说明：

为使接缝处地面收口美观，地毯与大理石交接处采用5~8 mm厚×15 mm高不锈钢收边处理，不锈钢与石材用AB胶黏结。

五、塑料地板（PVC 地板）

1. 适用范围

塑料地板（PVC 地板）适用于办公室、幼儿园、医院等公共场所。

2. 作业条件

塑料地板（PVC 地板）施工前，地面已完成自流平的施工。

（1）自流平水泥地面施工。

①注意事项。

a. 湿度：地基含水率应小于 3%（自流平厂商要求保持施工前地表干燥）；使用 CCM 水分测试仪检测含水率。

b. 表面硬度：用锋利的凿子快速交叉切划表面，交叉处不应有爆裂。使用硬度刻划器。

c. 表面平整度：用 2 m 直尺检验，空隙不应大于 2 mm；使用平整度测试仪检测平整度。

②施工工艺。

a. 检查地面湿度，确认地面干燥；检查地面平整度，确认地面平整；检查地面硬度，地面应无裂缝。

b. 彻底清扫地面，清除地面各种污物，如油漆、油污及涂料等。全面打磨地面。

c. 彻底吸净灰尘。

d. 将界面剂用泡沫滚筒进行涂布，进行 1:1 兑水，每平方米用量为 100 ~ 150 g。

e. 界面剂涂布结束后，须等待 1 ~ 3 h，保持良好通风，使其完全干燥后再进行自流平施工。

f. 将一包（25 kg）自流平水泥倒入盛有 6 kg 清洁凉水的搅拌桶内，用带浆电钻进行搅拌，直至形成流态均匀的混合物，必须确保无结块，然后迅速将混合物均匀倒入施工区域，用耙子将自流平均布，并用滚筒进行滚拉，将空气释放。

注意：要合理安排施工，确保在 15 min 内将混合好的一包自流平水泥施工完；完成 2 mm 厚度，每包可涂布约 8 m²。

g. 约 24 h 后，自流平水泥干燥完全，1 ~ 2 d 后可进行地板铺设。

（2）地面温度低于 5 ℃不能进行自流平水泥的施工。

注：以上提供的干燥时间在室温 20 ℃，正常条件下适用；此干燥时间会因低温、高湿度而延长。

3. 材料准备

（1）施工的地板必须是同一批号。

（2）提前 48 h 将地板放置在施工现场，以防出现缝隙和起翘。

4. 施工工艺流程

（1）基准施工法。

①施工最好从房间入口处开始，以免地板在门口处被拼缝。

②施工材料要比实际长度多预留 50 mm 裁剪，裁剪时，有木纹的花色要尽量对准纹路施工。

③墙面及墙角部分覆盖的材料要用手充分压紧（V 形），按墙面曲线（预留 50 mm）裁剪。

④裁剪时要与墙面保留一定距离，预留踢脚线能覆盖到的位置。

（2）连接幅施工。

①裁剪第二块地板时要考虑与第一块地板纹路对齐（仅限于需要对齐纹路的地板）。裁剪第

二块地板时把地板放置在第一块上，在中间、两端做 V 形标记，裁剪。地板两端与墙面预留一部分施工。

②大面积施工时也可按同一步骤施工。

（3）胶粘剂涂布。

①推荐使用指定的和塑料地板品牌相同的胶水。

②在粘地板前不要忘记有一定的等候时间，这一步骤是为了降低胶粘剂水分，提高黏合力，等候时间根据周围环境、时间、地面情况来定。

③应使用胶粘剂、刮板进行全面涂布，特别是连接部分，墙角要充分涂抹，这样才不会产生移动、起翘等现象。

④等候一定时间（胶水成膜）后，小心放置地板，用脚轻轻压紧，放置。

⑤用压滚压紧地板连接处，以中间至墙角、中间至连接部方向移动。

（4）连接处处理。

①连接处施工是施工最重要的部分。

②连接处处理是用施工刀将连接处两块地板切掉。

③裁剪时要注意两块地板的一致性（纹路对齐）。

（5）接缝部连接。

①接缝部连接有焊接和密封胶两种方法。

②一般住宅用密封推荐使用密封胶方法。

③在涂密封胶之前要彻底清除砂砾、灰尘、施工工具等。

④密封产品推荐使用 LG 密封胶，此胶水经鉴定，不褪色，黏合力优良。

⑤密封胶使用前，充分摇匀倒入施工瓶放置 3 min（除掉气泡）。

⑥沿着连接缝按一定速度挤压施工瓶涂抹。

⑦地下室、餐厅等潮湿地方，地板与墙面之间需用硅酮结构胶处理。

5. 注意事项

（1）施工后 48 h 之内不要涂蜡和放置重物，也要避免人员频繁走动。

（2）施工完全结束 24 h 内要进行彻底清扫。

（3）施工结束 48 h 内，不要用水接触地板。

（4）施工结束 48 h 以后，进行打蜡。

（5）遗留在地板上的胶粘剂，要用乙醇清除，禁止使用丙酮类溶剂。

6. 成品保护

（1）初期涂蜡时，涂抹薄一些，防止蜡层渗透到底部。

（2）部分污染的地方，使用中性洗涤剂清洗。

（3）准备适量的水性面蜡，用抹布浸上原液，拧干。

（4）在地板上上蜡，上蜡时要均匀涂抹 2～3 次，防止遗漏。

（5）步行要等到蜡层完全干燥，利用吹风机可以缩短干燥时间，干燥时间通常为 30～60 min，但根据季节、湿度、温度、通风情况不同有可能提前或者延长。

（6）蜡层没有完全干燥前禁止通行、步行。

7. 验收标准

（1）塑料板面层应采用塑料板块材、塑料板焊接、塑料卷材以胶粘剂在水泥类基层上铺设。

（2）水泥类基层表面应平整、坚硬、干燥、密实、洁净、无油脂及其他杂质，不得有麻面、起砂、裂缝等缺陷。

（3）胶粘剂选用应符合现行国家标准《民用建筑工程室内环境污染控制规范（2013 年版）》（GB 50325—2010）的规定，其产品应按基层材料和面层材料使用的相容性要求，通过试验确定。

（4）主控项目。

①塑料板面层所用的塑料板块和卷材的品种、规格、颜色、等级应符合设计要求和现行国家标准的规定。

②面层与下一层的黏结应牢固，不翘边、不脱胶、无溢胶。

注：卷材局部脱胶处面积不应大于 20 cm²，且相隔间距不小于 50 cm 可不计；凡单块板块料边角局部脱胶处且每自然间（标准间）不超过总数的 5%者可不计。

（5）一般项目。

①塑料板面层应表面洁净，图案清晰，色泽一致，接缝严密、美观，拼缝处的图案、花纹吻合，无胶痕；与墙边交接严密，阴阳角收边方正。

检验方法：观察检查。

②板块的焊缝应平整、光洁，无焦化变色、斑点、焊瘤和起鳞等缺陷，其凹凸允许偏差为 ±0.6 mm，焊缝的抗拉强度不得小于塑料板强度的 75%。

检验方法：观察检查和检查检测报告。

③镶边用料应尺寸准确、边角整齐、拼缝严密、接缝顺直。

检验方法：用钢尺和观察检查。

④塑料板面层的允许偏差应符合规范的规定。

塑料地板工艺结构如图 4-6-14 所示。

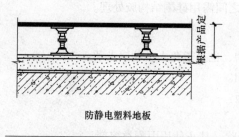

防静电塑料地板

1.防静电塑料地板
2.可调支架系统
3.1：2.5水泥砂浆找平层，厚度根据设计定
4.水泥砂浆（掺建筑胶）一道
5.钢筋混凝土楼板

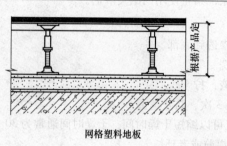

网格塑料地板

1.网格塑料地板
2.龙骨
3.可调支架系统
4.1：2.5水泥砂浆找平层，厚度根据设计定
5.水泥砂浆（掺建筑胶）一道
6.钢筋混凝土楼板

图 4-6-14

8. 塑料地板示意图

（1）地面地胶板施工示意图（表 4-6-18）。

表 4-6-18

项目名称	瓷砖地面细部构造	名　称	地面地胶板施工示意图
适用范围	医院、幼儿园、写字楼等	备　注	通用节点

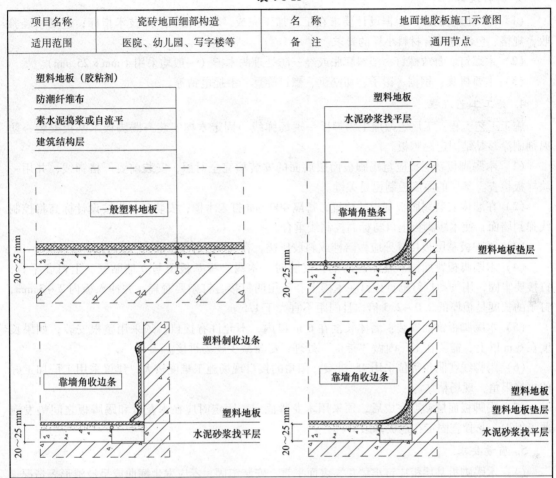

重点说明：

1. 基层应达到表面不起砂、不起皮、不起灰、不空鼓、无油渍，手摸无粗糙感。

2. 基层与塑料地板块背面同时涂胶，胶面不粘手时即可铺贴；铺贴时，将气泡赶净；块材铺设时，两块材料之间应紧贴并没有接缝；卷材铺设时，两块材料的搭接处应采用重叠切割，一般要求重叠 30 mm，注意保持一刀割断。

3. 为避免拼接缝及卫生死角的产生，踢脚与地面连接处制作成内圆角，踢脚与地面整体铺贴。

4. 地胶板地面基层建议使用自流平水泥处理，这样可避免基层起砂，油渍造成的起鼓、脱落等问题，但要注意自流平水泥在北方使用的温度因素，防止气温过低造成的粉化等质量问题。

六、木踢脚板安装

1. 适用范围

木踢脚板安装适用于公共和民用建筑木质踢脚板的安装工程。

2. 作业条件

（1）安装木踢脚板的房间和部位的墙面装饰基层已施工完成。

（2）木踢脚板材及配件、辅料已进场。

（3）安装工具及材料准备齐全，安装部位弹好标高水平线。

3. 材料准备

（1）木踢脚板制品：根据设计要求在工厂加工完成，符合相应产品技术指标；进场须经验收，规格、色泽应符合材料小样的要求。

（2）木螺钉、自攻螺钉、塑料膨胀或经三防处理的木楔（一般均采用4 mm×25 mm）。

（3）主要机具：钢锯、钳子、切割机、螺钉旋具、手提电钻等。

4. 施工工艺流程

施工工艺流程：工厂定做加工踢脚板→现场弹线→固定木楔安装→踢脚板木基板安装→防腐剂刷涂→黏结固定踢脚板。

（1）木踢脚板基层板应与踢脚板面层后面的安装槽完全对照，安装前要严格弹线，并用一块样板检查。基层的厚度控制也是关键。

（2）在墙内安装踢脚板基板的位置，每隔400 mm打入木楔；安装前，先按设计标高将控制线弹到墙面，使木踢脚板上口与标高控制线重合。

（3）踢脚板基层板接缝处应做陪榫或斜坡压槎，在90°转角处做成45°斜角接槎。

（4）木踢脚板背面刷木制品三防剂；安装时，木踢脚板基板要与立墙贴紧，上口要平直，钉接要牢固，用气动打钉枪直接钉在木楔上，若用明钉接，钉帽要砸扁，并冲入板内2～3 mm，钉子的长度是板厚的2.0～2.5倍，且间距不宜大于1.5 m。

（5）木踢脚板饰面安装：墙体长度在6 m以内，不允许有接口，须采用整根安装；如果长度在6 m以上，需要在工厂内做"指接"处理，尽量减少现场拼接。

（6）踢脚线在阴角部位采用45°拼接；阳角的接口现场施工难度较大，建议采用工厂加工好的拼接阳角，现场粘贴。

（7）踢脚板面层粘贴完成后，须采用木龙骨固定，固定时应在木龙骨和踢脚板之间垫发泡薄膜保护。龙骨宜固定在地板基层上。

5. 质量要求

（1）木踢脚板基层板应钉牢墙角，表面平直，安装牢固，不应发生翘曲或呈波浪形等情况。

（2）采用气动钉枪固定木踢脚板基层板，若采用明钉，固定时钉帽必须打扁并打入板中2～3 mm，钉时不得在板面留下伤痕；板上口应平整；拉通线检查时，偏差不得大于3 mm，接槎平整，误差不得大于1 mm。

（3）木踢脚板基层板接缝处做斜边压槎胶粘，墙面明、阳角处宜做45°斜边平整黏结缝，不能搭接；木踢脚基层板与地坪必须垂直一致。

（4）木踢脚基层板含水率应按不同地区的自然含水率加以控制，一般不应大于18%，相互胶粘接缝的木材含水率相差不应大于1.5%。

6. 木地板踢脚线的材质

木地板踢脚线的材质一般分为三大类。

（1）密度板表面贴PVC膜，其档次较低，浸水即报废，低档装修大多采用；

（2）多层实木表面贴实木皮，特点是花纹真实，质感好，价位适中；

（3）实木地脚线。

①实木指接脚线：用实木的边角料拼接而成，优点是环保低碳，缺点是花纹较乱，难以做到与地板花色统一。

②实木脚线：耐用，与地板花色高度统一，缺点是价位较高。

注："PVC膜"是一种真空吸塑膜，这种表面膜的最上层是漆，中间的主要成分是聚氯乙烯，最下层是背涂胶粘剂，

用于各类面板的表层包装，又称为装饰膜、附胶膜，应用于建材、包装、医药等诸多行业。

7. 木质专利踢脚线

木质 A、B 专利踢脚线，采用基材卡接安装，把踢脚线拆解为 A、B 线；施工时，先通过弹线确定踢脚线的水平线，在 30 cm 间距安装卡件，用塑料膨胀螺栓固定，再安装 A 线，待批灰、墙纸完成，地面工程结束后，再安装 B 线，此线条的阴阳角需定制。

采用 A、B 专利踢脚线可解决施工中的地面成品保护与工序的矛盾；同时也解决了后期地面维修对墙面的踢脚及墙纸的影响；为保障与其他木饰面颜色一致，专利踢脚颜色需定制。

8. 木踢脚板安装施工示意图

（1）木踢脚板安装施工示意图（表 4-6-19）。

表 4-6-19

项目名称	木踢脚板地面细部构造	名 称	木踢脚板安装施工示意图
适用范围	公共和民用建筑	备 注	通用节点

重点说明：

1. 踢脚线要求工厂加工，现场安装，6 m 内不得拼接，接缝应留在活动家具等隐蔽部位；阴阳角需做 45°拼接，采用卡式安装，不得在表面用枪钉固定。

2. 成品踢脚线木皮厚度应不低于 60 丝，油漆须符合环保要求。

3. 成品踢脚背面必须刷防潮漆或贴平衡纸。

4. 踢脚阳角收口应在工厂制作完成后现场安装。

5. 踢脚应在墙面批灰打磨完成后安装。

6. 地板与大理石围边、门槛石部位须留 3 mm 缝隙，并采用与地板同色系的耐候胶填缝，墙体边沿（踢脚线内）预留 8～10 mm 伸缩缝。

（2）实木地板与踢脚线收口节点示意图（表4-6-20）。

表 4-6-20

项目名称	木踢脚板地面细部构造	名　称	实木地板与踢脚线收口节点示意图
适用范围	室内干区客厅、卧室、书房等	备　注	通用节点

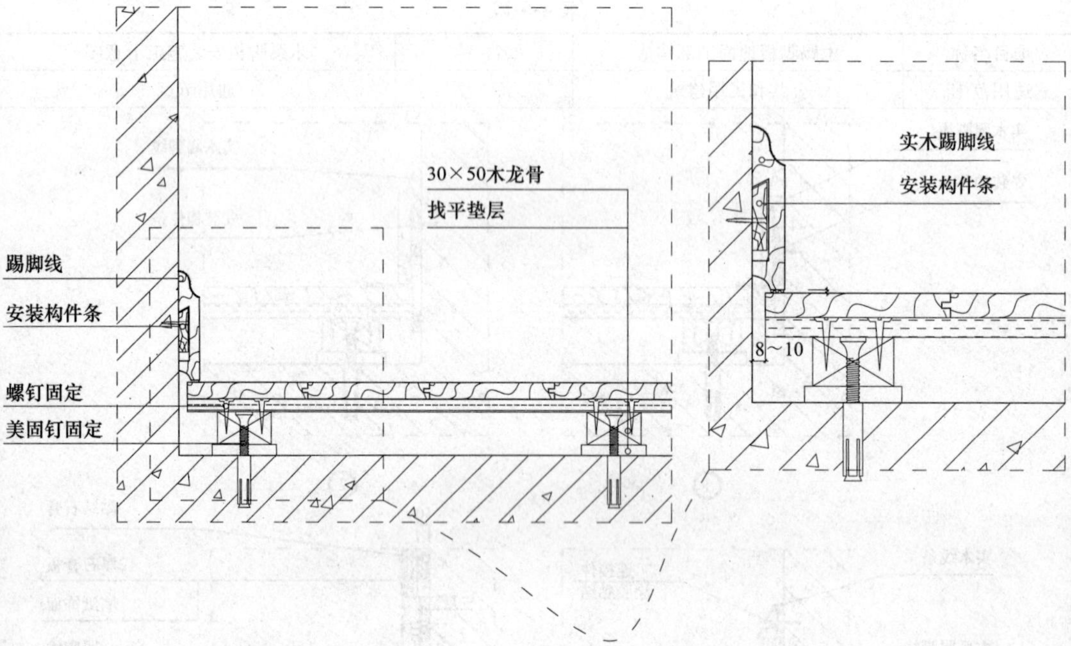

30×50木龙骨

找平垫层

踢脚线

安装构件条

螺钉固定

美固钉固定

实木踢脚线

安装构件条

8~10

重点说明：

1. 踢脚线要求工厂加工，现场安装，6 m 内不得拼接，接缝应留在活动家具等隐蔽部位。阴阳角需做45°拼接，采用卡式安装，不得在表面用枪钉固定。

2. 成品踢脚线木皮厚度应不低于 60 丝，油漆须符合环保要求。

3. 成品踢脚背面必须刷防潮漆或贴平衡纸。

4. 踢脚阳角收口应在工厂制作完成后现场安装。

5. 踢脚应在墙面批灰打磨完成后安装。

6. 地板与大理石围边、门槛石部位须留 3 mm 缝隙，并采用与地板同色系的耐候胶填缝，墙体边沿（踢脚线内）预留 8~10 mm 伸缩缝。

第七节　其他装饰工程

一、卫生间洗手盆柜安装

1. 适用范围

卫生间洗手盆柜安装适用于卫生间洗手盆的装饰。

2. 应注意的质量问题

（1）洗手盆安装牢固，下托盆形式的可在不破坏台面的情况下拆装台下盆，有更换空间。

（2）直下排水管出柜底不少于5 cm，下水不锈钢管与下水管之间密封处理。

3. 施工工艺流程

施工工艺流程：放样→管线安装→基架焊接→基架墙面固定→石材工厂加工→台盆固定→现场安装。

4. 质量标准

（1）主控项目。

①洗手盆柜制作与安装所用材料的材质和规格、木材的燃烧性能等级和含水率、花岗石的放射性及人造木板的甲醛含量应符合设计要求及国家现行标准的有关规定。

②洗手盆柜安装预埋件或后置埋件的数量、规格、位置应符合设计要求。

③洗手盆柜的造型、尺寸、安装位置、制作和固定方法应符合设计要求，橱柜安装必须牢固。洗手盆柜配件的品种、规格应符合设计要求，配件应齐全，安装应牢固。

④洗手盆柜的抽屉和柜门应开关灵活、回位正确。

（2）一般项目。

①洗手盆柜表面应平整、洁净、色泽一致，不得有裂缝、翘曲及损坏。

②洗手盆柜裁口应顺直、拼缝应严密。

③洗手盆柜安装的允许偏差和检验方法应符合《建筑装饰装修工程质量验收规范》（GB 50210—2001）表 12.2.10 的规定，外形尺寸允许偏差3 mm，立面垂直度允许偏差2 mm，门与框架的平行度允许偏差2 mm。

5. 成品保护

洗手盆柜进场及时刷底油一道，靠墙面应刷防腐剂处理；钢制品应刷防锈漆，入库存放。安装洗手盆柜时，严禁碰撞抹灰及其他装饰面的口角，防止损坏成品面层。安装好的柜隔板，不得拆动，保护产品完整。

4. 卫生间洗手盆安装示意图

（1）钢架台盆安装示意图（表 4-7-1）。

（2）台下柜台盆安装示意图（表 4-7-2）。

表 4-7-1

项目名称	墙面石材饰面细部构造	名　称	钢架台盆安装示意图
适用范围	卫生间下装台盆	备　注	通用节点

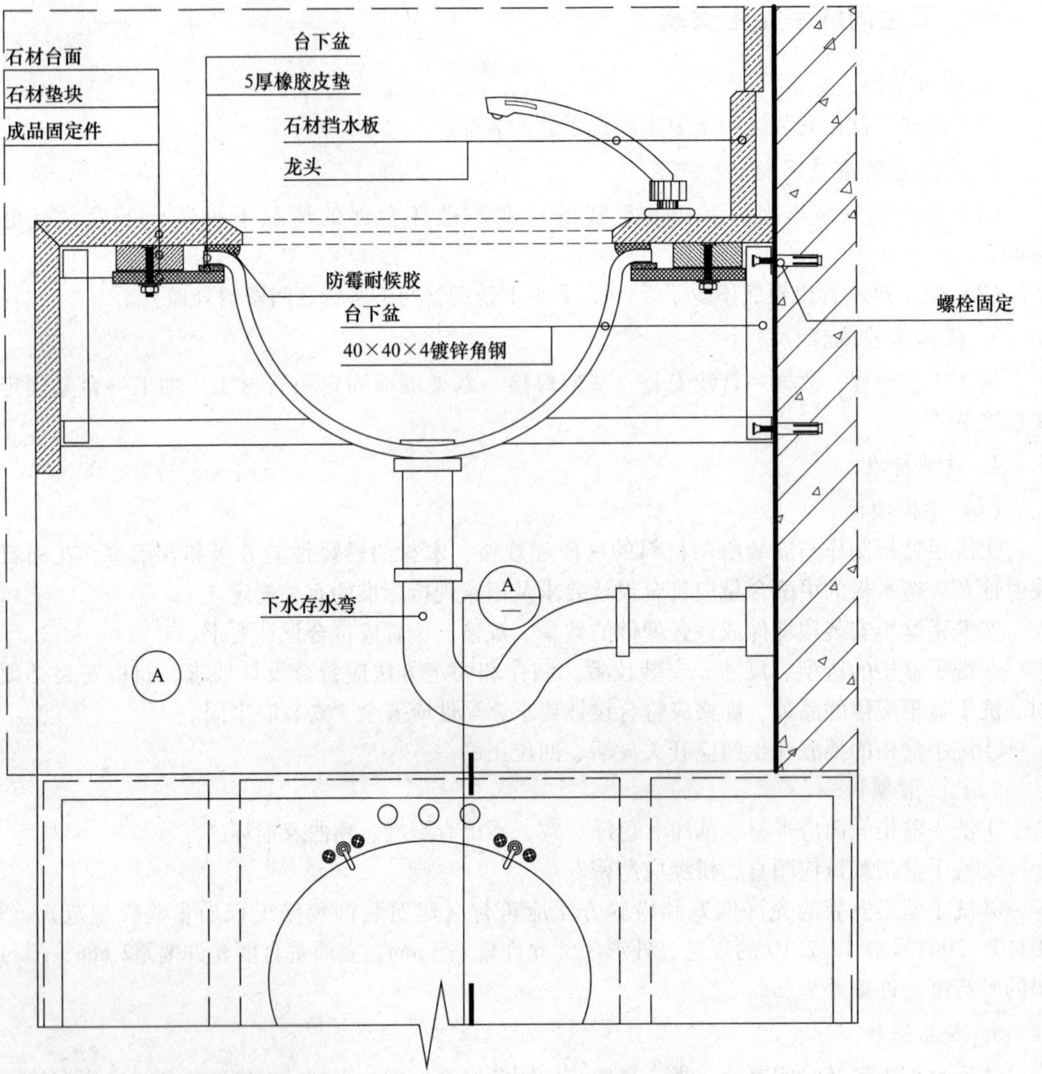

石材台面

石材垫块

成品固定件

台下盆

5厚橡胶皮垫

石材挡水板

龙头

防霉耐候胶

台下盆

40×40×4镀锌角钢

螺栓固定

下水存水弯

A

A

重点说明:

1. 工序:放样→管线安装→基架焊接→基架墙面固定→石材工厂加工→台盆固定→现场安装。

2. 台盆铁架须采用国标镀锌角钢,焊接处做防锈处理。

3. 为便于台盆拆卸检修,台盆固定在固定构件上,固定构件与石材垫块用不锈钢或镀锌螺栓固定,垫块背面及台面背面黏结部位需经打毛处理并用大理石胶黏结固定,台盆与固定构件连接处需用橡胶皮垫,台盆与台面板下沿口用同色耐候胶密封。

表 4-7-2

项目名称	墙面石材饰面细部构造	名　称	台下柜台盆安装示意图
适用范围	卫生间下装台盆	备　注	通用节点

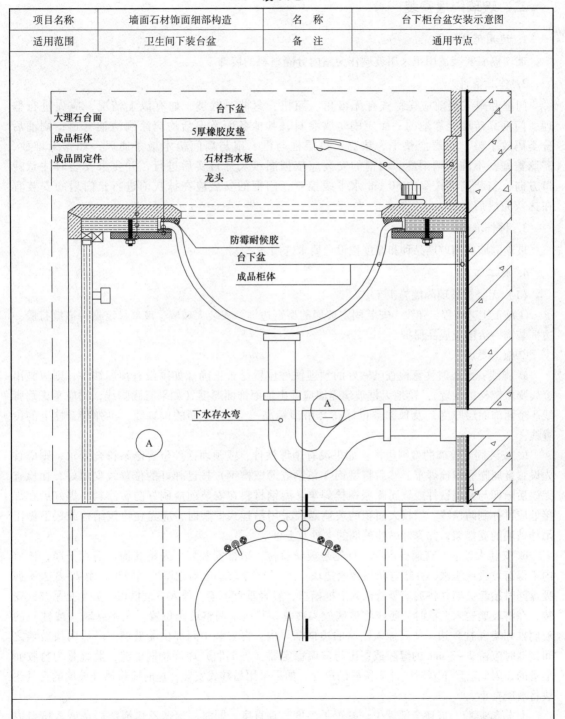

重点说明：

1. 工序：放样→管线安装→木基架工厂制作→石材工厂加工→台盆固定→组合安装。

2. 为便于台盆拆卸检修，台盆固定在固定构件上，固定构件与台下柜基层板面 $\phi 8$ 对穿螺栓固定，台盆与固定构件连接处须用橡胶皮垫，台盆与台面板下沿口用耐候胶密封。

二、玻璃隔墙安装

1. 适用范围

玻璃隔墙安装适用于采用玻璃作为室内分隔材料的装饰。

2. 作业条件

门框和扇安装前应先检查有无窜角、翘扭、弯曲、劈裂，如有以上情况，应先进行修理；门框靠砖墙、靠地的一面应刷防腐涂料，其他各面及扇活均应涂刷清油一道；刷油后分类码放平整，底层应垫平、垫高；每层框与框、扇与扇间垫木板条通风，如露天堆放，需遮盖好，不准日晒雨淋；门框的安装应依据图纸尺寸核实后进行，并要求安装时注意裁口方向；安装高度按室内 50 cm 水平线控制；门框的安装应在抹灰前进行；门扇的安装宜在抹灰完成后进行。

3. 材料准备

玻璃隔墙所用玻璃品种和厚度按设计要求选用。

4. 施工工艺

（1）无竖框玻璃隔墙施工工艺。

①施工工艺流程：弹线→安装固定玻璃的型钢边框→安装大玻璃、玻璃稳定器→嵌缝打胶→边框装饰→清洁及成品保护。

②施工要点。

a. 弹线：弹线时注意检查已做好的预埋铁件位置是否正确（如果没有预埋铁件，则应画出金属膨胀螺栓的位置）。落地无框玻璃隔墙应留出地面饰面厚度（如果有踢脚线，则应考虑踢脚线 3 个面饰面层厚度）及顶部限位标高（吊顶标高）。先弹地面的位置线，再弹墙、柱上的位置线。

b. 安装固定玻璃的型钢边框：如果没有预埋铁件，或预埋铁件位置已不符合要求，则应首先设置金属膨胀螺栓焊牢。然后将型钢（角钢或薄壁槽钢）按已弹好的位置线安放好，在检查无误后随即与预埋铁件或金属膨胀螺栓焊牢。型钢材料在安装前应刷好防腐涂料，焊好后在焊接处应再补刷防锈漆。当较大面积的玻璃隔墙采用吊挂式安装时，应先在建筑结构或板下做出吊挂玻璃的支撑架，并安好吊挂玻璃的夹具及上框。

c. 安装大玻璃、玻璃稳定器：首先是玻璃就位，边框安装好。先将其槽口清理干净，槽口内不得有垃圾或积水，并垫好防振橡胶垫块。用 2~3 个玻璃吸器把厚玻璃吸牢，由 2~3 人手握吸盘同时抬起玻璃并将玻璃竖着插入上框槽口，轻轻垂直下落，放入下框槽口。如果是吊挂式安装，在将玻璃送入上框时，还应将玻璃放入夹具。其次是调整玻璃位置。先将靠墙（或柱）的玻璃推到墙（柱）边，使其插入贴墙的边框槽口内，再安装中间部位的玻璃，最后两块玻璃之间接缝时应留 2~3 mm 的缝隙或留出与玻璃稳定器（玻璃肋）厚度相同的缝，此缝是为打胶而准备的，因此玻璃下料时应计算留缝的尺寸。如果采用吊挂式安装，这时应将吊挂玻璃的夹具逐块将玻璃夹牢。

d. 嵌缝打胶：玻璃全部就位，校正平整度、垂直度，同时用聚苯乙烯泡沫嵌条嵌入槽口内使玻璃与金属槽接合平伏、紧密，然后打硅酮结构胶。注胶时，一只手托住注胶枪；另一只手均匀握紧，将结构胶均匀注入缝隙中，注满之后随即用塑料片在厚玻璃的两面刮平玻璃胶，并清洁溢到玻璃表面的胶迹。

e. 边框装饰：一般无框玻璃墙的边框嵌入墙、柱面和地面的饰面层中，此时只要精细加工墙、柱面或地面的饰面层时，则应用9 mm胶合板做衬板，用不锈钢等金属饰面材料做成所需的形状，并用胶粘贴在衬板上，得到表面整齐、光洁的边框。

f. 清洁及成品保护：无竖框玻璃隔墙安装好后，用棉纱和清洁剂清洁玻璃表面的胶迹和污痕，然后用粘贴不干胶条等办法做出醒目的标志，以防碰撞玻璃的意外发生。

（2）有框落地玻璃隔墙施工工艺。

①施工工艺流程。弹线定位→铝合金型材画线、下料、组装、固定→安装玻璃→清洁及成品保护。

②施工要点。

a. 弹线定位：先弹出地面位置线，再用垂直线法弹出墙面位置、高度线和沿顶位置线，并标出竖框的间隔位置和固定点位置。弹线的同时应检查墙角的方正，墙面的垂直度、地面的平整度及标高，以确保安装玻璃隔断的质量。

b. 铝合金型材画线、下料、组装、固定：首先铝合金型材画线。画线时先复核现场实际尺寸，如实际尺寸与施工图所标尺寸误差小于5 mm，可仍按施工图尺寸画线下料；如实际尺寸与施工图尺寸所标尺寸误差＞5 mm，则应按实际尺寸画线下料（如果有较大出入，则应找设计人员洽商）。如果有水平横档，则应以竖框的一个端头为准，画出横档位置线，包括连接部位的宽度，以保证连接安装位置准确和横档在同一水平线上。其次铝合金型材下料。下料应使用专用工具——铝合金型材切割机，保证切口光滑、整齐。最后铝合金型材组装。组装铝合金玻璃隔墙的框架有两种方式：隔墙面积较小时，先在平坦的地面预制成形，再整体安装固定；隔墙面积较大时，则直接将隔墙的沿地、沿顶型材，靠墙及中间位置的竖向型材按画线位置固定在墙、地、顶上。若用后一种方法，通常是从隔墙框架的一端开始，先将靠墙的竖向型材与铝角件固定，再将横向型材通过铝角件固定。

注：铝角件安装方法：先在铝角件上打出$\phi3$或$\phi4$的两个孔，孔中心距铝角件端头10 mm，然后用一小截型材（截面形状及尺寸与竖向型材相同）放在竖向型材画线位置，然后将已钻孔的铝角件放入这一小截型材内，把握住小截型材，位置不得丝毫移动，再用手电钻按铝角件上的孔位在竖向型材上打出相同的孔，并用M4或M5自攻螺钉将铝角件固定在竖向型材上。铝合金框架与墙、地面固定可通过铁脚件来完成：先安放好线的位置，在墙、地面上设置金属膨胀螺栓，同时在竖向、横向型材的相应位置固定铁角件，然后将截好铁角件的框架固定在墙上或地上。

c. 安装玻璃：在型材框架上安装玻璃，裁割玻璃时，应注意按型材框洞尺寸缩3～5 mm裁玻璃，这样裁得的玻璃才能顺利镶入框架。然后用与框架型材同色的铝合金槽条在玻璃两侧位置夹住玻璃，并用自攻螺钉固定在框架上。

d. 清洁及成品保护：有框落地玻璃隔墙安装好后，用棉纱和清洁剂清洁玻璃表面的胶迹和污痕，然后用粘贴不干胶条等办法做出醒目的标志，以防止碰撞玻璃的意外发生。

（3）防弹玻璃施工工艺。

①注意事项：防弹玻璃如还未过稳定期，性能不稳定，怕碰撞、划伤。所以在施工和材料运输过程中一定要严加小心。

②施工工艺流程：测量放线→预埋铁件下部侧边不锈钢玻璃槽安装→玻璃块安装定位→涂玻璃胶→清洗玻璃。

a. 测量放线：根据设计图纸尺寸测量放线，测出基层面的标高，玻璃中心轴线及上、下部位，侧边收口不锈钢槽的位置线。

b. 预埋铁件下部侧边不锈钢玻璃槽安装：根据设计图纸的尺寸安装下部、侧边不锈钢槽及支架，调平直，然后固定。安装槽内垫底胶带，所有非不锈钢件涂刷防锈漆。

c. 玻璃块安装定位：先将玻璃槽及玻璃块清洁干净，用玻璃安装机或托运吸盘将玻璃块旋转在安装槽内，调平、竖直后用塑料块塞紧固定，同一玻璃墙全部安装调平、竖直。

d. 涂玻璃胶：首先清洁干净上下部位、侧边不锈钢玻璃槽及玻璃缝注胶处，然后将注胶两侧的玻璃、不锈板面用白色胶带纸粘好，留出注胶缝位置，再用有机溶剂清洗部位注胶处玻璃及不锈钢面，根据设计、国家规定要求注胶，同一缝一次性注完刮平，不停歇。

注：注胶缝必须干燥时才能注胶，切忌潮湿；上、下部不锈钢槽所注的胶为结构性硅胶，玻璃块间夹缝所注的胶为透明玻璃胶。

e. 清洗玻璃：将安装好的玻璃块用专用的玻璃清洁剂清洗干净。

③异形玻璃块安装：所有玻璃块及弧形热弯玻璃都在厂家加工好。先清洁干净玻璃底槽，然后垫上胶带片，再把钢化玻璃块放置在玻璃槽内，调直、调平、固定。

5. 补充要求

施工时，先按图纸尺寸在墙上弹出垂线，并在地面及顶棚上弹出隔墙的位置线。根据已弹出的位置线，按照设计规定的下部做法（砌砖、板条、罩面板）完成下半部，并与两端的砖墙锚固。做上部玻璃隔墙时，先检查木砖是否已按规定埋设；然后按弹线先立靠墙立筋，并用钉子与墙上木砖钉牢；再钉上、下槛及中间楞木。玻璃隔断与周边压条易造成压条背部不可视，为此需在玻璃安装前采用即时贴或电工胶布，在玻璃的四周进行覆盖；压条安装后，裁去超过压条外的多余即时贴或电工胶布。

6. 质量标准

（1）主控项目：玻璃隔墙工程所用材料的品种、规格、性能、图案和颜色应符合设计要求。玻璃板隔墙应使用安全玻璃。玻璃砖隔墙砌筑中埋设的拉结筋必须与基体结构连接牢固，并应位置正确。玻璃板隔墙的安装必须牢固。玻璃板隔墙胶垫的安装应正确。

（2）一般项目：玻璃隔墙表面应色泽一致、平整洁净、清晰美观；玻璃隔墙接缝应横平竖直，玻璃应无裂痕、缺损和划痕；玻璃板隔墙嵌缝及玻璃砖隔墙勾缝应密实平整、均匀顺直、深浅一致；玻璃隔墙安装的允许偏差和检验方法应符合质量验收标准的规定：立面垂直度：2 mm；阴阳角方正：2 mm；接缝直线度：2 mm；接缝高低差：2 mm；接缝宽度：1 mm。

7. 玻璃隔墙安装示意图

（1）卫生间玻璃隔断与大理石墙面交接施工节点（表4-7-3）。

（2）淋浴房门预埋件安装示意图（表4-7-4）。

三、木门安装

1. 适用范围

木门安装适用于精装修工程中室内木质门的安装。

2. 作业条件

（1）清理现场杂物、工作面，确保无螺钉、无颗粒、无硬物等，熟悉周围的环境，设计合理的工作顺序。

（2）将安装产品分类整齐，摆放到位；安装工人应对工作场地、通道，做适当保护。

3. 材料准备

（1）木门：由木材加工厂供应的木门框和门扇必须是经检验合格的产品，并具有出厂合格证，进场前应对型号、数量及门扇的加工质量（包括缝大小、接缝平整、几何尺寸及门的平整度等）全面进行检查。门框制作前的木材含水率不得超过12%，生产厂家应严格控制。

（2）防腐剂：氟硅酸钠，其纯度不应小于95%，含水率不大于1%，细度要求应全部通过1 600 孔/cm² 的筛或稀释的冷底子油涂刷木材与墙体接触部位进行防腐处理。

表 4-7-3

项目名称	墙面石材饰面细部构造	名　称	卫生间玻璃隔断与大理石墙面交接施工节点
适用范围	卫生间、淋浴房、玻璃隔断等	备　注	通用节点

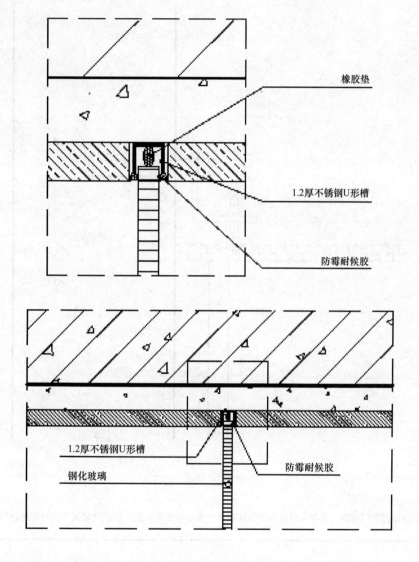

橡胶垫

1.2厚不锈钢U形槽

防霉耐候胶

1.2厚不锈钢U形槽

钢化玻璃

防霉耐候胶

重点说明：

1. 工序：弹线定位→铝合金型材画线、下料、组装→固定框架→安装玻璃→清洁。

2. 淋浴房玻璃安装前，在两块石材间预埋 U 形不锈钢槽用 AB 胶或云石胶黏结固定，把玻璃嵌入槽内，接缝处打透明防霉耐候胶。

3. U 形不锈钢内径比玻璃厚度大 2~4 mm，深为 15~18 mm，壁厚不小于 1.2 mm。

4. 玻璃须四周磨边处理。

表 4-7-4

项目名称	墙面石材饰面细部构造	名　称	淋浴房门预埋件安装示意图
适用范围	卫生间、淋浴房	备　注	通用节点

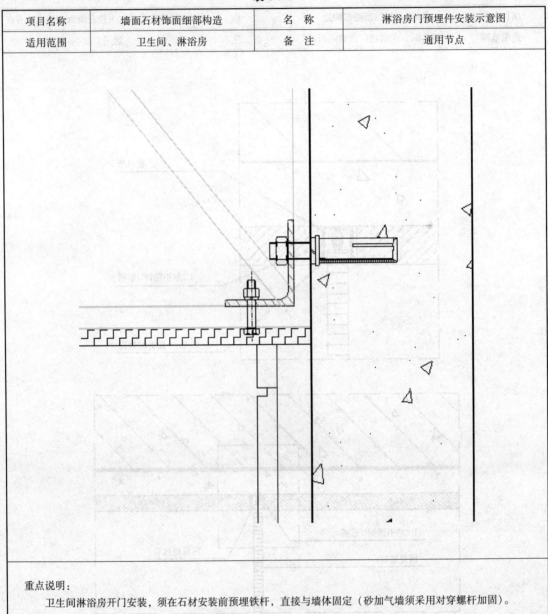

重点说明：
　　卫生间淋浴房开门安装，须在石材安装前预埋铁杆，直接与墙体固定（砂加气墙须采用对穿螺杆加固）。

　　（3）钉子、木螺钉、合页、拉手、门脚止、门锁等按门图表所列的小五金型号、种类及其配件准备，如图 4-7-1 所示。

　　（4）对于不同轻质墙体预埋设的木砖及预埋件等，应符合设计要求。

　　4. 施工工艺流程

　　（1）施工工艺流程：找规矩弹线，找出门框安装位置→门框安装→门扇安装。

　　（2）确认洞口与门套的尺寸、型号相符合，根据墙体的厚度、门板宽度，在墙体定位画线，画线应平直准确；墙体不平整时以两点为基准并作为基准面进行画线，线必须垂直；在线上找准木销定位点进行定位，每米木销定位点不少于 3 个。

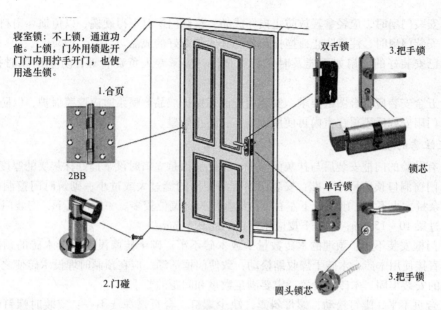

寝室锁：不上锁，通道功能。上锁，门外用锁匙开门门内用拧手开门，也使用逃生锁。

1. 合页

2BB

2. 门碰

双舌锁

3. 把手锁

锁芯

单舌锁

圆头锁芯

3. 把手锁

图 4-7-1

（3）门套与墙体应三维水平垂直，垂直度允许公差 2 mm，水平平直度允许公差 1 mm；门套与墙体间应加装固定螺钉，每米不少于 3 个；角接门套应加装固定铁片；门套与墙体间缝隙用发泡胶双面密封，发泡胶应涂匀，干后切割平整；套线接口处应平整严密、无缝隙，同侧面套线应在一个平面，套线弯度允许公差 1 mm；套线与墙体间的缝隙用胶密封处理。

（4）固定合页、挂门，同时调整门的缝隙。

①开槽：合页固定前要在套板上和门的侧面开好槽，并保证槽的大小和合页的大小相匹配，保证美观，这些最好在工厂提前完成。

②上合页螺钉：上螺钉要注意拧进去，而不能用锤子砸进去，保证安装后的牢固性，同时螺母拧完后要与合页面层平齐，并保证螺钉的数量齐全。

③合页的数量：为保证门的牢固性，规定一扇门扇安装 3 片合页；安装位置：上部第一只合页距门顶边 180 mm，第二只距第一只 200～350 mm（根据门高度定），底部一只合页距门底边 180 mm。

（5）安装贴脸线：安装贴脸线时，要注意线条尺寸必须精确，保证两个竖线条高低一致，并与横线条接触缝隙处紧密，保证美观，同时保证安装牢固，线条锯口平齐。

（6）锁具、门吸等五金安装：锁孔应在工厂完成，以免在安装过程中不小心碰坏油漆，并能保证槽边圆滑、平齐，套板上的槽孔一般在现场开，开的同时也要保证槽口平齐，保证美观。

5. 成品保护

（1）一般木门框安装后应用薄钢板保护，其高度以手推车轴中心为准，如门框安装与结构同时进行，应采取措施防止门框碰撞或移位变形；对于高级硬木门框，宜用 1 cm 厚木板条钉设保护，防止砸碰，破坏裁口，影响安装。

（2）修刨门窗时应用木卡具将其卡牢，以免损坏门边。

（3）门窗框扇进场后应妥善保管，入库存放，应垫起离开地面 20～40 cm 并垫平，按使用先后顺序将其码放整齐，露天临时存放时上面应用苫布盖好，防止雨淋。

（4）进场的木门窗框靠墙的一面应刷木材防腐剂进行处理，钢门窗应及时刷好防锈漆，防止生锈。

（5）安装门扇时，应轻拿轻放防止损坏成品，整修门窗时不得硬撬，以免损坏扇料和五金。

（6）安装门扇时，注意防止碰撞抹灰角和其他装饰好的成品。

（7）已安装好的门扇如不能及时安装五金件，应派专人负责管理，防止刮风时损坏门及玻璃。

（8）五金安装应符合图纸要求，安装后应注意保护成品，喷浆时应遮盖保护，以防污染。

（9）门扇安好后不得在室内再使用手推车，防止砸碰。

6. 应注意的质量问题

（1）有贴脸的门框安装后与抹灰面不平：主要原因是立口时没掌握好抹灰层的厚度。

（2）门窗洞口预留尺寸不准：安装门窗框后四周的缝过大或过小；砌筑时门窗洞口尺寸不准，所留余量大小不均；砌筑上下左右，拉线找规矩，偏位较多。一般情况下，安装门窗框上皮应低于窗过梁 10～15 mm，窗框下皮应比窗台上皮高 5 mm。

（3）门框安装不牢：预埋的木砖数量少或木砖不牢；砌半砖墙没设置带木砖的预制混凝土块，而是直接使用木砖，木砖干燥收缩松动，致使门框活动。应在预制时埋设木砖使之牢固，以保证门框的安装牢固。木砖的设置一定要满足数量和间距的要求。

（4）合页不平，螺钉松动，螺母斜露，缺少螺钉，合页槽深浅不一：安装时螺钉钉入太长或倾斜拧入，要求安装时螺钉应钉入 1/3 拧入 2/3，拧时不能倾斜，安装时如遇木节，应在木节处钻眼，重新塞入木塞后再拧螺钉，同时应注意不要遗漏螺钉。

7. 质量标准

（1）主控项目。

①木窗的木材品种、材质等级、规格、尺寸、框扇的线型及人造木板的甲醛含量应符合设计要求。

a. 木门应采用烘干的木材，含水率应符合《木门窗》（GB/T 29498—2013）的规定；木门的防火、防腐、防虫处理应符合设计要求；

b. 木门的结合处和安装配件处不得有木节或已填补的木节，木门如有允许限值以内的死节及直径较大虫眼，应用同一材质的木塞加胶填补；

c. 对于清漆制品，木塞的木纹和色泽应与制品一致；门框和厚度大于 50 mm 的门扇应用双榫连接；

d. 榫槽应采用拉料严密嵌合，并应用拉楔加紧；胶合板门、纤维板门和模压门不得脱胶；胶合板不得刨透表层单板，不得有接槎；

e. 制作胶合板门、纤维板门时，边框和横楞应在同一平面上，面层、边框及横楞应加压胶结；

f. 横楞和上下冒头应各钻两个以上的透气孔，透气孔应通畅。

②木门的品种、类型、规格、开启方向、安装位置及连接方式应符合设计要求。

a. 木门框的安装必须牢固；预埋木砖的防腐处理，木门框固定点的数量、位置及固定方法应符合设计要求；

b. 木门扇必须安装牢固，并应开关灵活，并闭严密，无倒翘；木门配件的型号、规格、数量应符合设计要求，安装应牢固，位置应正确，功能应满足使用要求。

（2）一般项目。

①木门表面应洁净，不得有刨痕、锤印。

②木门的割角、拼缝应严密平整；门框、扇裁口应顺直，刨面应平整。

③木门上的槽、孔应边缘整齐，无毛刺。

④木门与墙体间缝隙的填嵌材料应符合设计要求，填嵌应饱满。

⑤木门批水、盖口条、压缝条、密封条的安装应顺直，与门窗结合应牢固、严密。

8. 木门安装示意图

（1）移门示意图1（表4-7-5）。

表 4-7-5

项目名称	移门细部构造	名　称	移门示意图1
适用范围	干湿分区处	备　注	通用节点

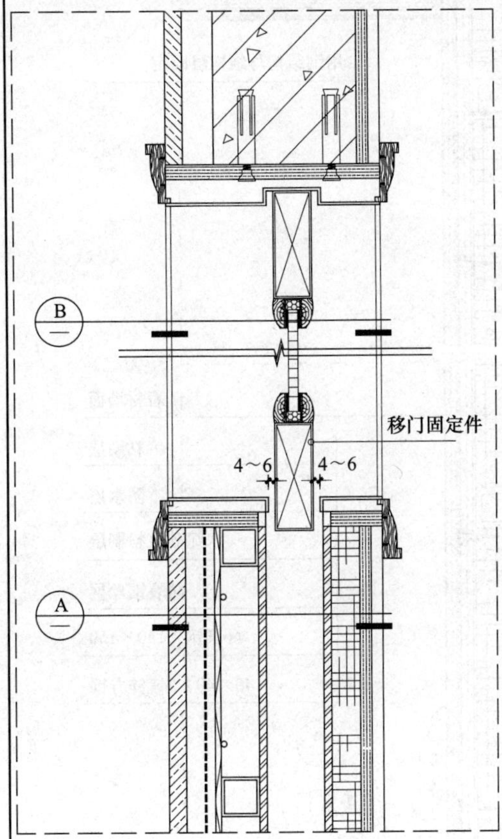

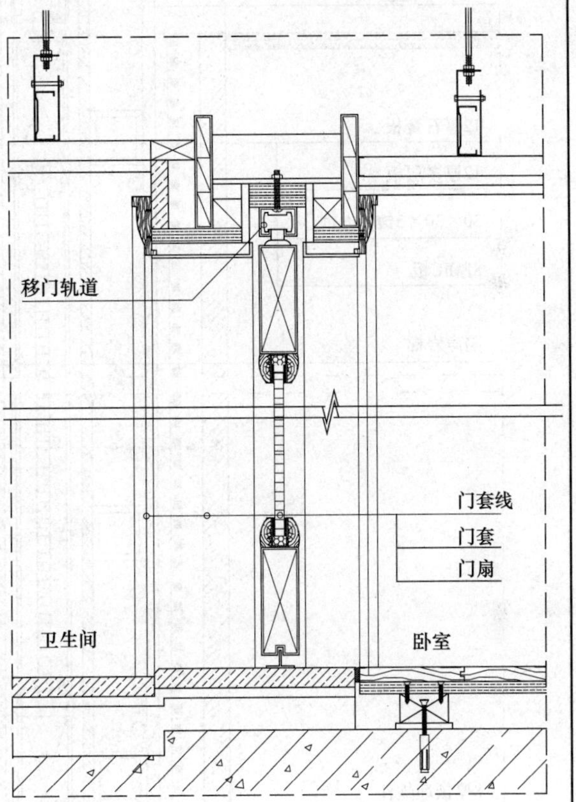

移门固定件

4~6　4~6

移门轨道

门套线

门套

门扇

卫生间

卧室

重点说明：

1. 工序：放样→配料→基层制作安装→轨道安装→门扇套工厂加工→现场安装。

2. 门框及门扇均按设计要求，现场复核尺寸后工厂加工制作。

3. 门框基层采用18 mm多层板防火、防潮处理。

4. 成品门套木皮厚度应不低于40丝，油漆须符合环保要求。

5. 成品门套背面必须刷防潮漆或贴平衡纸。

6. 门的安装高度须高于门套10 mm并确保滑轨不外露，门下口须安装定位条。

7. 暗藏门缝宽度应大于门最宽处8~12 mm。

8. 移门扇须安装挖手；双扇移门须做子母槽；移门导轨须留有效的检修空间。

（2）移门示意图2（表4-7-6）。

表4-7-6

项目名称	移门细部构造	名　称	移门示意图2
适用范围	干湿分区处	备　注	通用节点

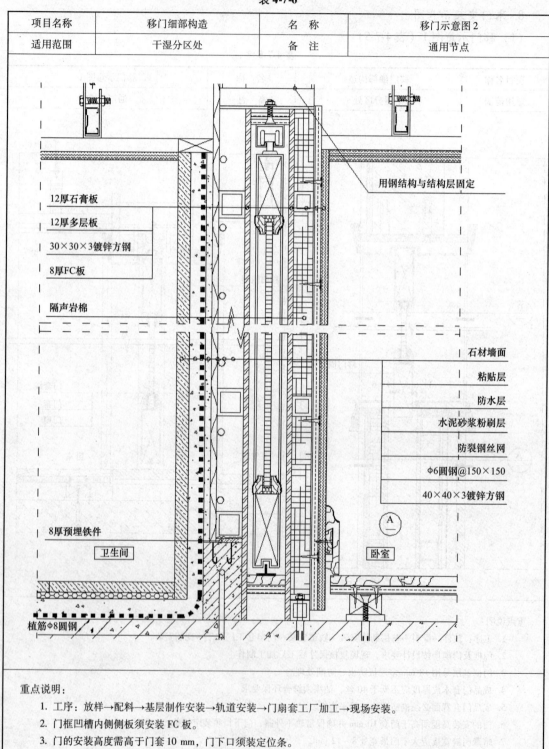

用钢结构与结构层固定

12厚石膏板

12厚多层板

30×30×3镀锌方钢

8厚FC板

隔声岩棉

石材墙面

粘贴层

防水层

水泥砂浆粉刷层

防裂钢丝网

φ6圆钢@150×150

40×40×3镀锌方钢

8厚预埋铁件

卫生间

卧室

A

植筋φ8圆钢

重点说明：

1. 工序：放样→配料→基层制作安装→轨道安装→门扇套工厂加工→现场安装。
2. 门框凹槽内侧侧板须安装FC板。
3. 门的安装高度需高于门套10 mm，门下口须装定位条。
4. 暗藏门缝宽度应大于门最宽处8～12 mm。

（3）成品暗门套施工示意图（表 4-7-7）。

表 4-7-7

项目名称	墙面木饰面细部构造	名　称	成品暗门套施工示意图
适用范围	暗门	备　注	通用节点

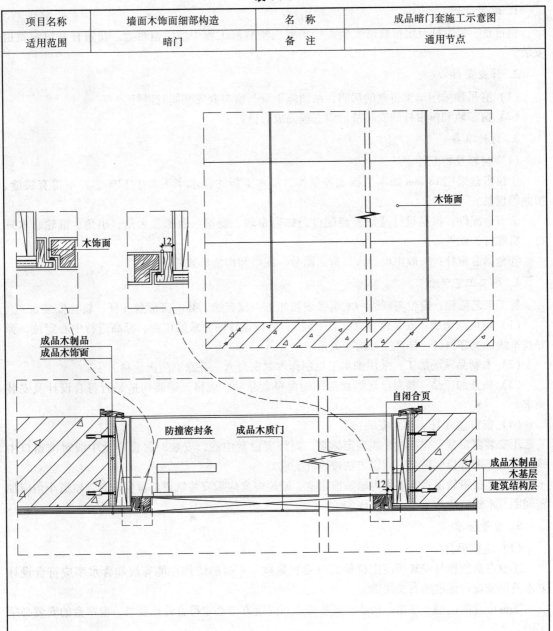

重点说明：

1. 工序：放样→配料→基层制作安装→门扇套工厂加工→现场施工安装。

2. 门框及门扇均按设计要求，现场复核尺寸后工厂加工制作。

3. 门框基层采用 18 mm 多层板防火、防潮处理。

4. 成品门套木皮厚度应不低于 60 丝，油漆须符合环保要求。

5. 成品门套背面必须刷防潮漆或贴平衡纸，门套企口边嵌橡胶防撞条（色系与木饰面相同）。

6. 暗藏式门须采用自闭式合页或暗藏闭门器。

四、窗帘盒、窗帘杆及窗帘轨道安装

1. 适用范围

窗帘盒、窗帘杆及窗帘轨道安装适用于室内精装修工程中隐藏窗帘盒、窗帘杆和窗帘轨道安装。

2. 作业条件

（1）有吊顶采用暗窗帘盒的房间，吊顶施工应与窗帘盒安装同时进行。

（2）窗帘轨和窗帘杆的安装待油漆工程完成后进行。

3. 材料准备

（1）材料及构配件。

①窗帘盒采用 18 mm 细木工板现场制作，细木工板的含水率不大于 12%，并不得有裂缝、扭曲等现象。

②五金配件：根据设计选用五金配件，如窗帘轨、轨堵、轨卡、大角、小角、滚轮、木螺钉、机螺钉、铁件等。

③金属窗帘杆：一般由设计人员指定图号、规格和构造形式等。

4. 施工工艺流程

施工工艺流程：定位与画线→木制品现场加工→核查加工品→窗帘盒（杆、轨）安装。

（1）定位与画线：安装窗帘盒（杆、轨），应按设计图要求的位置、标高进行中心定位，弹好找平线，找好窗口、挂镜线等构造关系。

（2）木制品现场加工：采用细木工板制作木制窗帘盒，并涂刷防火涂料。

（3）核查加工品：核对已现场加工好的窗帘盒品种、规格、组装构造是否符合设计及安装要求。

（4）窗帘盒（杆、轨）安装：

①安装窗帘盒：先按找平线确定标高，画好窗帘盒中线，安装时将窗帘盒中线对准窗口中线，盒的靠墙部位要贴严，固定方法按设计要求。

②安装窗帘轨道：本工程为暗装窗帘盒，暗窗帘盒应后安装轨道。重窗帘时，轨道小角应加密间距，木螺钉规格不小于 30 mm。

5. 质量标准

（1）主控项目。

①窗帘盒制作与安装所使用材料的材质和规格、木材的燃烧性能等级和含水率应符合设计要求及国家现行标准的有关规定。

②窗帘盒的造型、规格、尺寸、安装位置和固定方法必须符合设计要求，窗帘盒的安装必须牢固。

③窗帘盒配件的品种、规格应符合设计要求，安装应牢固，如图 4-7-2、图 4-7-3 所示。

（2）一般项目。

①窗帘盒表面应平整、洁净、线条顺直、接缝严密、色泽一致，不得有裂缝、翘曲及损坏。

②窗帘盒与墙面、窗框的衔接应严密，密封胶缝应顺直、光滑。

③窗帘盒安装的允许偏差和检验方法应符合《建筑装饰装修工程质量验收规范》（GB 50210—2001）表 12.3.8 的规定。水平度：2 mm；直线度：3 mm；两端距窗洞口长度差：2 mm；两端出墙厚度差：3 mm。

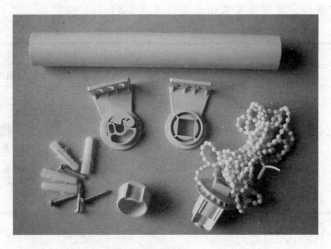

图 4-7-2

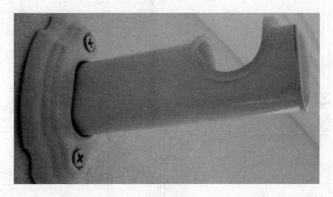

图 4-7-3

④窗帘盒表面是乳胶漆饰面，基层板必须采用石膏板包封，再做涂料装饰，不得在基层板上直接进行涂料装饰。

6. 应注意的质量问题

（1）窗帘盒安装不平、不正：主要是找位、画尺寸线不认真；预埋件安装不准，调整处理不当；安装前做到画线准确，安装量尺时务必使标高一致，中心线准确。

（2）窗帘盒两端伸出的长度不一致：主要是窗口中心与窗帘盒中心相对不准，操作不认真；安装时应核对尺寸，使两端伸出长度相同。

（3）窗帘轨道脱落：多数由于盖板太薄或螺钉松动造成；薄于 15 mm 的盖板，应用自攻螺钉固定窗帘轨。

（4）窗帘盒迎面板扭曲：加工时木材干燥不好，入场后存放受潮。

7. 窗帘盒、窗帘杆、窗帘轨安装示意图（表4-7-8）

表4-7-8

项目名称	吊顶细部构造	名　称	窗帘盒、窗帘杆、窗帘轨安装示意图
适用范围	室内吊顶	备　注	通用节点

18厚细木工板
9.5厚石膏板
木龙骨

建筑结构层
轻钢龙骨
双层9.5厚石膏板

专用吊筋
Φ8吊筋
龙骨吊件
主龙骨

18厚细木工板
9.5厚石膏板

重点说明：

1. 工序：定位→下料→龙骨吊筋安装→窗帘箱基架制作→安装固定→表面贴石膏板。
2. 为防止开裂，窗帘箱外侧须增加一层石膏板，石膏板与细木工板夹层须满涂白胶。
3. 采用电动卷帘时，要在窗帘盒上方预留电源。
4. 木基层须进行防火处理。

五、固定家具制作安装

1. 适用范围

固定家具制作安装适用于采用固定家具的装饰。

2. 作业条件

（1）结构工程和有关壁柜、吊柜的构造连体已具备安装壁柜和吊柜的条件，室内已有标高、水平线。

（2）柜框、扇进场后及时将加工品靠墙、贴地，顶面应涂刷防腐涂料，其他各面应涂刷底油一道，然后分类码放，应平整，底层垫平、保持通风，一般不应露天存放。

（3）壁柜、吊柜的框和扇，在安装前应检查有无窜角、翘扭、弯曲、壁裂，如有以上缺陷，应修理合格后再进行拼装。吊柜钢骨架应检查规格，有变形的应修正合格后进行安装。

（4）壁柜、吊柜的框安装应在抹灰前进行，扇的安装应在抹灰后进行。

3. 材料准备

（1）壁柜、吊柜木制品由工厂加工成品或半成品，木材含水率不得超过12%；加工的框和扇进场时应对型号、质量进行核查，需有产品合格证。

（2）其他材料：防腐剂、插销、木螺钉、拉手、锁、碰珠、合页按设计要求的品种、规格备齐，如图4-7-4所示。

图4-7-4

4. 施工工艺流程

施工工艺流程：找线定位→框、架安装→壁柜隔板、支点安装→壁（吊）柜扇安装→五金安装。

（1）找线定位。抹灰前利用室内统一标高线，按设计施工图要求的壁柜、吊柜标高及上下口高度，考虑抹灰厚度的关系，确定相应的位置。

（2）框、架安装。壁柜、吊柜的框和架应在室内抹灰前进行，安装在正确位置后，两侧框每个固定件钉2个钉子与墙体木砖钉固，钉帽不得外露。若隔断墙为加气混凝土或轻质隔板墙，应按设计要求的构造固定。如设计无要求，可预钻φ5 mm孔，深70～100 mm，并事先在孔内预埋木楔粘界面剂，打入孔内黏结牢固后再安装固定柜。采用钢柜时，须在安装洞口固定框的位置预埋铁件，进行框件的焊固；在框、架固定时，应先校正、套方、吊直，核对标高、尺寸、位置准确无误后再进行固定。

（3）壁柜隔板、支点安装：按施工图隔板标高位置及要求的支点构造安设隔板支点条（架）；木隔板一般是将支点木条钉在墙体木砖上，混凝土隔板一般是匚形铁件或设置角钢支架。

（4）壁（吊）柜扇安装。按扇的安装位置确定五金型号、对开扇裁口方向，一般应以开启方向的右扇为盖口扇。

①检查框口尺寸：框口高度应量上口两端，框口宽度，应两侧框间上、中、下三点，并在扇的相应部位定点画线。根据画线进行框扇第一次修刨，使框、扇留缝合适，试装并画第二次修刨线，同时画出框、扇合页槽位置，注意画线时避开上下冒头。铲、剔合页槽安装合页，根据标画的合页位置，用扁铲凿出合页边线，即可剔合页槽。

②安装：安装时应将合页先压入扇的合页槽，找正拧好固定螺钉，试装时修合页槽的深度等，调好框扇缝隙，框上每只合页先拧一个螺钉，然后关闭，检查框与扇平整、无缺陷，符合要求后将全部螺钉安上拧紧。木螺钉应钉入全长 1/3，拧入 2/3，如框、扇为黄花梨或其他硬木，合页安装螺钉应画位打眼，孔径为木螺钉直径的 9/10，眼深为螺钉长度的 2/3。

③安装对开扇：先将框、扇尺寸量好，确定中间对口缝、裁口深度，画线后进行刨槽，试装合适时，先装左扇，后装盖扇。

（5）五金安装。五金的品种、规格、数量按设计要求确定，安装时注意位置的选择，无具体尺寸时操作按技术交底进行，一般应先安装样板，经确认后大面积安装。

5. 成品保护

（1）木制品进场及时刷底油一道，靠墙面应刷防腐剂处理，钢制品应刷防锈漆，入库存放。

（2）安装壁柜、吊柜时，严禁碰撞抹灰及其他装饰面的口角，防止损坏成品面层。

（3）安装好的壁柜隔板，不得拆动，保护产品完整。

6. 应注意的质量问题

（1）抹灰面与框不平，造成贴脸板、压缝条不平，主要原因是框不垂直，面层平度不一致或抹灰面不垂直。

（2）柜框安装不牢，预埋木砖安装时受碰活动，固定点少；用钉固定时，数量要够，木砖埋牢固。

（3）合页不平，螺钉松动，螺母不平正，缺螺钉，原因：合页槽深浅不一，安装时螺钉钉入太长，操作时螺钉应钉入长度 1/3，拧入长度 2/3，不得倾斜。

（4）柜框与洞口尺寸误差过大，造成边框与侧墙、顶与上框间缝隙过大；注意结构施工留洞尺寸，严格检查确保洞口尺寸。

7. 质量标准

（1）主控项目。

①橱柜制作与安装所用材料的材质、规格、燃烧性能等级、含水率和花岗石的放射性及人造木板的甲醛含量应符合设计要求及国家现行标准的有关规定。

②橱柜安装预埋件或后置埋件的数量、规格、位置应符合设计要求。

③橱柜的造型、尺寸、安装位置、制作和固定方法应符合设计要求，橱柜安装必须牢固；橱柜配件的品种、规格应符合设计要求；配件应齐全，安装应牢固；橱柜的抽屉和柜门应开关灵活、回位正确。

（2）一般项目：柜表面应平整、洁净、色泽一致，不得有裂缝、翘曲及损坏，橱柜裁口应顺直、拼缝应严密。

8. 镜柜安装示意图（图 4-7-9）

表 4-7-9

| 项目名称 | 墙面细部构造 | 名 称 | 镜柜安装示意图 |
| 适用范围 | 卫生间、厨房 | 备 注 | 通用节点 |

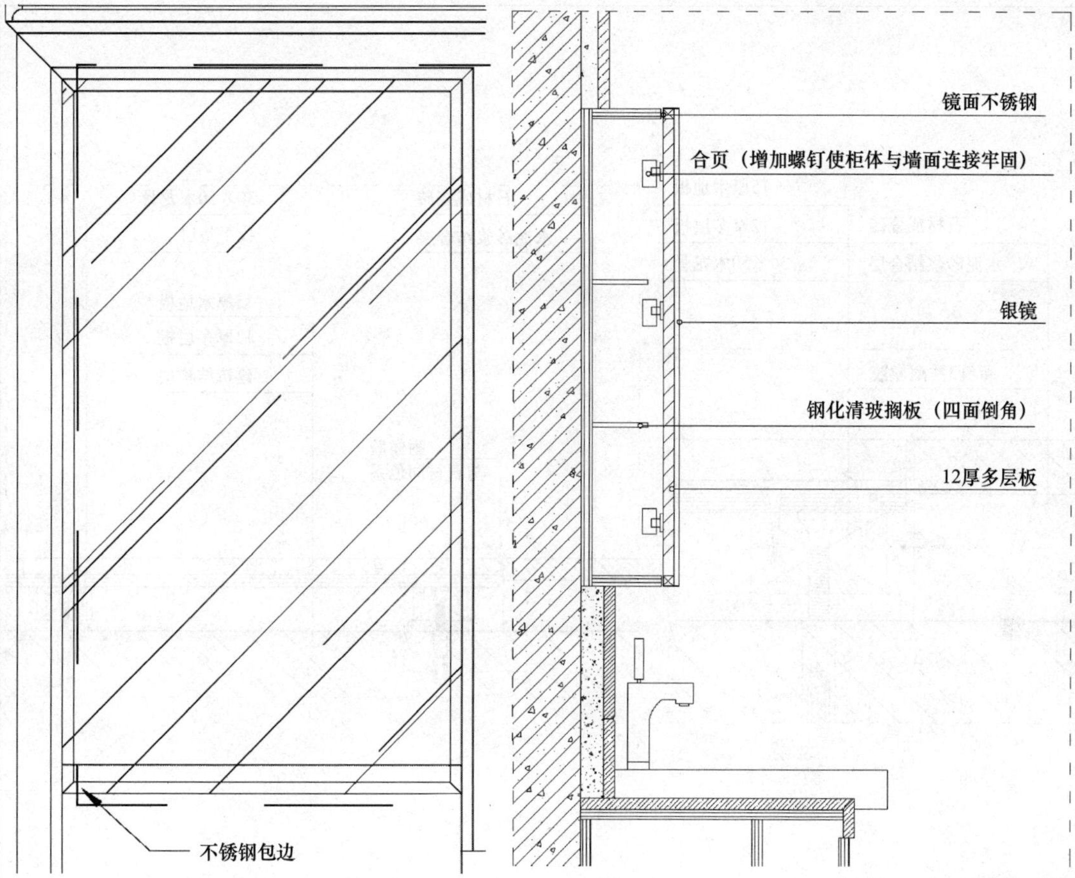

图中标注：
- 镜面不锈钢
- 合页（增加螺钉使柜体与墙面连接牢固）
- 银镜
- 钢化清玻搁板（四面倒角）
- 12厚多层板
- 不锈钢包边

重点说明：

1. 工序：找线定位→框、架安装→壁柜隔板、支点安装→壁（吊）柜扇安装→五金安装。

2. 镜柜的两侧有墙体或装饰柱时，柜体应采用螺钉与墙体或装饰柱进行有效连接，防止坠落。

3. 当镜柜为悬空体时，镜柜背部应与墙体有拉结。

4. 镜子四周应有不锈钢或其他饰面装饰包边，防止因镜子安装不牢固产生坠落。

第八节　细部收口工程

（1）地面木地板与石材拼铺节点（硬碰拼铺方式）示意图（表4-8-1）。

表 4-8-1

项目名称	地面木地板细部构造	名　称	地面木地板与石材拼铺节点（硬碰拼铺方式）示意图
适用范围	石材与木地板、石材与铝框、木地板与铝框	备　注	通用节点

重点说明：

1. 地板与大理石围边交接处预留3 mm地板伸缩缝，采用与地板同色系的耐候胶填缝。为防止成品受污染及控制胶缝宽直度，打胶时须先用美纹纸定位。

2. 在近期的实际操作过程中，由于天然石材需要定期维护，石材面应高于地板面2~3 mm，以免石材维护时对地板造成不必要的磨损。

3. 地板在施工过程中不可能会做到整模数的安装，与石材交接面往往是裁口，这个裁口一定要进行蜡封处理，防止地板侧边受潮霉变。

（2）地面木地板与门槛石界面收口节点示意图（表4-8-2）。

表4-8-2

项目名称	地面木地板细部构造	名　称	地面木地板与门槛石界面收口节点示意图
适用范围	石材与木地板、石材与铝框、木地板与铝框	备　注	通用节点

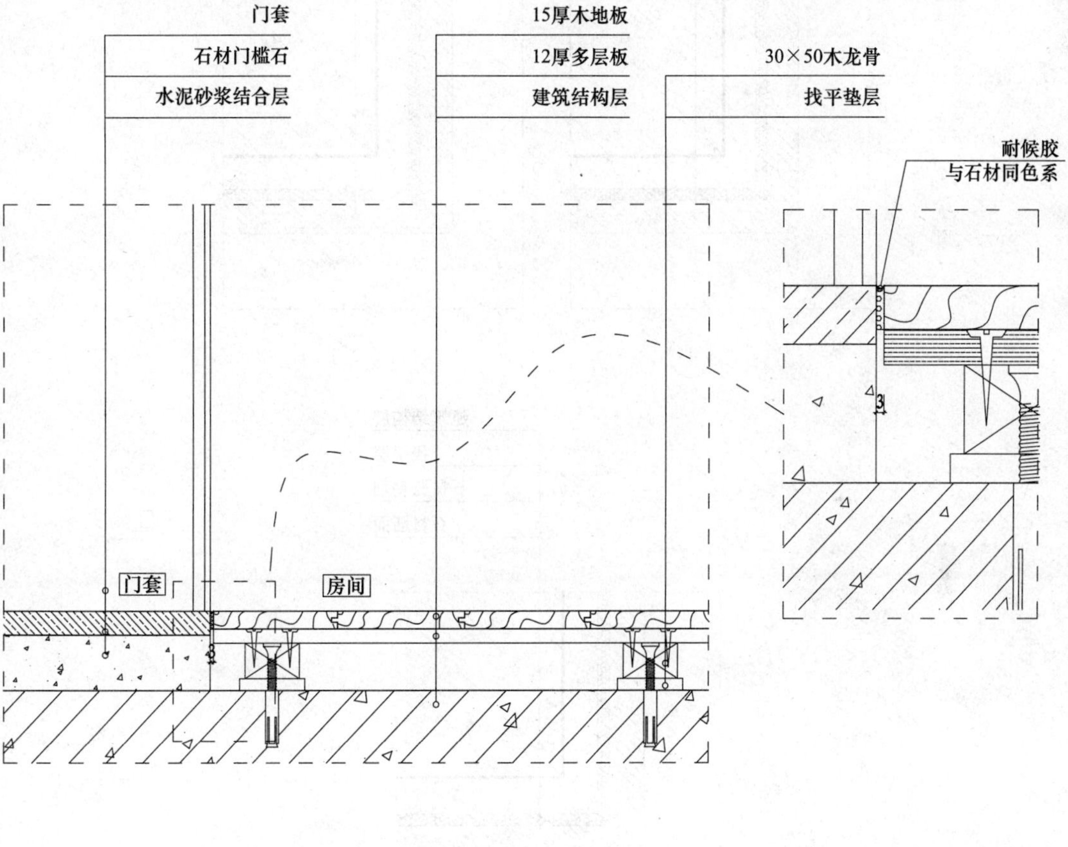

门套
石材门槛石
水泥砂浆结合层

15厚木地板
12厚多层板
建筑结构层

30×50木龙骨
找平垫层

耐候胶
与石材同色系

门套　房间

重点说明：

1. 地板与大理石围边交接处预留3 mm地板伸缩缝，采用与地板同色系的耐候胶填缝。为防止成品受污染及控制胶缝宽度，打胶时须先用美纹纸定位。

2. 在近期的实际操作过程中，由于天然石材需要定期维护，石材面应高于地板面2～3 mm，以免石材维护时对地板造成不必要的磨损。

3. 地板在施工过程中不可能会做到整模数的安装，与石材交接面往往是裁口，这个裁口一定要进行蜡封处理，防止地板侧边受潮霉变。

（3）墙面石材阳角收口示意图（表4-8-3）。

表 4-8-3

项目名称	墙面石材饰面细部构造	名　称	墙面石材阳角收口示意图
适用范围	室内大厅、电梯厅、卫生间等墙面	备　注	通用节点

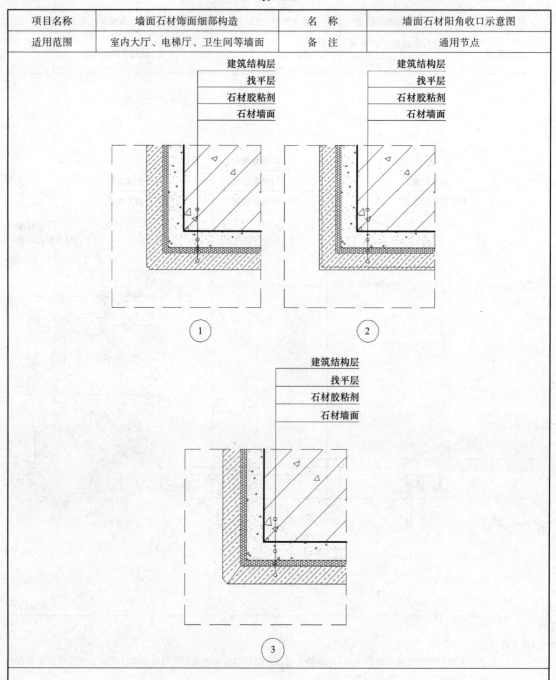

重点说明：

　　1. 墙面石材阳角收口均需45°拼接对角处理；待墙面石材全部铺贴完成后，须调制与石材同色的云石胶做勾缝处理，勾缝必须严密。

　　2. 墙面石材阳角按设计要求加工。

（4）墙面石材阴角收口示意图（表4-8-4）。

表 4-8-4

项目名称	墙面石材饰面细部构造	名 称	墙面石材阴角收口示意图
适用范围	室内大厅、电梯厅、卫生间等墙面	备 注	通用节点

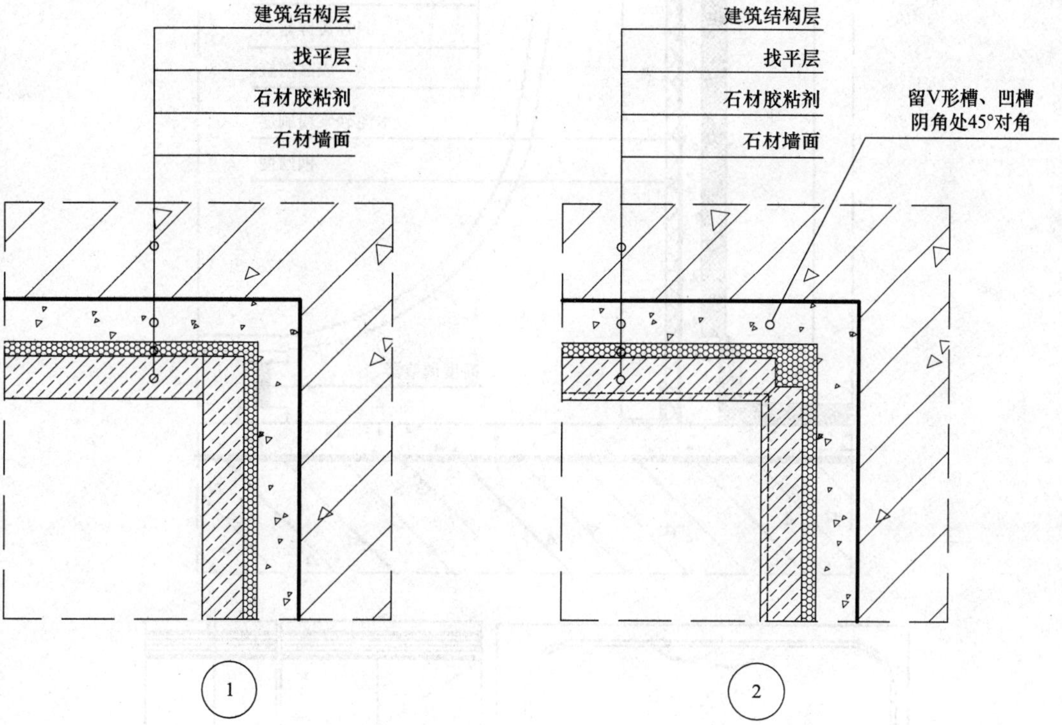

建筑结构层
找平层
石材胶粘剂
石材墙面

建筑结构层
找平层
石材胶粘剂
石材墙面

留V形槽、凹槽
阴角处45°对角

① ②

重点说明：

石材墙面有横缝时（如 V 形缝、凹槽）时，阴角收口均需 45°（角度稍小于 45°，以利于拼接）拼接对角处理，应在工厂内加工完成。

（5）浴缸石材收口施工示意图1（表4-8-5）。

表4-8-5

项目名称	墙面石材饰面细部构造	名　称	浴缸石材收口施工示意图1
适用范围	卫生间	备　注	通用节点

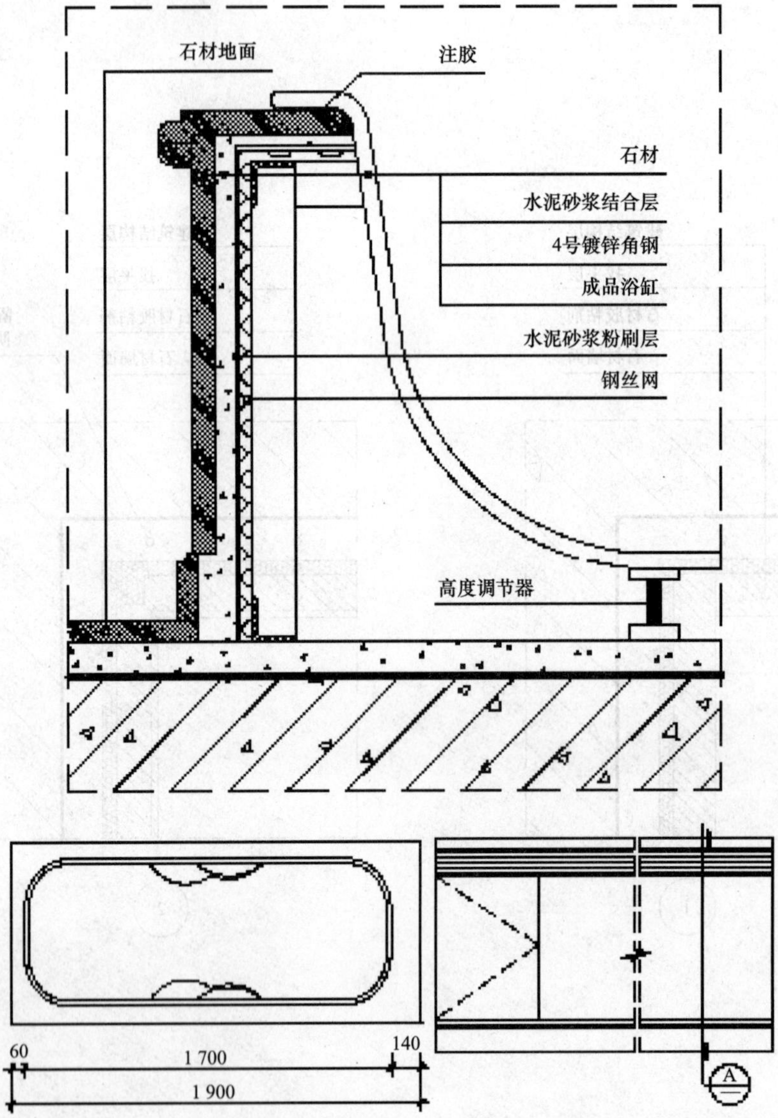

石材地面　　注胶

石材

水泥砂浆结合层

4号镀锌角钢

成品浴缸

水泥砂浆粉刷层

钢丝网

高度调节器

60　　1 700　　140

1 900

重点说明：

1. 工序：放样→角钢基架焊接安装→钢丝网安装→水泥砂浆粉刷→石材安装→浴缸安装。

2. 浴缸与石材相接部位按浴缸边缘压石材的做法施工，石材台面按整块石材根据浴缸尺寸切割镂空磨边工厂加工完成后现场安装，石材与浴缸交接处用耐候胶收口。

3. 浴缸周边石材部位做∟40×4镀锌角钢支撑架，钢丝网水泥砂浆粉刷后再安装石材，并留设石材检修暗门，检修门的规格及方向须符合检修要求。

（6）浴缸石材收口施工示意图2（表4-8-6）。

表 4-8-6

项目名称	墙面石材饰面细部构造	名　称	浴缸石材收口施工示意图2
适用范围	卫生间	备　注	通用节点

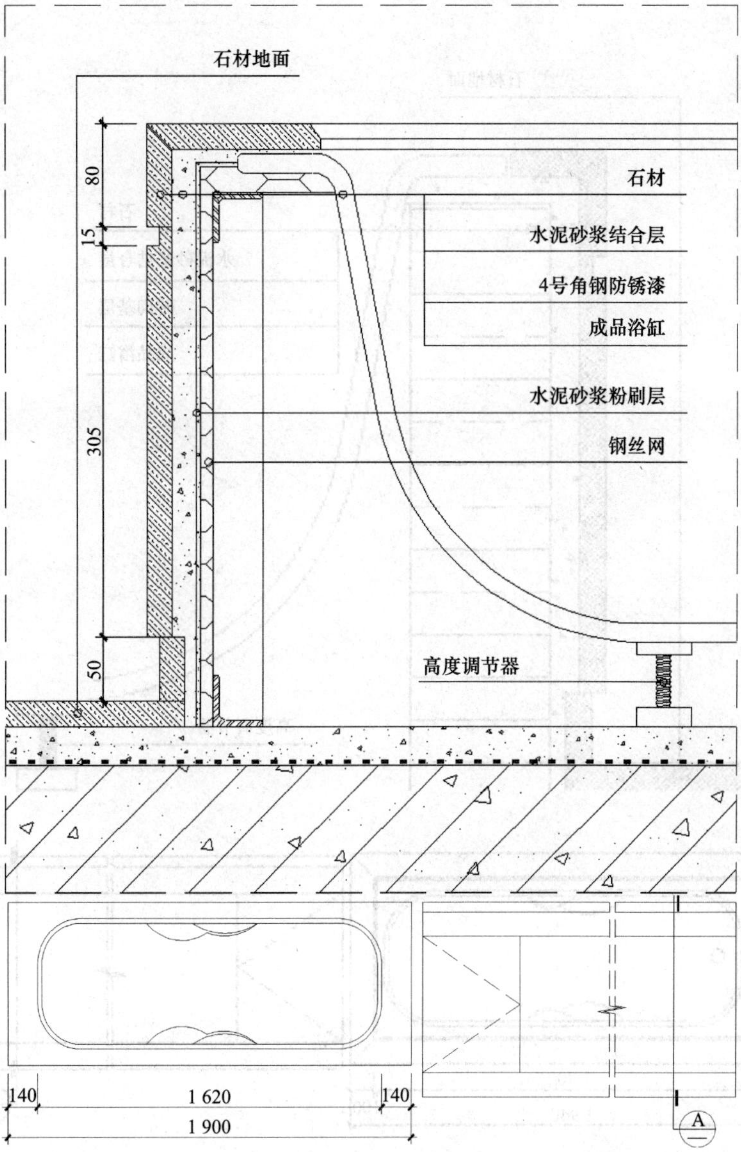

石材地面

石材

水泥砂浆结合层

4号角钢防锈漆

成品浴缸

水泥砂浆粉刷层

钢丝网

高度调节器

80

15

305

50

140　1 620　140

1 900

A

重点说明：

1. 工序：放样→角钢基架焊接安装→钢丝网安装→水泥砂浆粉刷→浴缸安装→石材安装→板缝处理。

2. 浴缸与石材相接部位按石材压浴缸的做法施工，石材台面按整块石材根据浴缸尺寸切割镂空磨边工厂加工完成后现场安装，石材与浴缸交接处用耐候胶收口。

3. 浴缸周边石材部位做∟40×4镀锌角钢支撑架，钢丝网水泥砂浆粉刷后再安装石材，并留设石材检修暗门，检修门的规格及方向须符合检修要求。

（7）浴缸石材收口施工示意图 3（表 4-8-7）。

表 4-8-7

项目名称	墙面石材饰面细部构造	名　称	浴缸石材收口施工示意图 3
适用范围	卫生间	备　注	通用节点

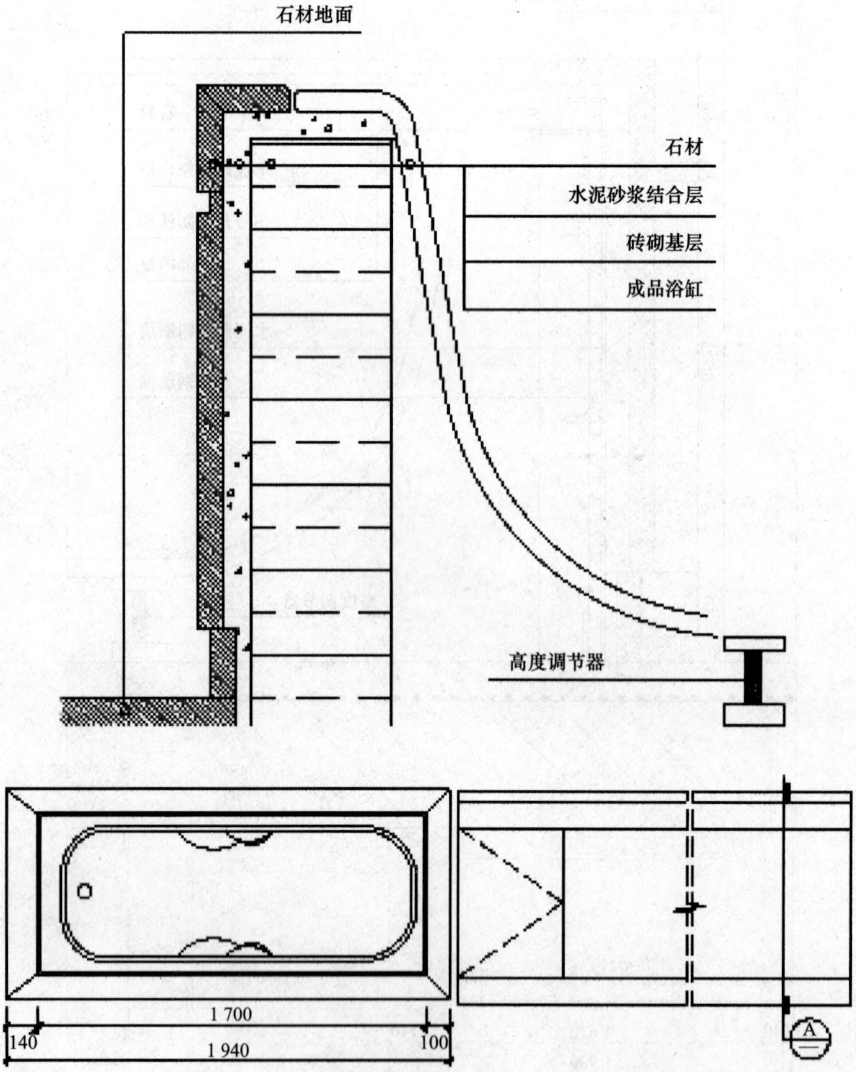

石材地面

石材

水泥砂浆结合层

砖砌基层

成品浴缸

高度调节器

1 700

140　　　1 940　　　100

Ⓐ

重点说明：

1. 工序：放样→砖墙砌筑→水泥砂浆粉刷→浴缸安装→石材安装→板缝处理。

2. 浴缸与石材相接部位按浴缸与石材找平的做法施工，石材与浴缸接缝处留 2 mm 用耐候胶收口。

3. 侧面留设石材检修暗门，检修门的规格及方向须符合检修要求，且无其他障碍物阻挡检修门的开启。

（8）门梁部位墙纸收口示意图1（表4-8-8）。

表 4-8-8

项目名称	墙面与顶棚交接面细部构造	名　称	门梁部位墙纸收口示意图1
适用范围	室内过道	备　注	通用节点

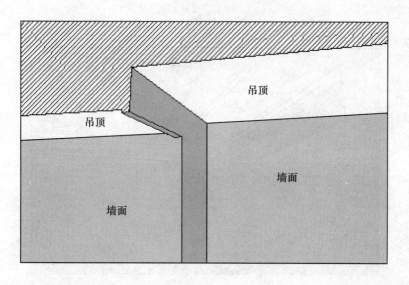

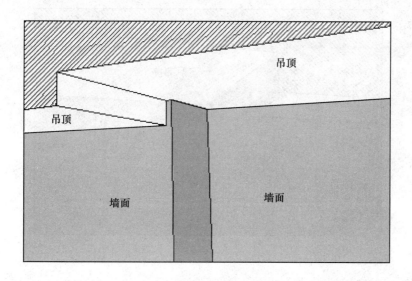

重点说明：
　　吊顶有高低处宜采用做止口、做假梁、留凹槽、与墙面错开等方法使墙纸与吊顶乳胶漆的收口美观。

（9）门梁部位墙纸收口示意图2（表4-8-9）。

表 4-8-9

项目名称	墙面与顶棚交接面细部构造	名　称	门梁部位墙纸收口示意图2
适用范围	室内过道	备　注	通用节点

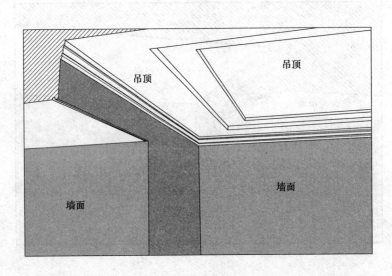

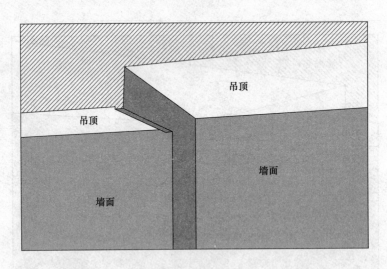

重点说明：
　　吊顶有高低处宜采用做止口、做假梁、留凹槽、与墙面错开等方法使墙纸与吊顶乳胶漆的收口美观。

（10）墙面石材与石膏板涂料吊顶收口示意图（表4-8-10）。

表 4-8-10

项目名称	墙面与吊顶交接面细部构造	名　称	墙面石材与石膏板涂料吊顶收口示意图
适用范围	卫生间、厨房等	备　注	通用节点

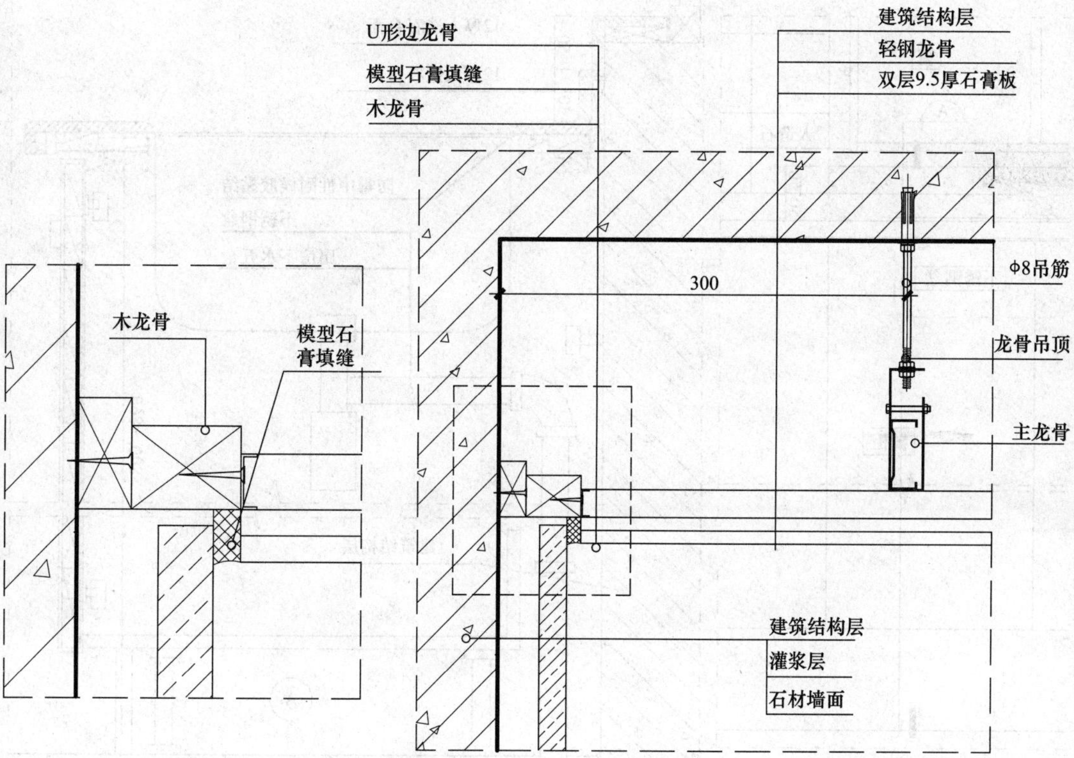

U形边龙骨
模型石膏填缝
木龙骨

建筑结构层
轻钢龙骨
双层9.5厚石膏板

木龙骨

模型石膏填缝

300

Φ8吊筋

龙骨吊顶

主龙骨

建筑结构层
灌浆层
石材墙面

重点说明：
石材与石膏板收口处留缝 8～10 mm 用模型石膏填缝。

（11）高窗台橱柜台面翻边施工示意图（表4-8-11）。

表 4-8-11

项目名称	墙面石材饰面细部构造	名　称	高窗台橱柜台面翻边施工示意图
适用范围	厨房	备　注	通用节点

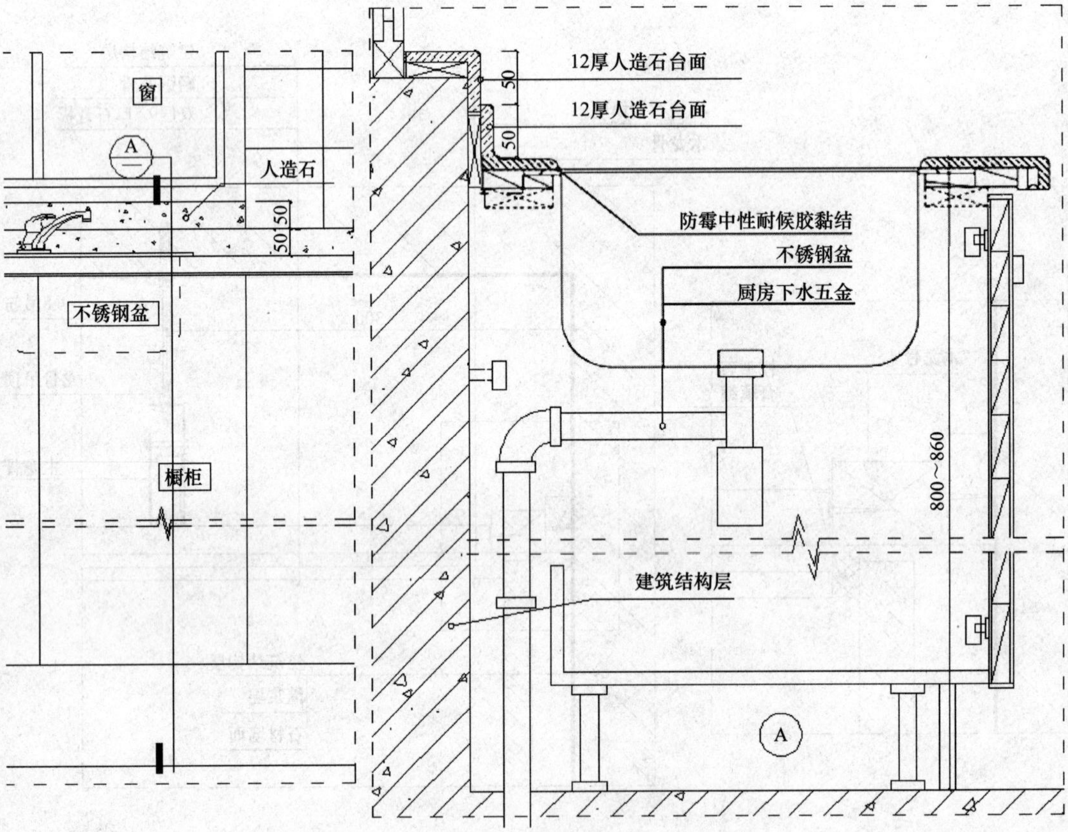

窗
A
人造石
50
50
不锈钢盆
橱柜
12厚人造石台面
12厚人造石台面
50
50
防霉中性耐候胶黏结
不锈钢盆
厨房下水五金
800~860
建筑结构层
A

重点说明：

人造石台面板与窗台部位高差大于80 mm，人造石台面挡水外凸，窗台边用人造石或厨房面砖跟通。

（12）低窗台橱柜台面翻边施工示意图（表4-8-12）。

表 4-8-12

项目名称	墙面石材饰面细部构造	名 称	低窗台橱柜台面翻边施工示意图
适用范围	厨房低部位窗台	备 注	通用节点

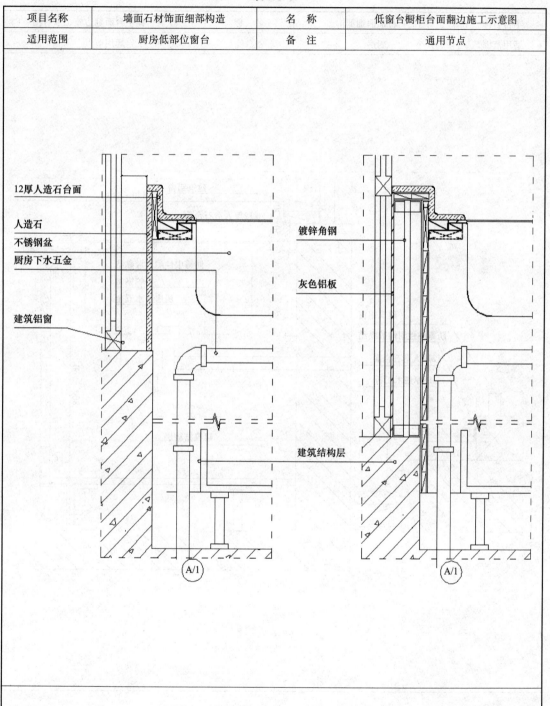

12厚人造石台面

人造石
不锈钢盆
厨房下水五金

镀锌角钢

灰色铝板

建筑铝窗

建筑结构层

A/1

A/1

重点说明：

窗台部位低于人造石台面板，人造石台面挡水做出后须跟至窗边或预留不小于100 mm的操作空间后跟通至窗台面。

（13）全窗台橱柜台面翻边施工示意图（表4-8-13）。

表 4-8-13

项目名称	墙面石材饰面细部构造	名　称	全窗台橱柜台面翻边施工示意图
适用范围	厨房	备　注	通用节点

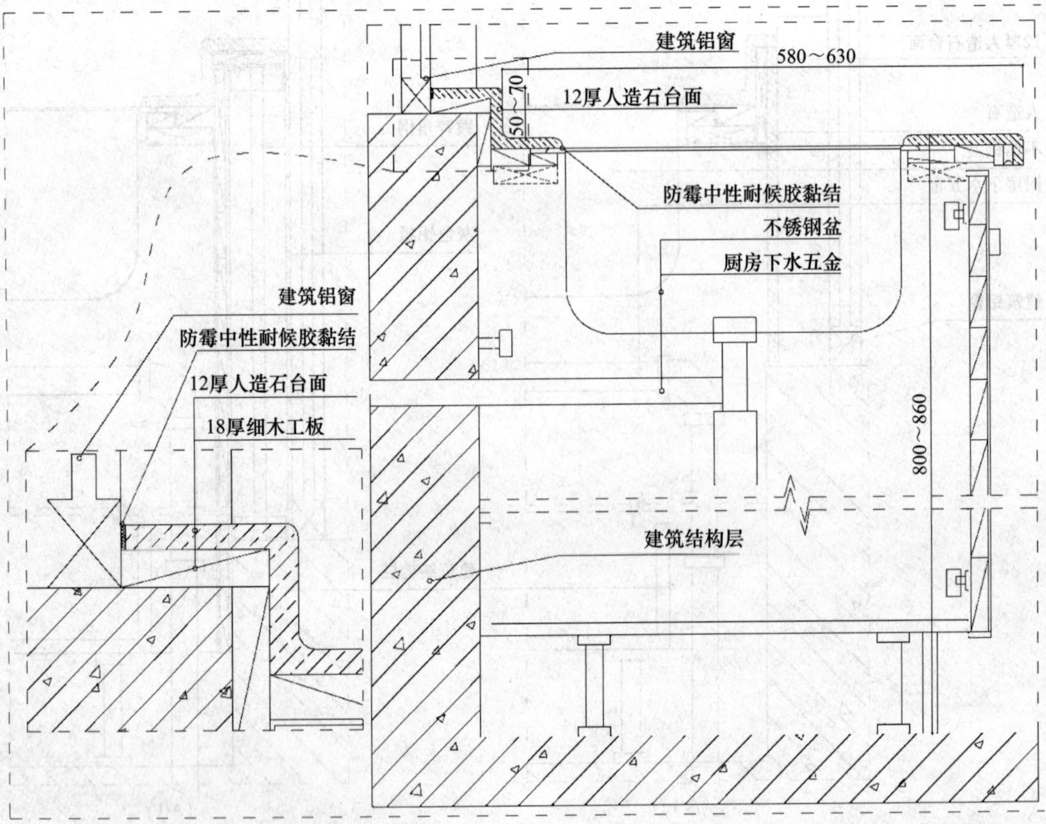

图中标注：
- 建筑铝窗
- 580~630
- 12厚人造石台面
- 50~70
- 防霉中性耐候胶黏结
- 不锈钢盆
- 厨房下水五金
- 建筑铝窗
- 防霉中性耐候胶黏结
- 12厚人造石台面
- 18厚细木工板
- 800~860
- 建筑结构层

重点说明：
　　人造石台面板与窗台部位高差50~70 mm，为保证整体美观，人造石台面挡水应跟通至窗框边。

（4）墙面不锈钢与石材收口示意图（表4-8-14）。

表4-8-14

项目名称	墙面特殊饰面细部构造	名　称	墙面不锈钢与石材收口示意图
适用范围	厨房煤气灶背墙面	备　注	通用节点

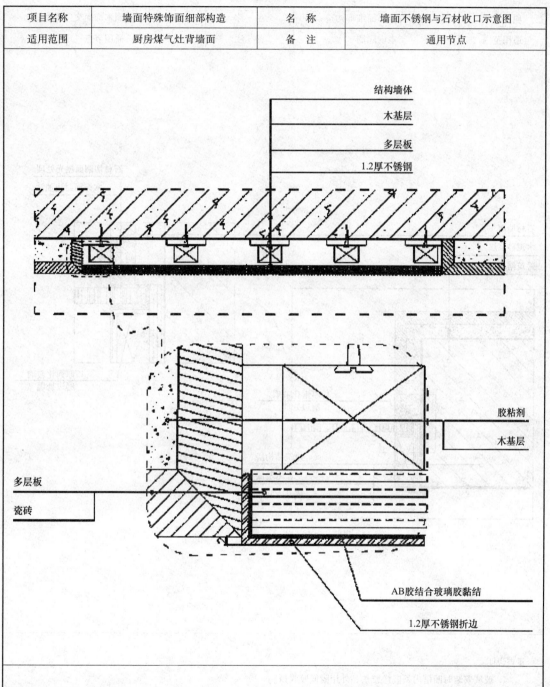

重点说明：

1. 不锈钢折边处理且凸出瓷砖面2～3 mm，木基层采用12 mm防水多层板，夹板及基层木方做防火、防腐处理。

2. 不锈钢材质要求304号材质，厚度不小于1.2 mm，采用AB胶黏结固定，不锈钢边要求作磨边处理。

（15）墙面石材玻璃木饰面交接示意图（表4-8-15）。

表 4-8-15

项目名称	墙面特殊饰面细部构造	名　称	墙面石材玻璃木饰面交接示意图
适用范围	室内隔墙	备　注	通用节点

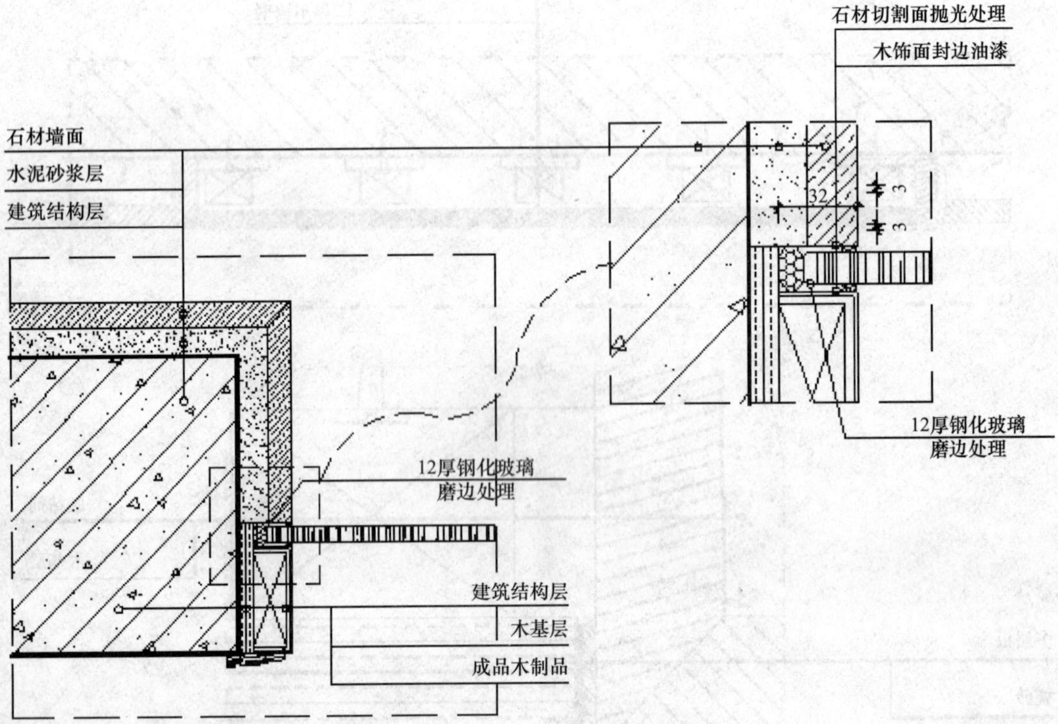

石材切割面抛光处理

木饰面封边油漆

石材墙面

水泥砂浆层

建筑结构层

32

3 3

3

3

12厚钢化玻璃
磨边处理

12厚钢化玻璃
磨边处理

建筑结构层

木基层

成品木制品

重点说明：

1. 玻璃安装时凹槽内须嵌橡胶垫，外用耐候胶收口。

2. 石材侧面需抛光处理；侧面木材面需满贴木皮再进行工厂化完成油漆。

3. 凹槽留缝为玻璃每边预留 2 ~ 3 mm 宽。

4. 玻璃四边要求磨边处理，嵌入凹槽内的部分玻璃贴黑色3M不干胶满贴，防止因玻璃厚度原因看见凹槽内的基层。

（16）淋浴房玻璃隔断吊顶施工示意图（表 4-8-16）。

表 4-8-16

项目名称	吊顶细部构造	名　称	淋浴房玻璃隔断吊顶施工示意图
适用范围	卫生间内玻璃隔断	备　注	通用节点

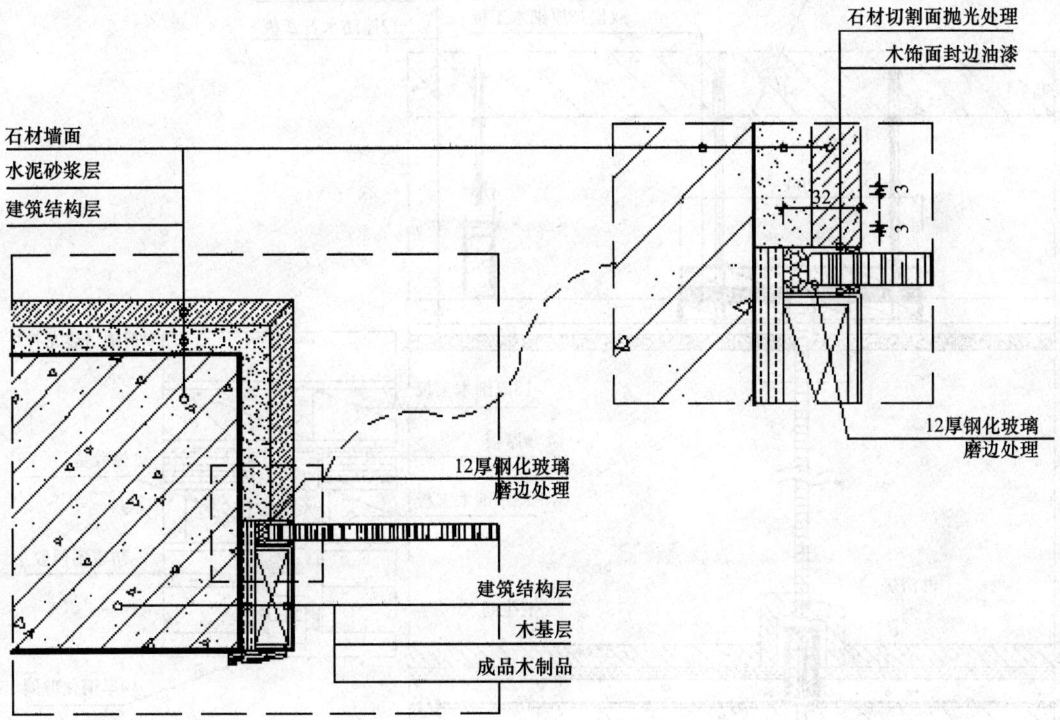

石材切割面抛光处理
木饰面封边油漆

石材墙面
水泥砂浆层
建筑结构层

32

12厚钢化玻璃
磨边处理

12厚钢化玻璃
磨边处理

建筑结构层
木基层
成品木制品

重点说明：
1. 淋浴房玻璃上口与吊顶固定处须用双层细木工板内嵌 U 形槽固定，凹槽规格为 20 mm×30 mm，细木工板上口单独用吊筋与结构楼板固定。
2. 玻璃须进行钢化并四周做磨边处理。
3. 细木工板须进行防潮处理。嵌入凹槽内的部分玻璃贴黑色 3M 不干胶满贴，防止因玻璃厚度原因看见凹槽内的基层。

（17）淋浴房玻璃隔断吊顶施工示意图（表4-8-17）。

表 4-8-17

项目名称	吊顶细部构造	名　称	淋浴房玻璃隔断吊顶施工示意图
适用范围	卫生间内玻璃隔断	备　注	通用节点

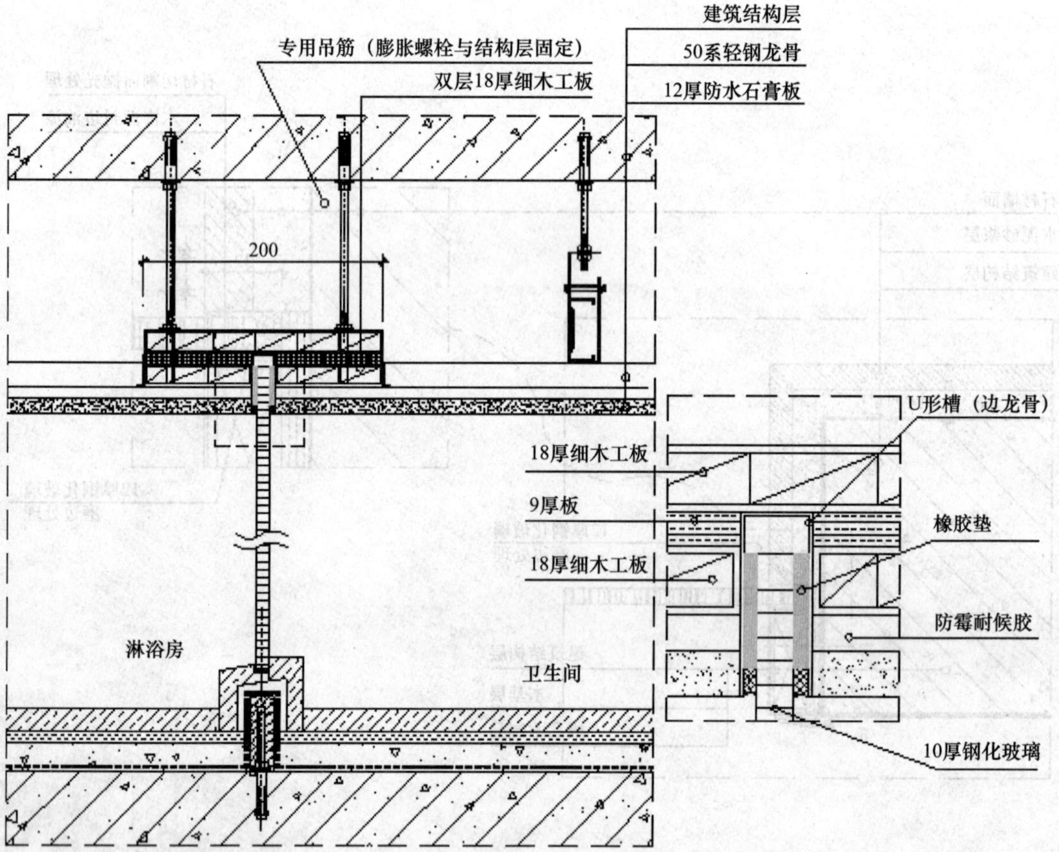

专用吊筋（膨胀螺栓与结构层固定）
双层18厚细木工板

建筑结构层
50系轻钢龙骨
12厚防水石膏板

200

淋浴房

卫生间

18厚细木工板
9厚板
18厚细木工板

U形槽（边龙骨）
橡胶垫
防霉耐候胶
10厚钢化玻璃

重点说明：

1. 淋浴房玻璃上口与吊顶固定处须用双层细木工板内嵌U形槽固定，凹槽规格为20 mm×30 mm，细木工板上口单独用吊筋与结构楼板固定。
2. 玻璃需进行钢化并四周做磨边处理。
3. 细木工板需进行防潮处理。嵌入凹槽内的部分玻璃贴黑色3M不干胶满贴，防止因玻璃厚度原因看见凹槽内的基层。

（18）吊顶检修口（上人）示意图（表4-8-18）。

表4-8-18

项目名称	吊顶细部构造	名　称	吊顶检修口（上人）示意图
适用范围	公共区吊顶	备　注	通用节点

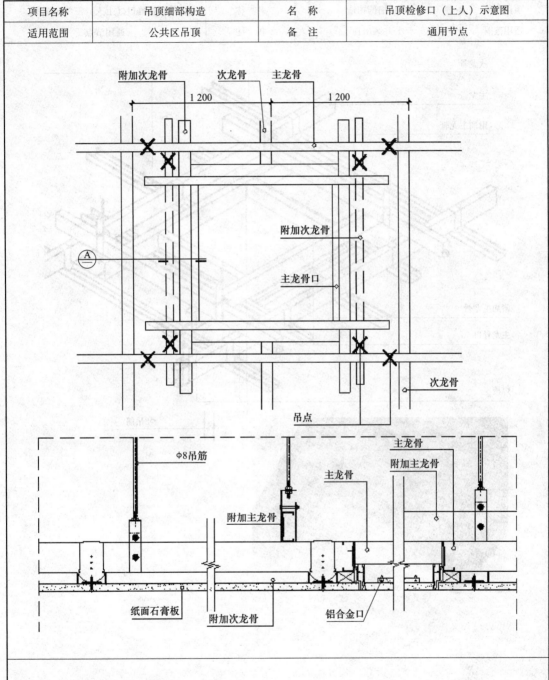

重点说明：

1. 吊顶检修口应采用成品检修口，规格满足检修要求。

2. 检修口上部应四周附加一圈主龙骨，挂件等须从楼板直接固定，下口应根据检修开口大小增设附龙骨，以增加其稳固性。

（19）吊顶检修口（上人）三维示意图（表4-8-19）。

表 4-8-19

项目名称	吊顶细部构造	名　称	吊顶检修口（上人）三维示意图
适用范围	公共区吊顶	备　注	通用节点

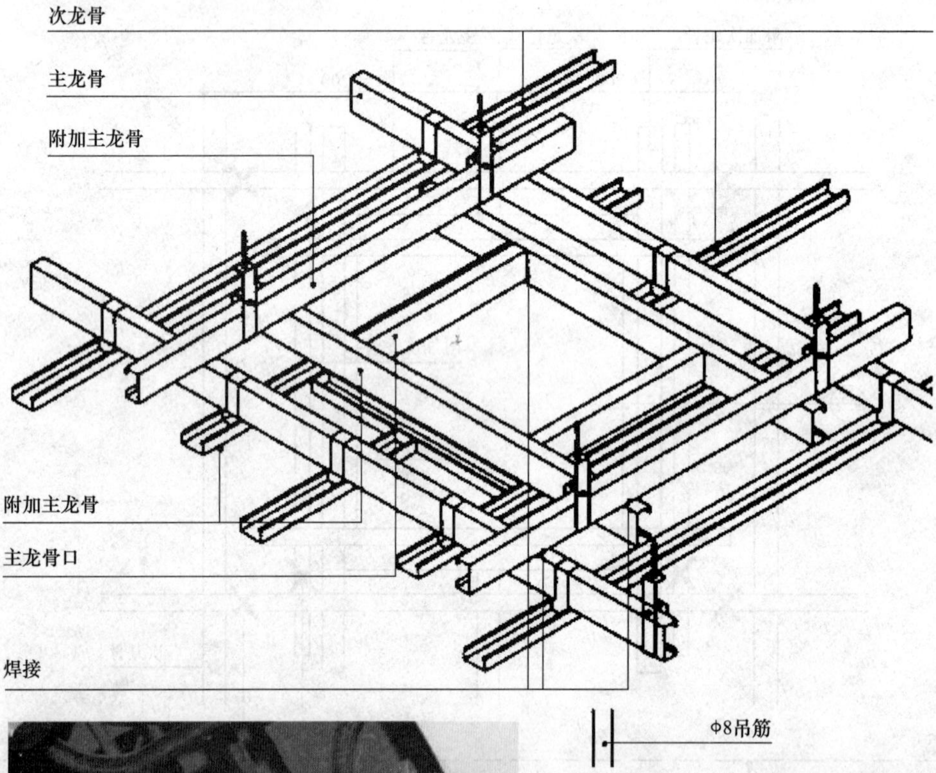

次龙骨

主龙骨

附加主龙骨

附加主龙骨

主龙骨口

焊接

Φ8吊筋

重点说明：

1. 吊顶检修口应采用成品检修口，规格满足检修要求。

2. 检修口上部应四周附加一圈主龙骨，挂件等须从楼板直接固定，下口应根据检修开口大小增设附龙骨，以增加其稳固性。

（20）吊顶检修口（不上人）示意图（表4-8-20）。

表 4-8-20

项目名称	吊顶细部构造	名　称	吊顶检修口（不上人）示意图
适用范围	室内吊顶	备　注	通用节点

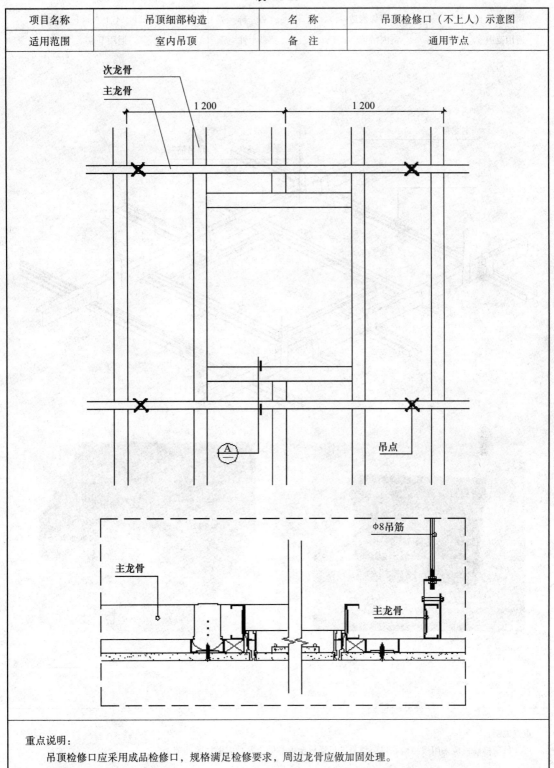

重点说明：

吊顶检修口应采用成品检修口，规格满足检修要求，周边龙骨应做加固处理。

（21）吊顶检修口（不上人）三维示意图（表4-8-21）。

表4-8-21

项目名称	吊顶细部构造	名　称	吊顶检修口（不上人）三维示意图
适用范围	室内吊顶	备　注	通用节点

重点说明：

吊顶检修口应采用成品检修口，规格满足检修要求，周边龙骨应做加固处理。

（22）镜面玻璃安装示意图（表4-8-22）。

表 4-8-22

项目名称	墙面特殊饰面细部构造	名 称	镜面玻璃安装示意图
适用范围	室内	备 注	通用节点

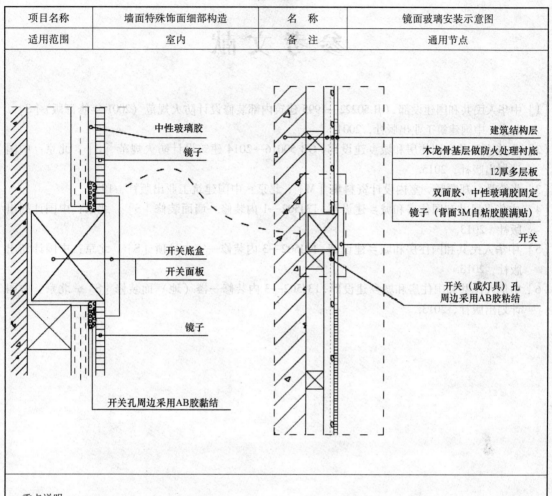

重点说明：

1. 镜子开孔位置需要现场测定后，将所选的开关、插座等终端设备的尺寸一起提供给镜子加工厂，作为镜子、玻璃开孔位置及尺寸的依据。

2. 为防止镜子开裂，开关四周需要用 AB 胶黏结。

3. 镜子背面需要用 3M 自粘胶满贴。

本章小结

本章是本书的重点，读者通过对整个装饰项目中的通用规范要求，防水工程、安装工程、墙面工程、地面工程、其他工程及细部收口工程施工过程的学习，掌握在项目中如何具体使用实施规范及施工要求，总结各装饰修项目实施过程中的经验与教训以更好认知并使用，从而促进其在今后的精装修项目中的标准化，给予装饰项目技术支持、保障过程管理及质量控制。

参 考 文 献

［1］中华人民共和国建设部．GB 50222—1995 建筑内部装修设计防火规范（2001 年修订版）［S］．北京：中国建筑工业出版社，2004.

［2］中华人民共和国住房和城乡建设部．GB 50016—2014 建筑设计防火规范［S］．北京：中国计划出版社，2015.

［3］张绮曼，郑曙旸．室内设计资料集［M］．北京：中国建筑工业出版社，1991.

［4］中华人民共和国住房和城乡建设部．13J502—1 内装修—墙面装修［S］．北京：中国计划出版社，2013.

［5］中华人民共和国住房和城乡建设部．12J502—3 内装修—室内吊顶［S］．北京：中国计划出版社，2013.

［6］中华人民共和国住房和城乡建设部．13J502—3 内装修—楼（地）面装修［S］．北京：中国计划出版社，2013.

（20）吊顶检修口（不上人）示意图（表4-8-20）。

表 4-8-20

项目名称	吊顶细部构造	名　称	吊顶检修口（不上人）示意图
适用范围	室内吊顶	备　注	通用节点

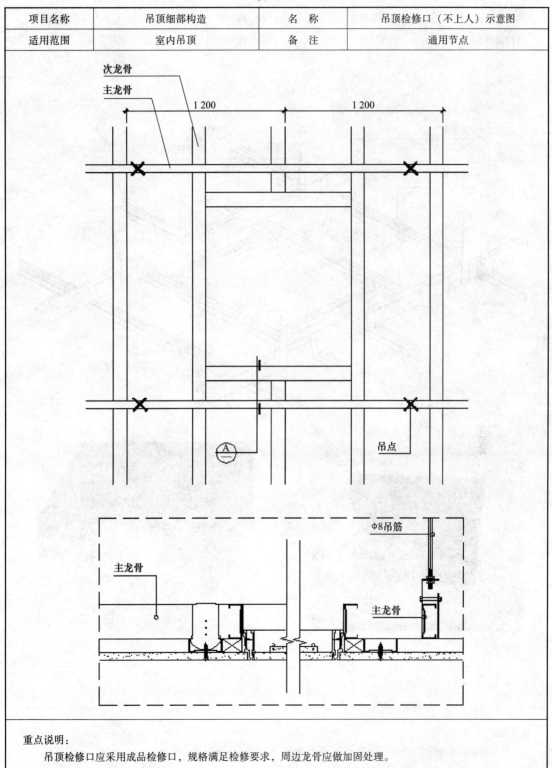

重点说明：
　　吊顶检修口应采用成品检修口，规格满足检修要求，周边龙骨应做加固处理。

（21）吊顶检修口（不上人）三维示意图（表4-8-21）。

表 4-8-21

项目名称	吊顶细部构造	名　称	吊顶检修口（不上人）三维示意图
适用范围	室内吊顶	备　注	通用节点

重点说明：
　　吊顶检修口应采用成品检修口，规格满足检修要求，周边龙骨应做加固处理。

（22）镜面玻璃安装示意图（表4-8-22）。

表 **4-8-22**

项目名称	墙面特殊饰面细部构造	名　称	镜面玻璃安装示意图
适用范围	室内	备　注	通用节点

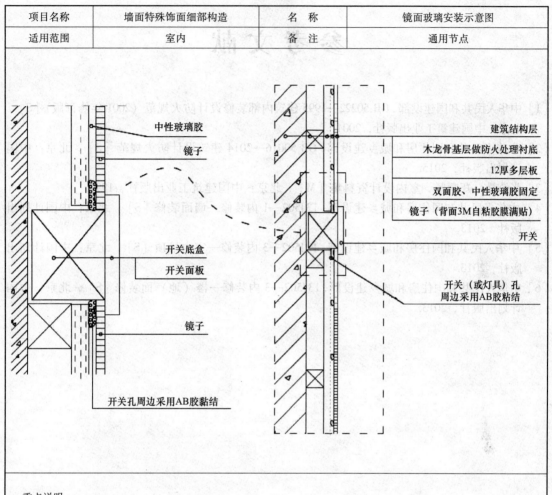

重点说明：

1. 镜子开孔位置需要现场测定后，将所选的开关、插座等终端设备的尺寸一起提供给镜子加工厂，作为镜子、玻璃开孔位置及尺寸的依据。
2. 为防止镜子开裂，开关四周需要用 AB 胶黏结。
3. 镜子背面需要用 3M 自粘胶满贴。

本章小结

　　本章是本书的重点，读者通过对整个装饰项目中的通用规范要求，防水工程、安装工程、墙面工程、地面工程、其他工程及细部收口工程施工过程的学习，掌握在项目中如何具体使用实施规范及施工要求，总结各装饰修项目实施过程中的经验与教训以更好认知并使用，从而促进其在今后的精装修项目中的标准化，给予装饰项目技术支持、保障过程管理及质量控制。

参 考 文 献

[1] 中华人民共和国建设部．GB 50222—1995 建筑内部装修设计防火规范（2001 年修订版）［S］．北京：中国建筑工业出版社，2004．

[2] 中华人民共和国住房和城乡建设部．GB 50016—2014 建筑设计防火规范［S］．北京：中国计划出版社，2015．

[3] 张绮曼，郑曙旸．室内设计资料集［M］．北京：中国建筑工业出版社，1991．

[4] 中华人民共和国住房和城乡建设部．13J502—1 内装修—墙面装修［S］．北京：中国计划出版社，2013．

[5] 中华人民共和国住房和城乡建设部．12J502—3 内装修—室内吊顶［S］．北京：中国计划出版社，2013．

[6] 中华人民共和国住房和城乡建设部．13J502—3 内装修—楼（地）面装修［S］．北京：中国计划出版社，2013．